科学原来如此

沟通世界的通信

主编 陈皆重

上海科学技术文献出版社

图书在版编目（CIP）数据

沟通世界的通信 / 陈皆重主编．一上海：上海科学技术文献出版社，2011.1

ISBN 978-7-5439-4703-0

Ⅰ.①沟… Ⅱ.①陈… Ⅲ.①通信技术—基本知识 Ⅳ.①TN91

中国版本图书馆 CIP 数据核字（2010）第 263399 号

本书出版得到上海科普创作出版专项资金的资助

责任编辑：张 树 李 莺
封面设计：周 婧
插　　图：周佩娜 顾燕华

科学原来如此丛书
沟通世界的通信
主　编　陈皆重
出版发行：上海科学技术文献出版社
地　　址：上海市长乐路 746 号
邮政编码：200040
经　　销：全国新华书店
制　　版：南京理工排版校对有限公司
印　　刷：常熟市华顺印刷有限公司
开　　本：787×1092　1/16
印　　张：15.5
字　　数：290 000
版　　次：2014 年 4 月第 3 次印刷
书　　号：ISBN 978-7-5439-4703-0
定　　价：30.00 元
http://www.sstlp.com

前言

人类进入了信息时代。信息、信息化、信息社会等词语所包含的内容，成为人们的热门话题。其实，信息是无时无事无处不在的。自有人类以来，信息就与我们息息相关、瞬息不离。现今所讲的“信息时代”，是指现代信息科技为人类提供普遍、优质服务的时代，现代信息科技也就成了大家关注的热点。本书是用科普文字作品向广大读者，其中主要的是向非信息通信专业的读者介绍现代信息科技知识的一本读物。

现代信息科技以微电子技术为技术基础，以计算机技术、自动化技术、通信技术为技术主体。信息只有通过传输，交换和沟通才能发挥其最大的效用，才能更好地为人类服务。所以我们在介绍现代信息科技时，以现代通信技术作为主要内容。现代通信与计算机技术、自动化技术紧密结合、融会贯通、相互支持、共同发展。所以在介绍现代通信技术的同时，还介绍计算机技术和自动化技术，让读者有较为全面的了解。

知识爆炸，仅就现代信息科技而言，知识就犹如浩瀚的海洋，任何一本有关现代信息科技知识的读物，其介绍的内容都只能是沧海一粟。我们能努力的是尽可能地多介绍知识。如远程医疗、远程教育和可视电话会议，通常意义上的理解，这是三件事，可以由三篇文章分别予以介绍。但从科技知识的角度来看，这三者是同一件事，是相同的技术在不同领域中的应用。为节约篇幅，我们采取了“三合一”的办法，将它们集中在一篇文章中介绍。需要合时就“合”，有时也需要“分”。如有关信息战的内容，书中共有三篇文章。其中一篇是有关战略的，另一篇是战术的，再一篇是有关某一种武器的。虽然讲的都是信息技术在战争中的应用，但有关科技知识的内容却是完全不同的。这样的介绍，既扩大了知识面，也从中可体会到信息技术应用的先进性和广泛性。合也好，分也好，目的只有一个:让读者从有限的篇幅中获取尽可能多的知识。

信息是现代科技的三大基础之一。现代科技在“科技以人为本”，“科技为民服务”的现代理念指导下成长、发展、完善起来的，这在现代通信领域得到了充分的体现。现代通信不仅为人们提供了种种实惠，而且操作非常简单，使用极为方便，达到了人性化服务的境界。如人们打电话，看电视，手机互动，网络游戏，可以是只管尽情地享受，不管信息的传输和交换的过程和方法。如今通过本书的介绍，能获知其中部分的基础知识和工作原理，不仅知其然，还能知其所以然，给人以“噢——，原来如此！”的感悟。这对于大家更有效地运用现代信息科技，增加知识，拓展眼界，活跃思维，提高科学文化素质是颇有帮助的。

现代信息技术是年轻的技术。这不仅在于它朝气蓬勃，活力十足，新产品、新业务层出不穷，日新月异。再在于它最受青年人的喜爱和追捧。例如手机，大多数中老年人是作为可随身携带的移动电话使用的，而青年人则是把它当作时尚玩物对待，非要把它的各项功能全部发挥出来不可。还在于它的行业从业人员，特别是工程技术人员大多数是青年人，其中不少是高学历、高智商的青年人。为此，作者年轻化是本书的一大特点，也是一个亮点。如上海市电信有限公司选派了18位同志承担本书的写作任务，共撰稿24篇，47 500余字，作者平均年龄34岁。其中30岁以下的10人，占总人数的55%。这不仅使本书的选题、内容、笔意和文风都给人以清新之感，更有意义的是让青年人有了一次科普创作的实际体验，并有可能为科普事业注入新鲜血液，为改变我国目前科普作家队伍老龄化的现象带来希望。

科普要授人以鱼，更要授人以渔。这里说的“鱼”，就是鱼的本体，借指科学技术知识；这里说的“渔”，就是捕鱼的方法，借指科学的思维方法。授人以鱼，受者虽有鱼吃，但是授什么鱼就只能吃什么鱼，吃了授的鱼，也就没有了。授人以渔，受者掌握了捕鱼的方法，想吃什么鱼，就捕什么鱼，吃了这条鱼，再捕那条鱼，永远有鱼吃。科学技术知识的作用是在“点”上，科学的思维方法的作用是在“面”上，是长远的、广泛的、具有指导意义的。只是倡导科学的思维方法并不是一件轻易的事，是科普事业在较高层面上的一项工作。在编写此书时，我们为之而努力，期望让读者在这方面有所收获。

本书编撰工作是在上海市通信管理局的组织下进行的，并得到了上海贝尔·阿尔卡特等电信企业的大力支持。

施善昌

目 录

飞入寻常百姓家——电报通信

电报的发明和应用是19世纪30年代的事,先于电话,被认为是现代通信的鼻祖。曾经是邮电部门专营的一项主要业务,有过一个多世纪的辉煌时期。但是到了20世纪80年代后期,电报业务以平均每年20%左右的速度下滑。到了21世纪初,电报业务量已剧减到高峰时期的1%,其中多数还是礼仪电报。传统的电报已淡出市场。有人说是因为电话的发展挤压了电报,其实不然,是因为电报进入了家庭,成为一种个人通信方式。这是科学发现由浅入深、技术发展由初级到高级、业务应用由专业到普及,电报融入了其他新兴的通信方式,是历史的必然。

从技术发展的历史来说,电报经历了人工收发报、自动收发报、电传打字机三步曲。

人工收发报就像描述20世纪中期战场通信或谍报人员秘密联络的电影镜头所表现的那样:报务员头戴耳机,手按电键,再配以“的达—的达—”的声音。电键是发报设备,耳机是收报设备。发报方按下电键,接通电源,收报方的耳机就发出声音。通电时间短的,发出“的”的声音;通电时间长的,发出“达—”的声音。人工收发报机的工作原理与结构虽是十分简单,但已具备了现代通信技术的两大要素:硬件与软件。电键与耳机以及电源是硬件,“的达—的达—”的电码是软件。对于电报的发明与发展,软件是至关重要的。

电码的发明者是美国职业画家莫尔斯,所以又称“莫尔斯电码”,它是由“的”和“达—”两个长短不同的符号组成。如字母“A”的电码是“·—”,读作“的达—”,又可称为“点·划”。一点为单位长度,一划等于三点;点划间的间隔距离等于一点;字母或数字间的间隔距离等于三点或一划。组字与组字间的间隔距离等于五点。这些就是莫尔斯电码的标准。字母B的电码是“—···”,字母C是“—·—·”,详见莫尔斯电码符号表。其中S的电码是“···”,O的电码是“— — —”,SOS的电码是“··· — — — ···”,很有规律,又容易记住,所以SOS的电码被称为国际通用的求救信号。

使用人工收发报机具有灵活方便、机动性强的优点,不足之处是实时通信,联络双方必须同步工作。又因人的精力有限,难以长时期连续工作,也容易发生差错。为此,经过技术改造,就有自动收发报机的诞生。

人工收发电报

自动收发报由凿孔机、自动发报机和波纹收报机三种设备组成。

凿孔机是将需要发送的电码以凿出圆孔的形式“写”在专用纸条上的一种设备。垂直的两个圆孔为短信号“的”，倾斜的两个圆孔为长信号“达—”。

自动发报机是根据凿孔纸条上不同的圆孔符号转换成长短不一的电信号并传送给收报方的一种设备。垂直的两个圆孔转换成为一个短的电信号“的”，倾斜的两个圆孔转换为一个长的电信号“达—”。

凿孔机与自动发报机是发报局使用的配套设备。

波纹收报机是根据自动发报机发来的长短不同的电信号用波纹形状的墨迹记录在纸条上的一种设备，顶部呈尖峰状态的为“的”，顶部呈水平状态的为“达—”。

字母	符号	数字	大打符号
A	·—	1	·————
B	—···	2	··———
C	—·—·	3	···——
D	—··	4	····—
E	·	5	·····
F	··—·	6	—····
G	——·	7	——···
H	····	8	———··
I	··	9	————·
J	·———	0	—————
K	—·—		
L	·—··		小打符号
M	——		
N	—·	1	·—
O	———	2	··—
P	·——·	3	···—
Q	——·—	4	····—
R	·—·	5	·····
S	···	6	—····
T	—	7	—···
U	··—	8	—··
V	···—	9	—·
W	·——	0	—
X	—··—		
Y	—·——		
Z	——··		

莫尔斯电码符号表

凿孔机、自动发报机、波纹收报机三者都是以机械结构为主的、机电结合型通信设备。结构精密，动作灵巧，体现了通信科技的先进性。

使用自动收发报机的好处是需要传递的文字内容事先用凿孔机的形式记载下来，必要的时候由自动发报机发送，波纹收报机处于自动状态，即可自动收报。无需全程值守，工作灵活机动，收发报速度高，是人工收发报的5倍以上，又可连续长时期工作，差错少。只是它收到的波纹符号仍需人工翻译，效率受到影响。

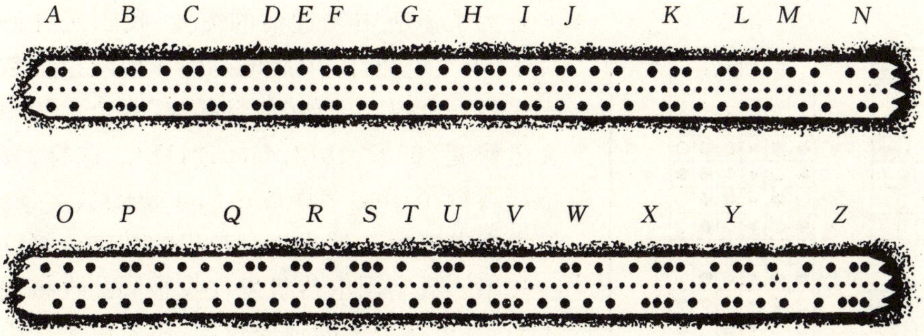

用凿孔机凿出的圆孔符号

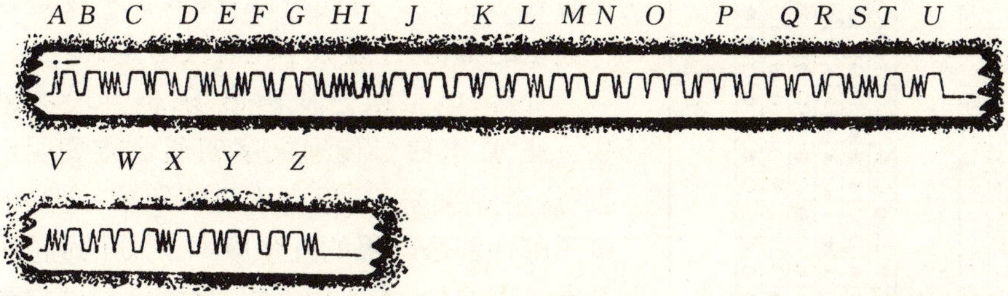

波纹符号

电传打字机，简称电传机，是一种能按照打字方式直接拍发和收录电报报文的通信设备。外表与打字机很相像，功能是收发报合一。如发报方在电传机的键盘上按下一个“A”字，远在千里之外的收报方的电传机的打字机构就自动打印一个“A”字，好似遥控打字，丝毫不差。操作方便，快速高效。

波纹收报机

电传打字机的机械结构和动作原理比自动收发报机大大提高了一步，可以说是达到了登峰造极的程度。电传机之所以有如此好的性能功效，除了硬件上的原因外，软件方面的变革也是一个重要原因。与莫尔斯电码不同，电传打字机采用的是“五单位电码”。它由五个“有”与“无”的电脉冲组成。五单位电码用现今的信息理论来说就是五位二进制数字。“有”代表“1”，“无”代表“0”。“A”字的代码是11000，“B”字的代码是10011，C 是 01110。五位二进制数共有 32 个状态，除分配给 26 个英文字母外，余下的为跳行、升格、回车、数字、字母、空白共 6 个动作指令。电传打字机的“五单位电码”表，见下图。

电传打字机

字母	数字	电码脉动					
		1	2	中孔	3	4	5
A	—	●	●	•	○	○	○
B	?	●	○	•	○	●	●
C	:	○	●	•	●	●	○
D		●	○	•	○	●	○
E	3	●	○	•	○	○	○
F		●	○	•	●	●	○
G		○	●	•	○	●	●
H	停	○	○	•	●	○	●
I	8	○	●	•	●	○	○
J	铃	●	●	•	○	●	○
K	(	●	●	•	●	●	○
L	)	○	●	•	○	○	●
M	·	○	○	•	●	●	●
N	,	○	○	•	●	●	○
O	9	○	○	•	○	●	●
P	0	○	●	•	●	○	●
Q	1	●	●	•	●	○	●
R	4	○	●	•	○	●	○
S		●	○	•	●	○	○
T	5	○	○	•	○	○	●
U	7	●	●	•	●	○	○
V	=	○	●	•	●	●	●
W	2	●	●	•	○	○	●
X	/	●	○	•	●	●	●
Y	6	●	○	•	●	○	●
Z	+	●	○	•	○	○	●
跳行		○	●	•	○	○	○
升格		○	○	•	●	○	○
字盘退回		○	○	•	○	●	○
数字		●	●	•	○	●	●
字母		●	●	•	●	●	●
空白		○	○	•	○	○	○

电传打字机的五单位电码

为了适应中文通信的需要,我国研究制订了"中文电码"。中文电码由4位阿拉伯数字代表一个汉字。如"信息科技"四个字的中文电码是"0207,1873,4430,2111"。这样,发报局将每个中文字译成一组4位的数字,一篇中文电报报文就成为一长串的数字。将这一长串的数字用电传机发往收报局。收报局收到后,再将数字翻译成汉字,还原成一篇中文报文。这其中已经采用了数字技术,尽管还是初级阶段。由此可以说,电报不仅是现代通信的鼻祖,还是数字化时代的先驱。

如今,电报虽已淡出市场,但并没有消失。从"用电信号传递文字的通信方式叫电报"这个定义来说,现今手机的短信,电脑的电子邮件都是电报的升华版本。只不过过去是有急事、要事才使用电报,且因电报以字数计费,写电报报文是惜字如金。而如今是任何人、任何时间、任何地点都可用升华了的电报沟通信息。电报成了一种个人常用的通信方式了。"旧时王谢堂前燕,飞入寻常百姓家"。这就是科学技术给人们带来的恩惠。

（施善昌）

美国历史上最后一封电报

2006年2月6日美国西部联盟公司宣布,停止电报业务。由于越来越少的人使用电报,这个消息竟然足足被人忽略了一个星期之久,才引起公众媒体的注意。

据西部联盟公司透露,最后10份电报的内容包括生日祝福、对死者的哀悼和一次紧急事件通知。其中,不少发电报的人并非忠实的电报拥趸,是冲着"发出美国历史上最后一封电报"而来的。

美国西部联盟公司创建于1855年,当时电报是先进、流行的通讯手段,后来被称为"维多利亚时代的互联网",该公司也是美国最后一个提供电报服务的公司。

电话是怎样接通的——电话通信的基本原理

电话拉近了人与人之间的距离，不论两人相距多远，只要拿起电话很快就可以听到对方的声音，了解到对方的近况。电话为什么能够如此神奇呢？让我们从一个打电话的实例来看看到底是怎么接通的，了解一下电话通信的基本原理。

上海的一位中学生李强通过互联网认识了美国中学生珍妮，经过几次网上聊天，他们觉得仅仅是文字已经不足以表达自己的想法，更想听听对方的声音，因此他们相互给对方留下了电话号码。圣诞夜李强想起了远在美国的网友珍妮，想要祝她圣诞快乐，因此他拿起电话打给珍妮。

李强要和珍妮通过电话进行通信，最直接的方式就是通过一条电话线路将他们的电话机直接连接起来。但是要在所有像李强和珍妮这样的电话用户之间都建立起这种直线连接是无法实现的，因为这种直线连接需要的线路数量是以用户数量的几何关系倍增的。另外这种直线连接也是不必要的，因为不是所有的电话用户都同时需要通话，只有部分用户之间同时在进行通话，因此可以根据主叫一方的要求，在需要通话的时候完成与被叫用户之间通话线路接续的任务，这就是电话交换技术。自从1889 年美国人史端乔发明了自动电话交换系统以来，电话交换技术已经历多次变革，从最初的话务员人工完成交换，发展到现在由交换机完成的程控交换技术了。

电话交换机要实现对电话的接续，就需要接收到相应的控制指令来触发交换机进行相应动作，比如识别用户的电话是挂机状态还是摘机状态，被叫用户的电话是忙还是空闲。这些指令有两类，一类是在用户电话与电话交换机之间传递的指令，这类指令主要完成检测用户状态、发送和接收用户拨打的电话号码，控制交换机向用户发送的各种信号音，比如拨号音、忙音、回铃音等。另一类指令是在交换机之间传递的，主要完成接受和转发电话号码以及交换机之间相互控制等功能。

通常情况下，交换机每隔一段时间就会检测一次用户的状态，以检测用户是否拿起电话要进行拨打。这个时间间隔是非常小的，以至于用户一拿起电话就能听到拨号音，感觉不到有这么一个时间间隔。当李强拿起电话机时，交换机检测到他拿起了电话就向他送来拨号音并通知交换机的相关功能部件作好接收电话号码的准备。

当李强开始拨号时，如果他使用的是老式的号盘电话机，就像我们在老电影中看到的那种数字分布在圆形号码盘上的电话机，电话机就向交换机发送一串断断续续的电流信号来表示珍妮的电话号码。如果他使用的是现在常见的按键式电话机，则向交换机发送由两个不同频率组成的电流信号，不同频率的组合显示珍妮的电话号码。

交换机在收到李强拨打的电话号码后，首先分析珍妮的电话是否在它下面。如果珍妮也是这个交换机下的用户，交换机就控制相应的交换部件完成李强和珍妮之间的电话线路接通功能。同时交换机检测珍妮的电话机是否空闲，如果珍妮的电话机空闲就向她发送振铃信号通知她有电话打来。另外交换机还向李强发送回铃音通知他等珍妮接听电话。当珍妮用户拿起电话接听时，她所在的交换机就停止向她送振铃音，同时通知李强所在交换机停止向李强发送回铃音。他们开始通话，一个局内通话的电话接续工作就完成了。如果此时珍妮正在打电话，交换机就会检测到她的电话机所处的状态，向李强发送忙音通知他珍妮的电话正忙着。

若交换机通过分析珍妮的电话号码知道珍妮不在这个交换机下面，就根据她的号码进行路由分析。分析的结果有两种：一种是珍妮所在的交换机与李强所在的交换机之间存在直接联系；另一种是珍妮所在交换机与李强所在的交换机之间不存在直接联系。

对于前一种情况，李强所在交换机就与珍妮所在交换机直接建立联系并利用在交换机之间传送的指令将被叫号码传送给被叫珍妮所在交换机。再由珍妮所在交换机检测，重复相同交换机下用户的功能，当他们之间开始通话后，两个直连交换机之间的电话接续完成。当他/她挂机时，一方交换机就通知另一方交换机发送催挂音，通知用户挂机。

李强和珍妮因为他们之间通话是跨越国界的，属于国际长途，需要分别由中国和美国的国际长途交换机将他们所在的交换机连接起来，这属于后面一种情况。

李强所在交换机通过分析电话号码知道这是一个国际长途，交换机与中国的国际长途交换机之间建立联系并将李强所拨打的电话号码转发给它。这个国际交换机再与美国的国际长途交换机之间建立联系，美国的国际长途交换机收到珍妮的电话号码后，经过分析与珍妮所在交换机建立联系并把珍妮的号码传送给它。最后由珍妮所在交换机完成线路接续、状态检测、振铃、回铃工作。当珍妮拿起电话机时，经过连接一个跨多个交换机的电话接续工作就完成了。

当通话结束后，交换机就将他们之间的线路资源释放，一个完整的打电话过程就结束了。

（王常安）

电话技术常识

在人们的相互交往中，最常见的方式是语言交流，电话成为现代人最常用的交流工具。美国科学家贝尔在研究中发现，假如对着铁片讲话，声音就会引起铁片振动，在铁片后面放置绕着导线的磁铁，铁片振动时，会在导线中产生时大时小的电流，这个波动的电流沿着线路传送到对方，使对方的磁铁同样振动，就可将声音传到对方。1876 年 3 月 10 日，贝尔完成了这个装置，开创了人类通信史上一个新的时代。

电话号码趣谈——电话号码的排列组合

1876 年美国人亚历山大·格雷厄姆·贝尔发明了电话,使得人们不用出门就能相互交流。电话发明之初并没有电话号码,人们打电话时直接说出对方的姓名,由电话接线员接通电话。1879 年底,马萨诸塞州发生流行性麻疹,很多人都病倒了。一位内科医师想到一旦接线员病倒就会导致全城电话瘫痪,因此提出以阿拉伯数字代替人名。接线员根据用户号码与电话对应关系接通电话。当某个接线员病倒时,其他人可以很容易接替他的工作,从此以阿拉伯数字表示的电话号码出现并沿用至今。

经过 100 多年的发展,电话从最初的人工交换发展到现在的程控交换,电话种类也发展到包括固定电话、小灵通电话和移动电话(手机)等。与电话对应的电话号码也可以分为固定电话号码、小灵通电话号码和手机电话号码。

小灵通作为固定电话的延伸,它的号码编排规则与固定电话的编排规则一样,都遵循国际电信联盟制定的《国际公共电信编号规划》。电话号码由国家码(中国为 86)、城市码(即长途区号,如北京为 10,上海为 21)以及用户号码三部分组成。其中用户号码部分通常又分为交换机局号和客户号两部分,比如电话号码 54018888,5401 为该电话号码所属的交换机局号,8888 是客户号,客户号通常采用 4 位号码组成。

根据国际电信联盟制定的《陆地移动台的识别规划》,移动电话号码由国家码、国内目的地码和用户号码三部分组成。其中国家码与固定电话、小灵通电话的国家码一样;国内目的码也叫做网络接入号码,如中国移动为 135～139、中国联通为 130～133;用户号码包括了 3 位移动业务本地网的归属寄存器号码和 5 位移动客户码。现在互联网上很多网站提供的手机归属地查询功能就是根据手机号码中的归属寄存器号码进行判断的。比如手机号码 13916812345,其中 139 为国内目的地码,也是中国移动的网络接入号码;168 为移动业务本地网的归属寄存器号码,12345 是移动客户码。

另外还规定首位号码为"0"的号码为国内长途号;第一、二位为"00"的号码为国际长途号;首位号码"1"为特种业务(如"110"匪警电话、"119"火警电话等)、新业务(如"168"声讯台)及不同运营商(如中国电信与中国移动)网间互通的首位号码。

用户在拨打电话时，根据主叫与被叫所属的国家和地区又可以分为本地呼叫、长途呼叫和国际呼叫三种。本地呼叫是主叫和被叫用户在同一国家的同一个地区，如拨打本地固定电话和小灵通用户，就直接拨打被叫用户号码，例如54018888(以8位号码为例)；如呼叫本地移动网用户，则拨网络接入号码＋移动网用户号码，例如拨叫中国移动用户，则拨13916812345。

长途呼叫是主叫与被叫在同一个国家的不同地区。如呼叫外地固定电话用户，需在用户号码前加拨长途字冠“0”和长途区号，即“0”＋长途区号＋本地电话号码；如用固定电话呼叫外地移动网的用户，则拨“0”＋网络接入号码＋移动网用户号码。但是移动用户之间进行长途呼叫时，则不需要加拨长途字冠“0”，直接拨网络接入号码＋移动网用户号码就可以了。

国际呼叫是指主叫和被叫处于不同国家，呼叫固定电话或小灵通电话时，主叫用户拨号时需要首拨国际长途字冠“00”＋国家码＋城市码＋用户号码；呼叫移动电话时，主叫用户拨号时需要拨国际长途字冠“00”＋网络接入号码＋移动网用户号码。

经过多年的发展，电话已经非常普及，2003年全国电话普及率已经达到45.2部/百人，北京、上海的电话普及率更高达140多部/百人。相应的对电话号码的需求量也非常大。固定电话和小灵通号码已经从八十年代的5位经历了几次升位，直辖市、省会城市及一些大城市大都升位到8位号码，其他中小城市也都升位到7位号码。理论上8位电话号码可以提供1亿部电话所需电话号码，这对于任何城市来说都足够了。手机电话号码也同样经历了从7位用户号码到8位号码的升位，加上国内目的地码，手机电话号码总长11位。

阿拉伯数字表示的电话号码在电话发展之初起到了方便电话接续，推动电话发展的积极作用。但它的缺点也很明显，那就是无规律，可记性差。随着电话号码升位，这个缺点变得更加明显。科研人员一直在研究弥补这些缺点的方法，比如一些重要客户选择有规律的阿拉伯数字作为电话号码或者将一些重要电话用较少位数的阿拉伯数字表示(如110、112等)。

这些解决方案都是在以阿拉伯数字作为电话号码的基础上进行的，无法从根本上解决问题。要解决这个问题，需要打破现在的电话号码编号规划的限制，允许使用英文字母甚至汉字作为用户的电话号码，这样就可以使用户的姓名、所在地名或者公司名称作为电话号码，方便人们记忆和拨打。这样的编号方式已经在下一代电话网络中实现，到时你的朋友只需要输入你的名字就可以接通你的电话，方便、简单、快速。

（王常安）

114

智能咨询员——"114"查号与"排队"理论

只要"114"智能咨询员受理了用户的查询,知道用户所寻找电话的户名,就能通过计算机系统搜寻,找到用户想要的电话号码,并自动报给用户。简单的操作,蕴藏着复杂的"排队"理论。

如同我们到银行存、取款领取一张号码条,然后坐下等候,各个业务窗口会按序叫号办理金融业务一样,114 查号工作也有类似于这样的"排队"。不同的是,114 查号台要在一定时限内快速响应,完善处理。20 世纪 80 年代"114"查号是人工服务,话务员人人能背诵上万个电话号码,并在十秒内快速回答用户的查询,被人称为"活电话本"。每个话务员根据繁忙程度负责 1—8 根话务线路,高峰时如果 8 个线路同时呼叫,一个一个处理下来就快不了。这些话务流量的统计和我们经常看到的道路交通流量是一样的。我们每个用户通过电话机拨打 114 就好比向电话局提出了查号申请,经过各个电话局汇总到 114 受理台,再分配到各个座席(窗口)受理,每个座席有一名话务员同时负责 8 条线路。

为此,114 计算机查号系统内专门设计了排队机。这一智能设备,负责将汇总过来的查号电话(呼叫业务)逐一分配到各个窗口,并根据忙闲及座席的情况,进行调度和安排,使每个电话都能得到迅速的响应和服务。中央处理机在处理每一个电话时也根据其使用频繁程度和行业类别分为常用户名和各种分类进行分别处理,力求达到快速和高效。负责这些处理的程序(计算机软件)是按照一定的算法来进行,也就是我们数学上说的"排队理论",这些算法和逻辑数学是查号系统的灵魂。如果有机会参观一下 114 查号呼叫中心就会知道所有的呼叫中心都是由 ACD(自动呼叫分配系统)、IVR(交互式语音应答系统)和 CTI(计算机电话集成技术)三部分组成。

其中,ACD 由排队机和 ACD 软件构成。排队机又叫前置交换机,它与整个电话网相连,负责接收所有客户发来的呼叫。ACD 的基本功能是成批处理来话呼叫,并将这些来话按照规定路由传给具有类似职责或技能的各座席业务代表(114 话务员)。各座席业务代表分别组成"连选组",来话则按照"先进先出"的次序分配给"最空闲的话务员"。话务员全忙时,ACD 软件可自动计算出客户所需等待的时间,向客户送录音通知,负责排队的前置交换机具有与电话网的话路和信令接口,并能够使用电话网提供的各种增值业务，如对于每一次呼叫，均能显示客户的主叫号码。在ACD软件上可根据主叫号码将客户划分为金牌客户、银牌客户和普通客户，并提供不同级别的服务，当然这也可以通过事先以同时录音方式提问的办法来解决。

IVR——交互式语音应答系统，实际上是一个“自动话务员”。客户可利用音频电话或语音输入信息，从IVR中获得预先录制的数字或合成语音信息。IVR技术处在不断发展过程之中，最初的IVR系统只是播放预先录制的语音信息，后来又加入了合成语音信息功能，目前，先进的IVR系统可提供语音识别、语音信箱以及将文本和E-mail转化为语音的功能。

前置交换机将呼叫接入后，可将其转到IVR系统，通过IVR系统与客户的交互，ACD系统可获得更多与呼叫者有关的信息，这有助于ACD系统准确无误地将呼叫分配到相应的座席(业务代表)。同时，ACD系统根据预先设定的条件也可将客户接到IVR系统，由IVR系统直接为客户提供服务。

CTI技术使电话和计算机系统实现信息共享。电话通信以传输和交换语音为主，计算机则是以处理数字化信息为主，CTI技术融合了两大技术优势，利用计算机强大的信息处理能力和数据库等，将语音和数据服务融合为一体。

由于查号中心每月接受上百万个来电，高峰期来电总数可达每小时4万次以上，为应付如此庞大的话务量，查号中心需要在各个环节上下工夫，在上述三个组成部分中，我们除了需要根据查号呼叫中心的规模和呼叫量来选好局用交换机平台和计算机服务器、数据库之外，还要设计和安排好电话网与114的接口——自动分配呼叫分配系统。因为最大的瓶颈就是发挥排队机作用的ACD软件。能够达到高效快速的ACD软件其原理和交通道路控制是完全一样的，如果把ACD软件称为交通警察也是可以的。

随着电话网容量的增大，电话数量的增多，查询的次数，即查号量也必然大大上升，这也是一个与时俱进的过程。如果电话数在千门以下，那么只要几个话务员拿着电话本就能解决；当电话数超过十万门时，就需要计算机及其软件来处理；对于上百万门规模的城市电话网来说，每天平均呼叫已超过50万次以上，只靠ACD软件的排队理论也无法解决，这时，一个计算机查号系统已经很难承担全部处理业务，就需要有更多的系统和受理台来完成工作量。

（应启亮）

传真机

传真与电报的作用相似。但是电报只能传送消息的内容，传真可通过电话线、微波、卫星等线路发送图像资料，并在接收端重新产生精确的复制件。

传真技术早在19世纪40年代就已经诞生，比电话发明还要早30年。它不是有意探索新的通信手段的结果，而是从研究电钟派生出来的。1842年，苏格兰人亚历山大·贝恩(Alexander Bain)研究制作一项用电控制的钟摆结构，目的是要构成若干个互相连起来同步的钟。他在研制的过程中，敏锐地注意到一种现象，就是这个时钟系统里的每一个钟的钟摆在任何瞬间都在同一个相对的位置上。从中他获得灵感，研制出了“自动电化记录通信装置”，在1843年获得专利。大家知道，图像放大后可以清楚地看到一个个黑的和白的点，这就是像素，是构成图像的基本元素。贝恩装置的构想是：发信板采用涂有绝缘漆的金属板，但要将图像黑的部分的漆去掉，以利通导电流。收信板采用贴有电解性记录纸的金属板。收发装置上的钟摆带动触针做周期性摆动，同时对发信板进行扫描。当钟摆摆动时，触针沿发信板左右移动，接触到没有绝缘的金属部分时，电流通；与此同时，触针将电流引至收信板，使记录纸发生化学反应后呈现黑色。摆子每次摆到两端时，齿轮转动一齿，使发信板和收信板同步下降同样的距离。用这样的方法就可在收信板上录下与发信板完全相同的图像。这个最初的实验结果自然是很粗糙的，但它却有力地证明了实现传真的可能性。

1906年，德国物理学家阿瑟·克恩研制出第一台光学传真机。20世纪30年代，传真机经多次改进后终于获得实际应用，当时它的主要用户是各大报社。

1974年，随着人们对信息需求的提高及电子技术的发展，美国人研制出世界第一台电子传真机。由于电话线是用来传输音频信号的，直接传输数字信号比较麻烦，因此必须对数字信号进行转换，转化成音频信号进行传输，这就是调制，在接受端再对音频信号进行反向转换成数字信号，这就是解调。将调制解调的概念用于线路传输，从而使速度、清晰度有质的飞跃。

目前使用的传真机传输1张A4幅面(210毫米×296毫米)文件只

需要1分钟时间，主要一是提高了信号传输速率，二是引入了数据压缩的技术，对图像数据进行压缩。先将模拟图像信号经模拟/数字变换成图像像素信号，然后采用一种长度不相等的编码对图像的像素数据进行压缩，也就是把最短的编码对应最常见的图像信号，最长的编码对应最少见的图像方式，例如文件中最多的是全白，因此它的编码最短，文件中最少的是全黑，因此它的编码最长，这称之为霍夫曼编码方式，由此方法使每幅图像需传送的数据大大减少，提高传真机的速率。

现代传真机可以分为热敏纸

和普通纸2种，热敏纸传真机采用了美国的一项发明——热敏印字技术，使传真纸遇热会变成黑色，传真机的打印头是由一排微小的电热元件组成的，加热和冷却的速度达每秒300次以上，通过热敏打印头将热敏纸上的热敏材料熔化变色，生成所需的文字和图形。这种技术由于打印头体积小，成本低，性能可靠，因此在传真机上非常普遍，并且广泛

应用于超市、商场收银机上的票据打印，但是热敏纸有个致命的缺点，就是不易保存，在光的照射下会逐渐褪色，要保存的话还需要复印，非常麻烦，因此又发展出了普通纸的传真机。普通纸传真机可以分成激光式和喷墨式2种，激光式普通纸传真机是利用碳粉附着在纸上而成像的，其工作原理主要是利用机体内控制激光束的一个硒鼓，凭借控制激光束的开启和关闭，从而在硒鼓产生带电荷的图像区，此时传真机内部的碳粉会受到电荷的吸引而附着在纸上，形成文字或图像图形。喷墨式传真机是由微小的电极加热墨水，墨水受热膨胀，气化，从细孔里喷出，由步进马达带动喷墨头左右移动，把从喷墨头中喷出的墨水依序喷在普通纸上完成打印的工作。

20世纪八九十年代是传真业务发展最快的时期，虽然随着电脑技术和Internet(国际互联网)的发展，大量的文件都通过E-mail(电子邮件)传输，传真机的使用越来越少，但是传真机可以传输图像资料的特点是无法取代的，因此传真机还是有继续存在的价值。

（秦　斌）

无线通信

无线通信是指采用无线信道进行通信的方式。从无线通信所采用的信号来分，主要有:无线电波、红外线、激光通信。从无线电波的传播方式来分，主要有:卫星通信、微波通信。

“妙手仙子”——多路传真系统

1913 年,法国科学家爱德华·贝兰发明了世界上第一部手提式图文传真机,它能将文件和图片逼真地发送到目的地。从此传真作为一种能同时传送图像、文字的通信手段被广泛使用。

随着社会的发展,市场竞争日益激烈,工作节奏加快,工作压力增大。普通传真机在日益频繁的使用中,暴露出一些缺点,工作效率不理想,而快捷迅速的信息传递是把握市场先机的重要手段。人们希望能有这样的助手,它就像神话故事“哪吒闹海”里的哪吒一样,长着三头六臂,能独当一面,及时掌握各种信息。其实这个助手已经出现,就是“妙手仙子”——多路传真系统,它融计算机、网络、传真等技术于一体,是新一代的传真系统。

我们先来了解普通传真机,简单地说,它是这样工作的:在发送端先用一束强烈的光线逐点逐行地照射文字或图像文件,由于文件上各个点的黑白深浅不同,它所反射的光也就有强有弱。经过光电转换把不同强弱的反射光转换成强弱不同的电流。这些电流被放大后,经过通信电缆或无线电传送到接收方。接收方用这些电流控制收信记录器,并在纸上记录下文件。

那么,我们的“妙手仙子”又是如何工作的?它是在传真机的基础上发展而来的,通过建立网关(即在互联网和公共电信网之间架起的一座桥)将公共电信网上的传真信号和互联网上的数据包进行相互转换,出色地解决了以下问题:

首先是从计算机发送文件到传真机。用户在计算机上使用专用传真软件建立传真文件,通过互联网把传真发送给专用传真服务器,传真服务器接收传真后,通过网关拨通与公共电信网连接的传真机并发送传真。

其次是从传真机发送文件到计算机。将传真机和网关连接,并经网关发送传真到传真服务器,由传真服务器接收传真后转发给目的地(一般是用户的电子邮件)。

最后是从传真机发送文件到传真机。将传真机与网关连接,通过公共电信网传送传真,网关接收传真后通过互联网传至目的地的网关,目的地的网关再通过公共电信网将传真发送给接收端传真机。

和传统的传真机相比,我们的“妙手仙子”有许多神奇的功能:

一、多路传真功能。可以支持多路传真,最多可达 128 路传真同时进行收、发,还可以根据需要灵活扩展。

二、自动群发、定时发送功能。局域网用户只要选择了传真接收人和要发送的文件后，就可以通过作为传真服务器的计算机自动发送出去。还可以同时发送多个文件，设置传真发送的时间段，让计算机在某个时间段内将传真发送出去。

三、设置发送优先级。用户在发送传真的时候可以设置传真文件的优先级。计算机在发送传真的时候，根据传真文件的优先级从高到低来发送传真文件。

四、发送失败后自动重发。用户可以设置失败重发的次数，在发送传真的时候，如果对方占线无法拨通，系统将自动重拨。如果多次发送，传真文件还未发送出去，系统发送提示消息给用户。用户可以使用定时发送功能，设定传真发送的时间段。

五、传真记录自动存档。计算机在收发传真的同时能够将传真记录保存到数据库中。

六、密码设置功能。系统具有双重保密方式。作为传真服务器的计算机上有密码，用户的传真信箱也有密码。

从传真机到多路传真系统是一个质的飞跃，多路传真系统既具有了传真的通信功能又发挥计算机先进的存储、处理能力，它具有以下优点：费用低、保密性强、工作效率高。

随着国际互联网络的高速发展，多路传真系统的功能更加丰富，适用范围更广。如气象台在预测到灾害性天气发生后，运用该系统可以将情况立即同时传送到相关部门，节约了大量的时间，为抗灾、减灾争取了宝贵的时间。

目前，我们的"妙手仙子"已经在公安、司法、政府机关、会展中心、气象台、大型企事业单位大显身手，很受用户的欢迎。

（马慧敏）

传真—计算机通信

是由传真机、通信适配器、PC-FAX 接口、相应软件和计算机组成的系统。该系统可实现传真机和计算机之间的通信和信息的传递，主要包括以下内容：本地传真和远程传真输入计算机；计算机录入和传真机之间的互通；计算机想传真机输出图文资料；利用传真通信实现远程文件信息的计算机处理和传输；传真加密通信（用计算机加密）；传真机文件的打印和显示。利用传真—数据转换功能，便可有机地结合传真通信与数据通信，大大提高两者的效用。

现代电话通信网的心脏——程控交换机

玩过“使命召唤”游戏的人都知道有这样一个情节，苏军小分队在渡过伏尔加河后，遇到了纳粹德军的猛烈阻击，苏军伤亡惨重，这时一个画面出现了，苏军小分队利用电话向司令部汇报了情况，并请求炮火支援，刹那间炮火轰鸣，打得纳粹德军节节败退。这是电话应用于现代战争的一个典型案例。现在，电话是人们使用最多、最为普及的通信工具。那么，电话是如何完成通信的呢？其实，为了让你同你的朋友打通一次电话，在电话通信网上有许多设备参与了工作，其中，一个称为“交换机”的设备功不可没，而且成为整个通信网的心脏。

美国人亚历山大·格雷厄姆·贝尔在1876年发明电话时，是把人们讲话的声音转换成连续变化的模拟电信号，然后把这模拟电信号直接放在一对金属线上传输到达对方，在对方再把电信号还原成声音。也就是说，要有一对电话线把两个电话机连接起来才能进行通话。因此，当有多个话机要互相进行通话时，很自然我们会想到每两个话机要用一对线路连接起来，如下图(a)所示。很快你会发现，这样做会有一个问题，就是当话机数增加时，连接的电话线将迅速增加。想想看，要是在你家中需要接入许多根电话线，而且打电话之前还要从一堆电话线中找出属于通往你朋友家的那根电话线，再连接到你的话机上，多麻烦呀！

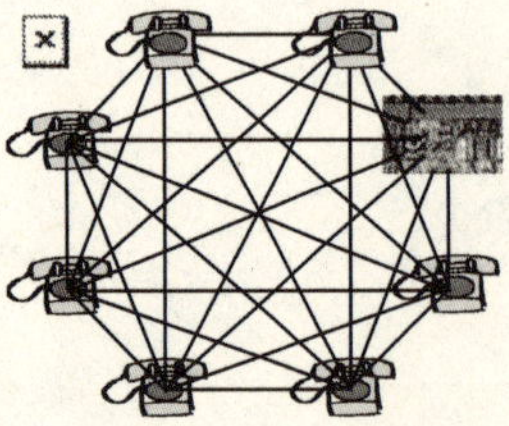

(a) 两两相连

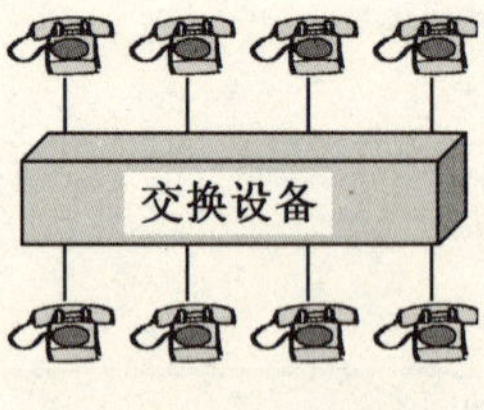

(b) 通过中心设备相连

话机的连接方式

于是，人们想出了一个好办法，如左图(b)所示。在用户分布的密集中心，安装一个设备，这好比是一个开关矩阵，用户通过矩阵的交叉接点各各相连，这些交叉接点平时是断开的，当任意两个用户之间需要通话时，设备就把连接两个用户的电话线接通，在学术上，我们称这个工作为“交换”。这种设备就叫做电话交换机。有了交换设备，在电话用户家中，只要一对电话线就可以了。

最初的电话交换机完全是人工的，要有一个接线员一直等在交换设备旁，根据发话者的要求，把电话接到他要通话的话机上。自从美国人阿尔蒙·B·史端乔研究发明了自动电话后，电话交换进入了一个崭新的自动交换时代。有意思的是，史端乔研究自动交换的初衷，并不是出于要改进人工接续的不方便，而完全另出有因。他原来是美国堪萨斯城一家殡仪馆的老板。他发觉，电话局的接线员不知是有意还是无意，常常把他的生意电话接到他的竞争者那里，使他丢掉了多笔生意。为此，他大为恼火，发誓要发明一种不要话务员接线的自动接线设备。工夫不负有心人，1891 年 3 月 10 日，他成功地研究出了一种能自动接线的交换机，并获得了发明专利。

在过去的 100 多年里，根据电话交换机交换方式的不同，自动交换技术已从最初的步进制和旋转制，到后来的纵横制，发展到现在的程控交换方式。

程控交换就是由电子计算机控制的一种方式。它是利用电子计算机技术，用预先编好的程序来控制电话的接续工作，通常由话路设备和控制设备两部分组成。

电话交换

使用过电脑型全自动洗衣机的人一定知道，在洗涤之前，你首先要通过洗衣机面板上的按键，在高水位、中水位还是低水位，强力漂洗、还是柔和漂洗等等项目之间作出选择。其实，你的这一系列选择过程就是在给全自动洗衣机中的电脑编程，告诉它，接下来应如何洗涤。当你按下开始键后，电脑就控制洗衣机的进水阀、滚筒、马达等，按照你刚刚输入的程序进行工作。一个程控交换机的控制部分，就好像洗衣机中的电脑，按照编制好的程序控制话路设备工作；而话路设备就好像洗衣机的进水阀、滚筒、马达等，是具体任务的执行者。也就是说，在通话中，真正把你的声音交换到你朋友那里去的是话路设备，而控制设备只是指挥话路设备对于该次通话应从哪里交换到哪里。

当然，实际情况不是如此的简单。当一台程控交换机从工厂出厂之前，在控制设备的微电脑中已经储存了由工程师们为交换机编写的计算机程序。这些程序除了能指挥话路设备进行话音交换外，还有许多完成通话接续的能力,比如能从电话线上检测用户的摘机和挂机状态,从而就可以知道电话用户什么时候要打电话,什么时候通话结束;在确认用户摘机后,能控制话路设备给该用户送拨号音。之后,还能从电话线检测并接收用户所拨的电话号码,从而就知道这个电话要打到哪里去。接下来就可以指挥话路设备为该次通话准备话路同时给所要的那个用户振铃等等。这些能力对每台程控交换机来说是基本的,每台都要具备。

但有了这些基本功能,在通信网上还不能正常使用,就好像在洗涤之前,我们还要给洗衣机编程一样,程控交换机在电话通信网上投入运行之前,还需要电信公司的技术人员给控制设备编程。比如,要根据这个交换机在电话网中所处的位置,给每根电话线分配电话号码;要根据你的要求,设置不同的业务属性,如是否要长途,长途又分国内长途和国际长途,以及其他程控新业务等。这样,交换机才能知道那电话线的号码是多少,或者这个电话号码对应的是哪根电话线。

电话线是连在程控交换机的话路设备上的。话路设备实际上是一种交叉接续切换设备,它能在控制设备的控制下,把连接在上面的任意一根电话线接续到另外一根电话线上,以完成电话交换的功能。根据话路设备接续方式的不同,程控交换又分为"空分"和"时分"两种方式。所谓"空分",就是用户在打电话时要占用一对接续线路,也就是要占用一个空间位置,一直到打完电话为止。而"时分",是到了电话通信数字化后才出现的,也是目前最流行的方式,它能够使多个打电话的用户共享一对接续线路,也就是说,用户通过分时的方式使用话路设备中同一对接续线路,这样就极大地提高了线路利用率和设备的容量。

1970 年,法国开通了世界上第一部采用时分复用技术和大规模集成电路的程控数字交换机。随后世界各国都大力开发。进入上世纪 90 年代,程控数字电话交换机在世界上得到大规模使用和普及。

尽管电话交换机有多种不同的交换方式,但它们在电话通信网中实现的目标是一样的,也就是要完成电话用户之间的信息交换,这是人们进行电话交流的目的所在。因此,交换机是整个电话通信网的心脏。现在,交换技术不仅应用于电话通信,而且还广泛应用于其他信息交换领域。

（殷月明）

让世界更加丰富多彩——程控电话新业务

当你进入电信公司营业厅的时候,你能见到诸如“缩位拨号”、“热线服务”、“呼出限制”、“闹钟服务”、“呼叫转移”、“遇忙回叫”、“免打扰”、“呼叫等待”、“三方通话”、“主叫号码显示”等各种业务介绍,教你如何申请和使用这些业务。这些就是程控电话新业务。可以说,程控电话新业务让人们第一次看到电话通信网不仅能用来打电话,还可以为人们的工作、学习和生活提供许多帮助。同时,也让电信运营商看到了一个新的业务收入来源。如今,在这个家族中,又新添了智能网、宽带上网等新一代的业务。

程控电话新业务是指接入程控交换机的普通电话,除满足基本的通话功能外,还具有多种通信功能。使用程控电话新业务不需增添任何设备,只需一部双音频电话机,按照正确的步骤在自己的话机上依次按键,就可以轻松使用丰富多彩的程控电话新业务。

有心的读者一定会问,为什么叫程控电话新业务呢？在程控以前的电话网上为什么就不能提供这些业务呢？

大家知道,在过去100多年电话通信网的发展过程中起到重要作用的自动交换技术,经历了从机电制到程控的转变。机电制,顾名思义,就是依靠机械结构或电子设备来控制交换机话路设备接续工作的一种自动交换方式。由于其内在的特性,决定了这样的交换机能做的事情非常单一,无法胜任复杂的工作。例如,根据你拨的号码是几,它就控制或指挥机械臂转动几格,当你通话结束,挂上话机时机械臂再回到原来的位置等这些简单的工作。而程控,就是用计算机控制的交换机,它是以预先编好的计算机程序来控制交换机的接续动作,它的本领比以往的机电制交换机强百倍。

这完全是计算机的本事。计算机俗称电脑,人们可以把想让计算机做的工作,用计算机认识的语言,以指令的形式,编成一段工作顺序列表,再输入到计算机中,计算机就会按照你编的顺序开始工作。这个工作顺序列表就是常说的计算机程序。因此,电信工程师们只要编写各种各样的与交换机相关的计算机程序,并输入到程控交换机的计算机中,就可以使这台计算机按照人们的要求来控制交换机的呼叫接续工作。而交换机中实现程控电话新业务的那些程序,就是专门为程控电话提供新业务而编写的。

程控交换机所有的电话呼叫接续中完成的步骤,都是由计算机软件

(程序和数据)控制的。通过设计程序、修改数据,就可以灵活地扩充交换机的功能,而不像人工交换机或机电制的交换机那样,制造好后功能就很难改变。程控电话新业务,都是靠灵活多样的计算机程序控制来实现的。一直难以解决的电话计费的问题,在程控交换机中也迎刃而解了。交换机中的计算机,能根据用户每次通话的起止时间,按照一定费率计算出通话费用,自动打印单据,作为向用户收费的依据。

下面,以"呼叫转移"为例,来说明程控交换机是如何实现这个新功能的。

首先,要为交换机编写一段处理"呼叫转移"的程序。要写这段程序,必须要了解这个业务的要求,即该业务是如何使用的。"转移呼叫"业务提供了这样的一个功能,可以将所有呼叫你话机的电话,自动转移到你临时指定的话机上。"呼叫转移"也可称为"电话跟我来"。

有了这段程序,交换机中的计算机基本上就知道应该如何去处理这个新业务了。但是,光有这段程序还是不够的,还要设计一套用户使用该业务的规则。也就是说,要让电话用户告诉程控交换机什么时候要为他启动"呼叫转移"功能,要转移到哪个电话号码上。由于电话机本身的局限性,能提供给用户与程控交换机交互的手段仅仅是通过拨数字串。例如,用户通过拨"*57*电话号码#",通知程控交换机为这用户激活"呼叫转移"功能,其中跟在"*57*"后的"电话号码"就是用户要求转移到的临时电话的号码。拨"#57#",就是通知程控交换机取消这个功能。

这一套拨号规则,也必须在上述的那一段程序中体现出来,不仅要准确地接收这些数字串,而且还要分析这些数字的含义,如"*57*"代表呼叫转移业务激活,"#57#"代表呼叫转移业务取消。根据含义的不同,计算机对该电话的处理方法也不同。如果是激活,计算机在数据库中为这个用户做个标记,以便在有电话来时,进行呼叫转移的处理。

这样,针对"呼叫转移"的一套程序和业务的使用规则就设计好了,用户也知道了如何使用这个业务,再把程序输入到程控交换机的计算机中。那么,程控交换机的计算机就可以按照上述我们事先编制好的程序开始工作了。

现在来模仿一下它的工作过程。在自己家里的电话上,摘机听到拨号音后拨出"*57*58541240#"一串数字,其中58541240假定是在你隔壁家里的电话号码。上面所述的那段程序接收这串数字后,它首先分析这串数字。从前面四位数字"*57*"得出,用户要激活"呼叫转移"功能,该程序就进入与呼叫转移业务激活相关的处理程序。要从接收的数字串中取出在"*57*"和"#"之间的数字,这就是你要临时转移到的电话号码。再把它储存在数据库中,同时在数据库中打上一个标记。

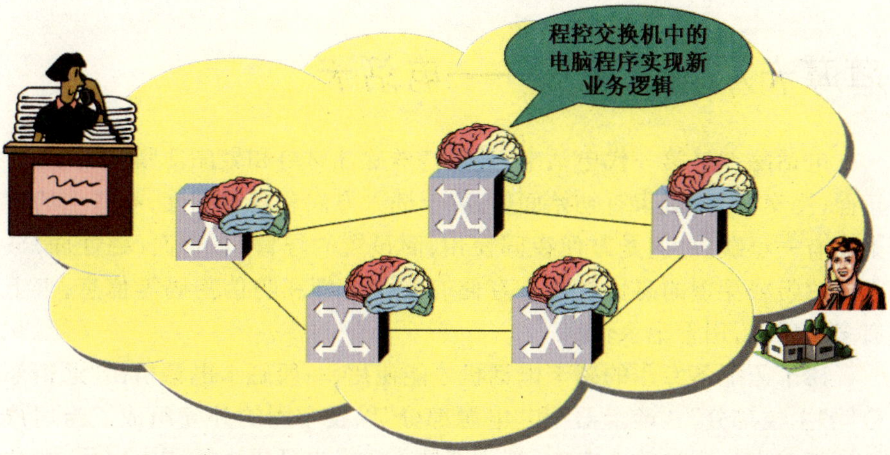

几分钟后,你的朋友给你家打电话,交换机再次进入刚才的那段程序。此时你的电话在通话接续过程中处于被叫的角色,所以,这段程序首先要去数据库,检查你的指示"呼叫转移"功能的标记,发现该标记是激活的,程序从数据库中取出你刚才存入的临时转移到的电话号码,把你朋友打来的这个电话接续到那个号码,即你隔壁家的电话上。这样就完成了呼叫转移的功能。

"呼叫转移"功能是众多程控电话新业务中一个比较简单的业务,实现程控电话新业务的程序也只是整个程控交换机中全部程序的冰山一角。可以想象,一台程控交换机需要的程序有多少,为了编写这些软件,我们的电信工程师要付出多少的心血和劳动!

(殷月明)

转移模式

(1) 无应答转移　用户手机振铃如果无人接听,那所有呼叫电话均转移他预先设置的电话号码上。根据手机型号不同,响铃时间不完全一致,一般在30—60秒。

(2) 不可及前转　如果用户手机关机、未在有效服务区内、信号差而不能实现正常通话时,所有呼叫他的电话就会均转移到他预先设置的电话号码上。

(3) 遇忙前转　也叫占线转移,如果用户正在通话的时候,那么所有呼叫手机的电话均转移到他预先设置的电话号码上。

(4) 无条件前转　即全部来电转移,呼叫用户手机的来电能全部转移到他预先设置的号码上而手机不发出铃声。

薄薄卡片沟通天下——电话卡

电话磁卡是第一代电话卡，是用特殊磁性材料和聚酯薄膜压制而成，正面(图案面)一般印有初始面值，磁卡插入方向和各种图案，有些卡的边上还有一小缺口，这是方便夜间使用，而设置的导盲口，背面(磁性面)贴有的磁带或涂覆的磁性材料上存储有磁卡金额和防伪密码等信息，卡上有多个磁轨，用于记录信息。

磁卡需配备专用的磁卡电话机才能使用，一般磁卡电话机由“通话部分”、“主控部分”、“读卡器”和“电源部分”以及牢固的外壳组成。当用户按磁卡面上标明的箭头方向，把磁卡推入磁卡电话机上的磁卡口后，即被传送到磁记录再生系统，由磁头作数据的读取及写入，这时话机屏幕上立即显示出该磁卡中的金额数字，并提示拨号音，用户就可以拨号通话了。同时将磁卡磁条上的信息感应成相应宽度的脉冲数字信号，利用计算机技术，采用微处理方法对此脉冲数字信号进行接收、量化处理，然后再进行译码，解译成计算机可识别的 ASCII 码，利用通讯技术传输给电话交换机。磁卡电话的通话时间是从对方摘机应答开始计算，按通话分钟逐一扣除卡上话费。通话双方只要有一方挂机，磁卡电话机就会把剩余的金额存入磁卡中，屏幕上显示余额，磁卡自动退出。有的磁卡电话机还在磁卡上打孔，表示磁卡上的余留金额。在通话过程中，如果磁卡中剩余的金额不够一分钟的通话费用时，电话机会自动发出告警声音。

随着磁卡应用的不断扩大，有关磁卡技术，特别是安全技术已难以满足越来越多的对安全性要求较高的应用需求。在磁卡上应用的安全技术，如水印技术、全息技术、精密磁记录技术等安全性已大为降低。同时，由于磁卡本身结构简单、存储容量小、无内部安全保密措施等，使其容易被破译。曾出现过用非法手段对旧磁卡重新充值的伪卡，这种伪卡曾使日本电信一年损失数十亿日元。

为避免磁卡中伪卡带来的损失，1983 年斯伦贝谢公司运用 IC 技术，在法国里昂安装了世界上第一台 IC 卡电话机。该电话机采用 IC 卡通话。IC 卡即集成电路卡，使用集成电路芯片，是实现数据存储和处理的新一代卡技术。1970 年由法国人 Roland Moreno 将可进行编程设置的 IC 集成电路芯片镶嵌在塑料卡片上制成的。最早以 F256 芯片为代表的第一代预付费 IC 电话卡，采用电擦除的可编程只读存储器技术，最大计费容量为160个单元,安全性低。到后来采用更先进的EPROM技术,计费单元达3.2万个,抗静电保护达4 000 V,可防止运输密码个人化前被非法使用,具有防抽卡标识区,可最大限度地防止通话过程抽卡误写单元,可存储分布密钥,用以对卡片的有效性动态认证,从技术上保证了芯片不易被复制。现在我们在马路电话亭内看到的黄色卡式话机,就是IC卡电话机。使用时,首先提起话筒,听到蜂音的同时,可见到话机电子屏显示"请插卡"的文字提示,这时将IC电话卡带芯片的一面朝上,按箭头的指示方向插入话机读卡器处,当IC电话卡插到位时,IC卡机接口通过电极触点将卡的集成电路联接,话机屏幕提示"请拨号"并显示IC电话卡内存余额,就可以拨打电话了,同时芯片开始工作。

第三代电话卡有IP及各种智能电话卡,即电话卡不需插入话机,只需在普通话机上输入接入码,按语音提示操作拨打电话。它是利用原有通信网络,通过互联网或智能网技术进行通话。如IP卡电话是按国际互联网协议规定的网络技术内容开通的电话业务,利用互联网作为语音传输的媒介,从而实现通信的一种全新通信技术。IP电话系统一般由话机、网关和网络管理者组成。话机是指通过电话网络连接到本地电信网的电话终端。网关是将两个使用不同协议的网络段连接在一起的设备,它的作用就是对两个网络段中的使用不同传输协议的数据进行互相的翻译转换,完成语音压缩、寻址与呼叫控制等功能。网络管理者负责用户注册与管理,对用户身份确认,验证卡号与密码,保证收费正确。而智能卡(200、201、300)是在原有通信网络基础上,设置附加通信智能网络平台,使网络由单纯地传递和交换信息,逐步向可存储和处理信息的智能化发展。通信智能平台一般由SSP、SCP、SDP等组成。业务交换点(SSP)实现呼叫处理功能和业务交换功能,业务控制点(SCP)是智能网的核心功能部件。接受SSP送来的查询信息并查询数据库,进行各种译码,业务数据点(SDP)它是智能网的数据库,存放各种用户和网络数据以及业务数据等,供SCP实时查询、修改。随着计算机技术在通信领域的应用,电信部门又开发了除打电话外,其他不同功能的电信卡,如可以充值的充值卡、可以交纳电信费用的易付卡,可以上网的上网卡等,名目繁多,不下数十种,电信卡是个"大家族"名不虚传。

(王纯道)

信息传输的通道——线缆

车辆必须在道路上行驶,信息必须在线路上传输。传输信息的线路多种多样,是一个庞大的家族,我们择其“之最”予以介绍。

最富故事性的线路为:铁路道轨、玻璃套管、大地回路。

有人曾经用铁路的两根钢轨代替电话连线,铁路钢轨本身是两根金属导线,如果试验能成功,可省许多安装专用电话线的人工和费用。只是试验以失败告终,原因一是钢轨的电阻太大,信号衰减严重;二是两根钢轨直接与大地接触,它们之间的绝缘性能不理想,用它们作为电话连线,通话时噪声太大,使人受不了。还有人为了解决导线的绝缘问题,曾经用玻璃套管作为绝缘层,中间穿铜线。玻璃是良好的绝缘材料,符合电学原理。但是玻璃很脆、易碎、不能随意弯曲,这个试验在实际工作中也是行不通的。再是,在电话发展史上,曾经有过一个时期是用单线回路来传输信息的。一根金属导线,另一根借用大地。大地是导电的,可节省一根导线。但是用单线回路通话,杂音很大,再有串音干扰,严重影响通信质量,不久之后也被淘汰了。

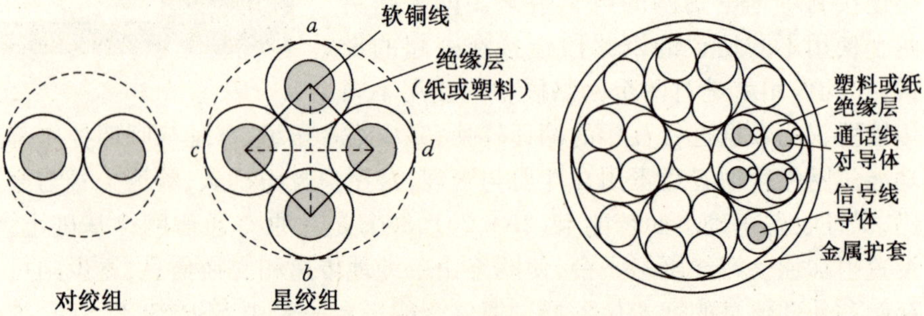

最为常见的线路为:金属对线、通信电缆。

金属对线可以是裸线,但相互间必需保持一定的距离,以免短路。早在1877年,架空明线正式用于电话通信。架空明线一般用铁质导线,用弯螺脚直接架设在木质电线杆上。后来线对增多,就用线担和直螺脚架设。直到20世纪80年代,我国不少地区,主要是农村,仍在使用架空明线。随着通信事业的不断发展,特别是电话业务的发展,明线线路越来越不适应通信的需要,于是建成了电缆传输系统。

单根为线,多股为缆。虽然最早的电缆是用于电报传输的电报电缆,并且先于明线，是先有电缆后有明线，但现在我们最常见的是城市电话电缆。早期的电话电缆采用树脂绝缘，质量差、成本高。后来采用纸质绝缘，外面用铅皮包裹，这就是铅包纸隔电缆。最大的电缆线对容量可达3 000对之多，即一条电缆可连通3 000部电话。20世纪50年代初，由于塑料工业的发展，开始应用高分子聚合物塑料作为通信电缆的绝缘与护套材料。

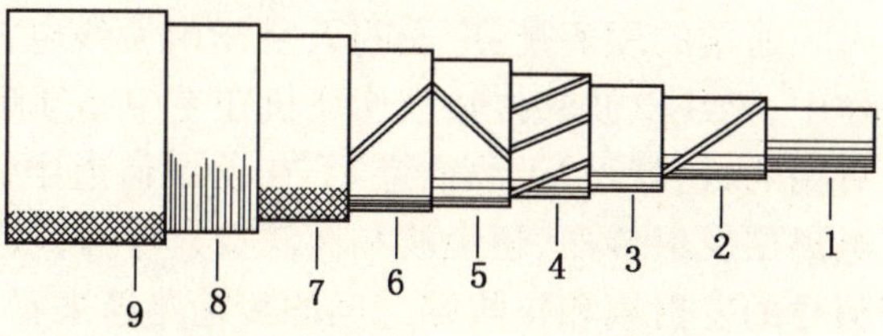

1. 铜线内导体 2. 铜带 3. 聚乙烯绝缘层
4. 外导体 5. 钢绑带 6. 聚乙烯绑带
7. 油浸麻层 8. 钢丝铠装 9. 两层油浸麻

海底电缆

可能大家有所不知，部分塑料是老鼠和其他小动物的美味佳肴，所以往往是在塑料外再加保护层，有铅-聚乙烯电缆、钢-铅-聚乙烯电缆等。电缆根据不同的安装方式可分为架空电缆、管道电缆、直埋式电缆和水底电缆等多种。根据不同的芯线结构可分为对绞组、星型四线组等多种。根据不同的缆芯结构可分为同心层式、单位式等。

同轴电缆

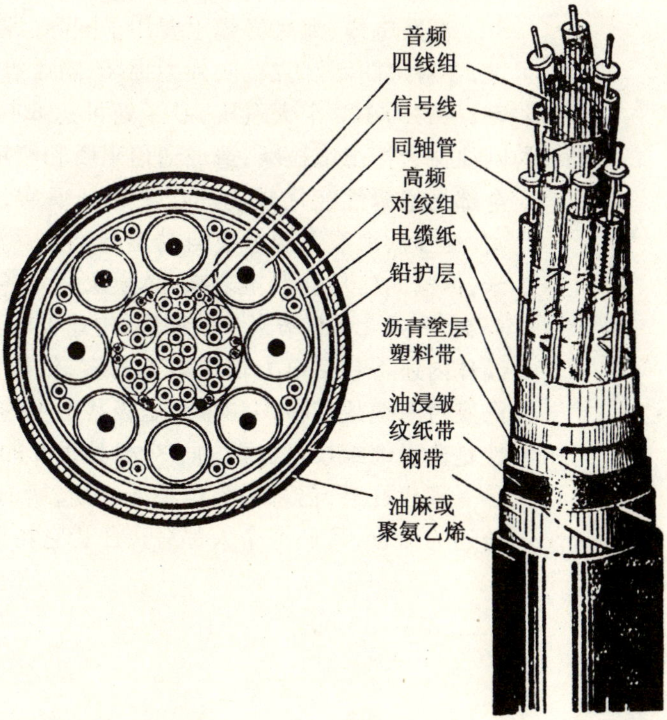

“常见”还应该要“常新”，才是符合事物发展的规律。现在城市里不少居民家庭接进了一根白色圆形的连线，这就是有线电视的同轴电缆，同轴电缆是由一根中心导线（内导体）和一根包裹在它外围的圆管导体（外导体）组合而成的信息传输载体。有时外导体是由金属丝网或金属薄膜构成。内、外导体之间用绝缘材料隔开。因中心导体和外导体的圆心在同一轴线上，所以称为“同轴电缆”。同轴电缆是一种专用于高频电信号的传输线。过去多数是应用于长途载波通信，是电信局与局之间的连线。现在已进入了寻常百姓家，只是家用的同轴电缆比较简单，局用的同轴电缆结构较为复杂。

最富想像力的线路为：无线信道。

通常的理解是：广漠的天空任由无线电波传播，漫无规律，但实际工作中，无线电波的传输就像飞机在空中必须顺着航道飞行一样，也有路径可循的，这就是“无线信道”。在无线信道中，有长波地表面波传播、短波电离层反射传播、超短波和微波直射传播，以及各种散射传播。从无线电信号的发射端和接收端之间的传输路径来看，地表波是指发、收两端间沿地球表面传播的电波；反射波是指发射端发出后经过反射到接收端的电波；直射波是指发、收两端间直接传输的电波；散射波是指像电灯泡发出的光线照射四周的情况那样——可见光也是一种电磁波。灯光照亮四周就是散射传播。只是普通的灯光不适宜用于传输信息而已。

在不同的无线信道中传播的电波会因遇到各种障碍和大气环境的影响而衰减，也会因受到各种干扰而产生噪声。直射传播是较为理想的一种无线信息传输方式，尤其是抗干扰的性能最强，只是在电波传播过程中仍会因为辐射能量的扩散而衰减——这就是微波通信中继站必须具备把信号放大、增强、起到接力作用的客观原因。

最庞大、最坚实的线路为：海底电缆、海底光缆。

海底电缆、海底光缆主要用于国际、洲际的长途通信。海缆从海底通过，要解决防水、防腐、防外力损坏、防压等问题。如在水深 1 000 米的海底，压力为 100 个大气压，最深处可达 600 个大气压以上。又如船锚、渔网往往会把海缆拉断，造成通信阻断和严重损失。海缆的内、外导体之间全部用绝缘性能优越的高压聚乙烯填实，外面用钢丝铠甲包裹，十分坚实。同时，海缆还要解决自动增音问题。海缆在海底要穿越数百上千千米，传输的信号会严重衰减，必须像接力赛似的，每隔一定距离放大、增强一次，一条 1 000 千米长的海缆，中途要设立几十个自动增音站，为此，海缆体内还得包括电力输送线等内容，结构复杂而庞大。在水深数百米的海底对海缆故障检测和修复是极其困难的事，劳民而伤财。可靠性、持续性是衡量海缆技术性能的一个极其重要的指标。

现代社会，信息一刻也不能中断，所有用于通信的线与缆，犹如信息流通的血管，我们每个人都有责任让它畅通。

（施善昌）

相会在万里星空——会议电话与会议电视

有了电话，万水千山，不再障碍。通过电话，人们可以相互诉说、交谈，但遗憾的是只能在二人之间。俗语说“二人谈话，三人成会”，很多时候，办事和商量问题需要用会议方式解决，甚至更多的人来参与。我们知道，有各种各样的会议，大到整体范围的代表大会，小到几个人相聚的碰头会。因此，会议电话应运而生。我们可以召开电话会议来节约成本，让不便于集中的与会者通过电话来参加会议，省时省钱，提高效率。我们知道交换机走过了人工交换，自动机械交换和电子程控交换的历程。20 世纪 70 年代，上海的郊县通信还在采取人工交换方式进行时就出现了会议电话，其使用方法也较简单，只需把郊县交换设备的相关塞绳的两端插头连到一起即可。那时上海市政府和农委经常用会议电话向郊区十个县布置工作。后来上海市电话局市郊分局每天定时为市气象局向各县的气象台发布和交流信息。20 世纪 80 年代开始应用程控交换，会议电话也相应发展成由软件控制，通过人机对话方式输入相应的计算机参数就可利用会议电话软件在专用设备上迅速完成会议电话的调度和控制，使用相当方便。其解决办法就是在电话网的心脏——交换机中增加一个并接功能。原先通电话时，交换机根据拨号连通二个用户的电话线。召开电话会议时，则根据会议主办人的要求，预先将参会的用户通过专用交换设备进行接通，让相关各方都能与其他用户交换信息，达到沟通和交流。会议电话模仿了会议的真实情景，拉近了你、我、他的距离。在会议电话专用设备中还设有主席控制和座席发言功能，使主席能主持和掌握会议议程的进展，让参加者畅所欲言，各抒已见。

由于技术的进步，电视的应用，视频技术的诞生，通信传输不再停留在语音处理上，进而发展到可视数据通信，产生了图文电视和交互型可视数据通信。图文电视是单向、开放型的通信方式，使用广播电视的信道，为用户提供有关天气、旅游、娱乐和金融情报等信息。交互型可视数据通信则采用双向、闭合型通信方式，使用电话信道，利用专用终端或配有键盘和适配器的电视机，通过电话网以人机对话方式从资料中心数据库中检索到各种文字数据图像等可视信息。正是由于这些业务和技术的开展和应用，为开拓发展会议电视创造了有利条件。在计算机技术、宽带通信技术、数据处理技术等各项信息技术的支撑下，让我们不仅能口述耳听方

式进行多方的交谈，还能面对面彼此看到对方的表情和动作。与会人员和同在一处聚首一样，一起沟通交流感情，一起探讨研究问题，一起传授切磋技艺，达到了亲历其境的程度。这些技术让远在新疆、西藏的父母、亲属和在上海求学的孩子们，尽管不能手拉手零距离地接触，但能够通过它面对面近距离对话，心连心地欢聚一堂。

会议电话与电视已深入到我们的日常生活中。上海电视台第一财经频道用会议电视业务，实现沪深股市的股评家和主持人之间对话进行股市行情的分析。在中央四台“让世界了解你”栏目里，用会议电视和美、法等国友好城市的市长等嘉宾进行经济发展战略研讨和地域文化交流。会议电视已从国内城际走向国际化。

同样，网上应用的远程教育和远程医疗方面也有会议电话的用武之地。莘莘学子为圆上学之梦，采用上电视大学的方式能聆听各所大学的教授的课程。但如果需要进一步互动式个别辅导，那么最有效的办法就可用会议电话。

总而言之，会议电话与电视都依靠电话通信网，依靠有线的电缆光缆和无线的卫星微波等各种传输技术设备，最终实现多方对话和可视通信，让远在天边，相隔万里的人们期待随时随地见面相会的梦想得以实现。

（应启亮）

电话世界里的千里眼——来电显示

电话发明至今已有130多年的历史，随着我们对电话的熟悉和依赖，对电话的功能要求也越来越多，比如我们希望在电话振铃时，就能知道是谁打来的电话，或者当我们忙得不可开交或不在电话机旁时，也希望知道何时何人给我们打过电话，在这种需求下，“来电显示”业务应运而生。

“来电显示”也称为主叫号码显示，是向被叫电话用户提供的一种新的服务项目，凡具有号码显示功能的电话机或在普通话机上加装来电显示器的，当有电话打入时，即可在来电显示器上显示来电号码、来电日期、时间等信息，它就像电话世界里的透视眼一样，能准确无误地向我们显示这些信息，并可将这些信息进行存储，以便事后查阅。

人类的伟大不仅在于发明了电话，更给电话开发了许多新业务来满足人们对电话新功能的要求。实现来电显示的基本方法是发端交换机将主叫号码等信息通过局间信令系统传送给终端交换机。终端交换机再将主叫识别信息以移频键控(FSK)的方式送给被叫用户终端设备。

当客户申请来电显示功能后，工作人员会在终端交换机上通过输入人机命令，给终端交换机加上特有的标识来表示我们的电话具有此功能。当用户拨打我们电话时，若终端交换机检测到我们的电话空闲，则终端交换机向被叫电话释放铃流信号，即被叫用户的电话开始振铃。在电话第一次振铃后，终端交换机和被叫电话之间连接了一条通路，通过这条临时建立的通路向被叫电话发射FSK信号，这些信号以不同的频率表示“1”或“0”，用若干个“1”和“0”的不同组合代表不同的字符(包括组成电话号码的数字0～9)，终端交换机用这些表示数据的“0”或“1”的一串串音频信号通过单边带方式调制发射出去。被叫用户话机把这些信号还原成字符并在显示屏幕中显示出来，客户就知道是谁打来电话了。接下来交换机释放这条通路同时第二次释放铃流信号，也就是电话第二次振铃。

使用过“来电显示”业务的用户，都舍不得丢弃它。原因是当无人接听电话时，来电显示功能会将每个来话的电话号码、打入时间和日期记录下来并存储在我们的话机里，我们可以通过话机来查询这些信息，然后根据实际情况，选中未接的电话号码，通过电话机自带的回拨功能，直接回拨给主叫用户，方便快速，可以轻而易举地避免因为接不到电话而带来的麻烦。而对于一直骚扰不断的广告和不愿接听的电话，可以记住电话号码,追查电话来自何处,必要时可报警。亲朋好友电话号码可以个性化设置,不需要记忆冗长繁琐的电话号码。

市场上有许多具有“来电显示”功能的话机,同时具有根据不同的来电播放不同铃声的功能,等我们购买这种类型的话机再申请来电显示后,就可以进行个性化的设置,给特别的来电设置特别的音乐。对于我们设置过的来电我们可以不看显示屏上的电话号码,光听铃声就能判断是谁来电,如果是自己期待的来电就可以开开心心地飞奔过去接,如果是自己讨厌的来电,理都不用理,从而增添了不少乐趣也减少了不少麻烦。还有就是这种功能非常适合用在共用一台电话机的场合,比如说在家里,可以将电话号码进行分类(爸爸的,妈妈的,子女的),并给不同的类别设置不同的来电铃声,这样只要听电话铃声,就可以知道找谁的,方便了不少。

“来电显示”业务还可以用在电信公司的普通直线电话用户和ISDN用户,涉及范围很广,用于公、检、法、纪检机关、医疗急救部门,来电显示可使这些部门迅速判断来话者身在何方,省去详细询问的时间;商务、服务行业,当我们正在处理一个重要商务计划,而电话却响个不停,我们当然希望知道是谁来电,好使我们决定是否接听,还是继续处理当前的业务。来电显示帮我们灵活处理,不会错过任何拓展业务的机会;家庭用户亦可尽情享受来电显示所带来的一切便利。

另外来电显示申请方便快捷,我们只需去电信营业处申请即可。如果我们原来使用的是普通话机,还需要购买具有来电显示功能的话机或在原有普通电话机上附加配置一个来电显示器。申请完毕,我们很快就能拥有来电显示功能了。

尽管“来电显示”业务已被大范围使用,但对于一些政府部门、商业公司和家庭用户为避免日后麻烦,他们在打电话时,不希望让对方留下自己的电话号码。在此需求下,电信公司又开发了“来电显示限制”业务,即如果这时主叫用户具有来电显示限制业务,那么即使被叫有来电显示业务也无法显示出主叫方的电话号码,可见“来电显示限制”的优先级高于“来电显示”,从而保护了用户的电话号码隐私权。这个业务主要应用于政府、公安等保密性较高的部门,一般单位用户和家庭用户也可以申请使用。

由于“来电显示”具有以上优点及便捷的申请方式,自从电信公司开发了此功能后,每年使用用户都在不停的快速增长中,而且只要使用一段时间后,用户都会赞叹其使用方便和其功能强大。朋友们,相信你也是“来电显示”的用户。

(宋蔚芳)

无线市话——“小灵通”

“小灵通”取小巧、灵敏、通畅的寓意。其实“小灵通”并不是一个技术术语，而是一个广泛流行的市场用语，泛指各类无线市话业务。就技术而言，“小灵通”最早来源于数字无绳电话系统——PHS系统，后来将它改造后才作为无线市话业务应用的。

“小灵通”是在一个本地网范围内，利用固定网络的资源，结合无线接入技术，实现终端具备有限移动性的固话通信业务。也就是说，“小灵通”的接入是利用无线技术，其后的交换、传输处理还是利用原有固网的通信资源。

PHS系统的频段位于1.8～1.9 GHz之间。无线电波的穿透能力和绕射能力比较弱，所以一般室内覆盖效果不是很理想，需要系统采用改进措施加强室内信号。

基站是“小灵通”网络的重要组成部分，负责网络与用户手机的联系，起到了桥梁和纽带的作用。

“小灵通”网络的所有信令，包括呼叫接续、终端识别和各种操作指令都通过信令传输网传送，然后依靠业务交换控制点来控制各种业务的实现。形象地说业务交换控制点就像人的大脑，控制着“小灵通”整个网络的运作，而信令传输网就像神经系统，将大脑的指令传送到网络的各个部位，同时将反馈信息回送到大脑。

1997年12月，“小灵通”在浙江省余杭市诞生了。从那时起，它就被定位在对市话系统的有效的补充和延伸的技术手段上。所谓补充，就是将固定电话的最后几百米电缆连接逐步改为无线接入，而延伸就是将原来固定电话只能在室内通话的特性，通过无线接入的手段扩大到室外，乃至整个城市。用户只要携带轻便的“小灵通”手机，在网络服务区内可随时随地拨打和接听本地、国内和国际电话。信息通过它传遍千家万户，使那里的人群享受到通信的便捷，真正做到了“带着市话到处跑”。同时，“小灵通”在业务上也已经从单纯的电话发展到实现预付费、短消息、数据上网和定位等一系列新业务，其数据上网速率最高可达到128千字节/秒。

民间流传的顺口溜：“用久了不心疼，打久了不头疼。”很好地体现了“小灵通”的两大特点：资费便宜、绿色环保。

说到资费便宜，那是显而易见的，“小灵通”和固定电话是一样的，实行单向收费，同时采用与固定电话相同的费率标准。以固定电话的价格，享受本地移动电话的方便是“小灵通”最突出的特点。

说到环保，由于我们都生活在电磁波的包围中，因此都关心电磁辐射对身体的影响。“小灵通”号称绿色环保，它的辐射到底小到什么程度呢？下面就用具体的数字说明一下。目前，手机辐射的国际参照标准都是热辐射量(SAR)，欧洲 SAR 的标准是2 W/kg，而中国相对严格，定为 1 W/kg，小灵通只有 0.01 W/kg，我们常用的无绳电话的功率也有约 0.3 W/kg，电视机遥控器则为 0.02 W/kg。在这么低的功率下，“小灵通”手机基本不对人体产生伤害。“小灵通”甚至不会对电视机、收音机、录音机、电脑屏幕产生任何影响，接听手机时，不会产生“吆吆”的噪声，电脑屏幕也不会闪个不停。由于“小灵通”手机的发射功率小，特别省电，待机时间也长。至于基站，到目前为止，“小灵通”使用的最大发射功率的基站也只有 0.5 W/kg，尚不及国家标准的 1/2，而一台微波炉的功率都将近 0.7 W/kg。尽管小灵通基站天线看起来“个头”比较大，却与辐射大小无关，形状只是为了满足波长、传输和覆盖等技术方面的要求。可以说，“小灵通”在技术上最大的优点就是超低辐射、绿色环保。“小灵通”不仅对人体几乎无害，就是对目前任何一种电子仪器设备也均无影响。

任何事情都有正反两面性。正是由于“小灵通”的手机及基站的发射功率极低,每隔数百米就需架设一个基站。在通话过程中,如果在两个基站中间移动,就会出现信号切换,使用者会听到短暂的“嘀嘀”的基站切换信号音,有时可能存在暂时的闪断、停顿等现象。这时不必挂机,通常 1～2 秒后就会自动恢复正常通话。有时在不移动时打“小灵通”,也会出现基站切换现象。这是使用者所处位置附近基站较密集,哪个基站信道通畅、信号较强时,“小灵通”手机可能会自动切换到那个基站上,切换时会产生短暂的通话停顿。如果发现基站频繁切换,可转动一下方向或移动一下位置就能解决困扰。同时,由于“小灵通”信号的穿透性不强,在室内的信号可能较弱,需要调整方向或靠近窗边打电话,以获得较好的通话效果。现在也可以通过安装家庭小天线的方法来增强室内的信号强度。另外,在行驶的车内使用“小灵通”时,如果车速超过 60 千米/小时可能会影响通信质量,所以将它定位于“小范围低速移动无线接入”业务。

（钱之宁）

PHS 技术

是一种数字移动通信技术,属于第二代通信技术。PHS 与 GSM、D-AMPS、DECT 处于同一个技术发展等级,比 AMPS、TACS 等模拟技术先进,而落后于 3G 技术。从无线集站来说,PHS 的空中接口技术并不落后,而且还有自身的特点,特别适于运用智能天线技术来改善无线通信环境和系统容量。

信息以无形包裹的方式传送——ATM 技术

在 21 世纪的今天,“网络”这个名词已经家喻户晓,人们的工作、生活、娱乐都离不开她,她给我们的生活带来了翻天覆地的变化。如果哪天网络瘫痪了,可以断定有许多人,就如鱼儿离开水塘一样,浑身不自在,寸步难行了。

大家已经习惯了在“地址栏”中输入网页名,敲一下回车,用这种方式可以浏览到自己需要获得的信息;在邮箱中输入收信者的 E-mail 地址,输入信件内容,敲一下回车,就可以很快地将信件寄出去;在 MSN、QQ 等即时聊天工具中,也可以很方便地和同事、朋友聊天……但这些信息是通过什么“方式”以最快的速度在网络中共享的呢？也许有些朋友并不是十分了解,今天我就向各位朋友介绍一个在网络中用的非常普遍的技术——ATM(异步传输模式)网络技术。

听到这个名词,你觉得非常高深吧！事实的确如此,这门技术在大学里的相关专业内可以学上一年呢！

电信传送网络是一种公用的通信基础设施,它具有向外部提供各种不同速率的数字传送能力。现在的电信传送网络上已经建立了各种不同业务的网络,如电话网和数字网等。若建立一种可以同时提供多种业务的网络,显然是一个更为经济也更为合理的方法。国际电联经过协调研究,于 1988 年正式命名 ATM 技术,推荐其为宽带综合业务数据网(B-ISDN)的信息传输模式。

ATM 是一种传输模式,在这一模式中,具有电路交换和分组交换的双重性,信息被组织成信元,就如打成包裹一样。因各个信元不需要周期性出现,因此称这种传输模式是异步的。ATM 信元是固定格式的包裹,分两个部分,第一部分完成寻找地址的功能,第二部分,装载用户信息。话音、数据、图像等所有的数字信息都要经过切割,封装成统一格式的包裹,在网中传送,并在接收端恢复成所需格式,可以容易地实现各种信息混合在一起的多媒体通信。

由于 ATM 技术没有校验功能,在网络上简化了交换过程,减少了时延,实现高速化传输。ATM 提供良好的质量保证机制,采用了一些有效的业务流量监控机制,对信息进行实时监控,把网络拥塞发生的可能性降到最低。对不同的业务信息赋予不同的“特权”——即执行优先级制度,根据业务类型和速率的需要动态分配不同的网络资源,这样不同的业务信息在网络中才能做到“和平共处”。而且这样用户占用的带宽相互独立,安全性得到有效保证。

目前,全球已有一定数量的用户使用 ATM,并且数量还在不断增加,有些已有一定的规模。由于 ATM 网络技术的巨大优势,主要是它的高带宽和适用于多媒体通信,把它用作 WAN(广域网)通信的干线,其发展前景是广阔的。在 ATM 网上应用 LANE(局域网仿真)技术,ATM 网络就像是一个局域网,其中包含若干由路由器连接起来的 IP 子网,我们就可以把分布在不同区域网互联起来,在广域网上实现 LAN(局域网)的功能,对于用户来讲,他们所接触的仍然是传统的局域网的范畴,根本感觉不到 LANE 的存在。

LAN 从一个终端接收到信息,它的目的地址是 ATM 网络另一端,用户就发送一个"MAC(规程)-to-ATM"地址转换请求到局域网服务器(LES),LES 发送信息至网络上的其他用户,地址表中含有被叫 MAC 地址的用户作出响应,发送地址转换请求的用户认知这个响应,并得到目的地的 ATM 地址,接着便通过 ATM 网建立一条虚通道至目的用户,用 ATM 方式传送数据。ATM 使用自己的地址方案,通过 LES 地址转换可以把分布在 ATM 边缘的用户之间连接起来。

在 ATM-LAN 中,ATM 网络可看作一个单一的物理网络,如同其他网络一样,人们使用路由器连接所有异构网络,而 IP 协议允许 ATM 网络上的一组计算机像一个独立的局域网一样工作,这样的一组计算机被叫做 LIS(逻辑 IP 子网),在一个 LIS 内的计算机共享一个 IP 网络地址,LIS 内部的计算机可以互相直接通信,但是当一个 LIS 内的计算机要和其他的 LIS 或网络中的计算机通信时必须经过两个互连的 LIS 路由器,很明显,LIS 的特性与传统 IP 子网相似。

由用户端的发出初始化命令,向服务器注册,注册成功后,用户就可以接收或传输数据了。当主机要发送数据时,它使用通常的 IP 选路,以便找到适当的地址,然后把数据发送到相应的网络接口,网络接口软件必须解析出对应目的端的 ATM 地址,通过信令过程建立适合的链路,然后进行传输。用户还要维护地址信息,定期更新服务器上的地址信息和本地的地址信息。在用户传输数据时,它可能同时向许多不同的目的端发送和接收数据,因此必须同时维护多条连接。

LANE 提供与现有协议给网络层提供的驱动相同的服务接口,不需要改变该驱动,在网络层上将局域网接入 ATM 网络,既提高了网络带宽,也提升了网络的性能,这将加速 ATM 的发展和应用。将来通过远程信息传送,使 ATM 直接到达桌面机的技术即可实现。达到这种应用水平,可以说真正实现了超级信息高速公路的境界。

（陈礼杰）

寻呼业务的过去、现在和将来

“有事请呼我”，这句20世纪90年代广为流行的口头禅现在已经很少听到了。寻呼机——这一曾以其价格低廉、使用方便而广受人们青睐的通信工具也变得少有人问津了。人们不禁要问，寻呼怎么了？要弄清这个问题，我们有必要先了解一下什么是寻呼。

寻呼属于无线移动通信范畴，它的历史要追溯到1948年，当时美国贝尔实验室研制了世界上第一台称作Bell-boy(带铃的仆人)的呼叫寻呼机。随后又经过各国科学家几十年的开发和研究，寻呼产品渐渐走向成熟和完善。1984年，上海开通了全国第一家寻呼台，标志着无线寻呼进入了中国。

寻呼系统的原理其实非常简单，它由寻呼控制部分、无线发射基站和寻呼机组成，寻呼控制部分与电话交换网相联。主呼人拨打寻呼台的接入号码，通过电话交换网将寻呼信息传给寻呼控制部分，寻呼控制部分将信息进行编码后通过传输线路送到发射基站(传输线路一般指卫星、专线、无线链路等)，发射基站通过天线将信息发到空中，最后由寻呼机接收。

与广播电台的广播不同，寻呼机只接收属于自己的信息，而所有收音机接收的广播内容则都是相同的。这是因为每台寻呼机都有自己的地址码(就像每台寻呼机都有自己的身份证一样)，在处于开机状态的情况下，寻呼机可以不停地“侦听”空间的无线信号，一旦发现带有自己地址码的信息后，它就会把这条信息接收下来并提醒用户阅读。当然携带寻呼机的用户一定要处在寻呼台发射基站所发射的无线电波覆盖区以内，否则就不能被寻呼到。每个基站覆盖区的大小又与基站的发射功率大小、铁塔高度、天线增益、环境位置等因素相关(一般来说，发射功率越大、铁塔高度越高、天线增益越强、环境位置越好则该基站的覆盖区越大)。

由于寻呼机能够快速准确地传递简单信息，而且使用方便、价格低廉，推出不久就受到了人们的普遍欢迎和认可。在发展初期，能够拥有一台寻呼机还一度成为人们身份的象征。特别是1993年寻呼业务放开经营后，市场竞争机制的引入使寻呼服务功能不断完善、技术含量不断提高，费用不断下降。

进入21世纪,无线寻呼业进入了“寒冬季节”。手机入网费和手机空机价格的持续下降,使移动电话得以迅速普及,这给寻呼市场带来了巨大压力,许多人购买了手机后,就把寻呼机甩在了一边。尤其是出现了更方便、快捷并且更廉价的手机短信业务,更使得寻呼业雪上加霜。手机几乎囊括了传统寻呼的所有功能,“来电显示”将数字寻呼逼上了绝路,“短消息”又将中文寻呼推下了深渊。在迅速发展的手机面前,寻呼业一下子变得黯淡无光。

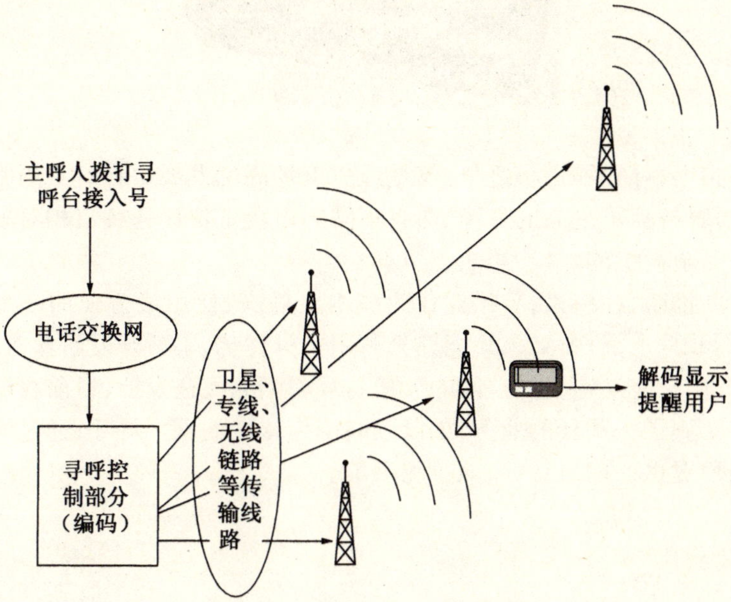

寻呼业真的变成了“夕阳产业”,已经穷途末路了吗?双向寻呼的出现给寻呼业带来了一线生机。传统的无线寻呼为单向系统,寻呼信息发出后,呼叫者不知道用户是否正确收到信息,而用户收到信息后,若要作出相应的应答,又必须借助电话才可完成。这成为导致寻呼业迅速衰退的致命之处。双向寻呼系统则不然,它的寻呼机不仅可以接收寻呼控制中心发来的信息,而且其本身还具有向控制中心发送信息的功能,也就是说,它是一种具有应答确认的寻呼系统。双向寻呼可以随时随地以无线方式从互联网或信息平台上下载各种信息,如股票、天气预报、旅游航班、新闻娱乐等,也可随时随地收发电子邮件及进行网上聊天。利用双向寻呼网,用户可以对电表、水表、煤气表进行数据采集监控,定制电子广告牌,还可以实现求救报警、火警监控等应急服务。结合其双向定位技术,用户甚至还可以准确寻找到汽车、人员、物品的位置。当然,手机经过系统及终端软硬件的开发和升级也能实现双向寻呼的这些功能，但就其运营成本和推广价格来说肯定会比寻呼要高得多。

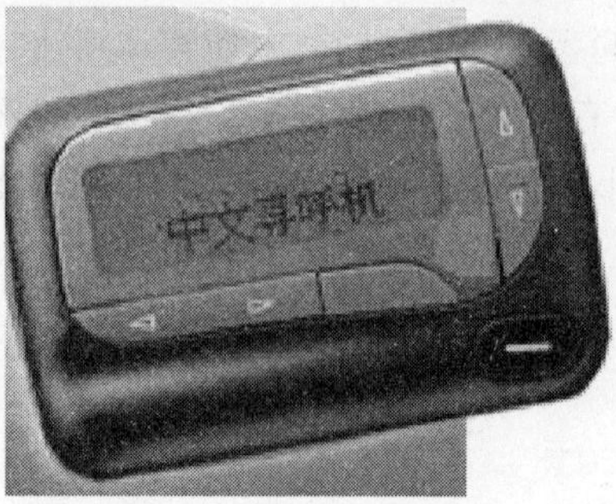

事实上，寻呼和手机之争，仅是通信市场高度发展中针对不同服务对象、不同服务需求之间的交锋，两者不同的市场定位保持各自相对独立的发展是完全可能的。

可以推断，在将来，寻呼业作为成本最低廉、使用最方便的一种通信工具，不会马上消亡，如果其能充分利用自身优势，不断开发新业务，拓展新领域，还是有一定发展空间的。随着互联网的飞速发展，目前我国寻呼业已经实施了一些新的业务，如以互联网为依托的网上寻呼、通过网页向寻呼用户提供的网页寻呼、网上秘书等。

（程　华）

寻呼机收藏类别

主要可以考虑三大类别：一是摩托罗拉品牌的系列收藏。在寻呼行业中，美国摩托罗拉公司无疑是龙头老大，当初摩托罗拉寻呼机在国内市场的占有率高达 70％以上，而且摩托罗拉公司在 1993 年至 1998 年这一段时期内，为了满足市场的需求，大量开发寻呼机新款式、新品种，形成了众多系列，代表了寻呼机生产的最高水平和寻呼机时尚的最新潮流。

二是具有特殊意义的品种收藏。例如 1993 年 5 月，中国第一台拥有自主知识产权的中文寻呼机由波导公司研发成功，1995 年，他们又自行研发成功中国第一台股票信息机，1997 年，中国第一台高速汉字机呱呱坠地，仅 1998 年一年波导就生产销售寻呼机 102.4 万台，位居国产品牌首位，波导成功起飞，为民族工业在这场寻呼机市场的竞争中争得了一席之地，因此，波导系列寻呼机特别是前面所提到的这些“第一”无疑具有很高的收藏价值。

你有问题我来解——呼叫中心

在日常生活中，当人们碰到问题时，大多数人首先会想到打电话求助。所拨打的热线电话将通过呼叫中心交换机排队系统分配到服务人员的座席电话上。这样一个可以为用户解决问题的服务人员，被称之为座席代表。座席代表是各行各业的业务专家，他们可能来自于电信、银行、电力、交通、商业、企业、政府等方面，可以为用户提供业务咨询、投诉、订购、报修等各种服务，解决用户的燃眉之急。

呼叫中心的电话系统和普通的电话系统是不同的。

呼叫中心的电话号码可以是一个号码对应多条电话线路。即使有多个人同时拨打热线电话，只要座席代表在工作就能接通多个电话，使几个人同时得到帮助。普通的电话号码一个号码只能对应一条电话线路，多人同时拨打一个电话号码时只有一人能打通。

呼叫中心产生至今的历史并不长，但它“进化”得却很快。

最早的呼叫中心只是简单的电话和手工记录。随着计算机技术发展，使用字符终端代替了手工记录，即普通电话加字符终端，这是第一代呼叫中心。

第二代呼叫中心伴随着数字程控交换机技术的发展，使电话座席具备了更强大功能，如排队、转接、会议、统计等。呼叫中心专业性更强了，服务水平和工作效率都有很大提高。

第三代呼叫中心已经发展到了将计算机局域网及数据库技术和数字程控交换机集成的程度，这就是我们通常讲的CTI。它能将各种数字信息、语音信息融为一体并能实现信息共享，在支持传统各项功能的同时，还可以在线(不离席)查询各种数据，例如客户信息、产品信息、配送信息、航班信息、货物信息等。实际上这已经不是单纯的服务系统，而是一个能与库存系统、配送系统、调度系统等各种计算机信息系统联系在一起的现代化管理中心。

近两年来，随着国际互联网的飞速发展，人们可以使用更现代、更理想的呼叫中心。从技术上讲就是网络互联，从原理上讲就是虚拟中心系统。呼叫中心可以对语音、数据、传真、电子邮件、即时通讯等所有资源进行统一的接入管理。不仅可以接入有线通信系统、无线通信系统、有线电视系统，还可以将 WEB 网络上的呼叫接入到服务座席上。服务人员通过语音、传真、电子邮件、视频等多种方法，与用户打交道。因此，人们把这样的呼叫中心称为第四代呼叫中心。

未来的呼叫中心，电话接入已经不是主要功能。人们展望随时随地通过移动通信终端请求呼叫中心帮助。未来的呼叫中心是人性科技的终极体现，它的主要功能将体现在人工智能（AI）和高度发达的社会信息化服务上。那时的呼叫中心更人性化，它可以让用户取名字，例如尼奥（NEO）。只要用户轻轻呼唤一声"尼奥"，它就会像阿拉丁的神灯那样出现在用户的移动通信终端屏幕上，为用户排忧解难。那时的呼叫中心服务将会更广泛和更周到。其信息从人类的知识库到信息库应有尽有。通过尼奥，用户可以方便地查询和解决各种问题。目前，人工智能技术正处于实验室研究阶段，相信在不久的将来"尼奥"就能来到我们的生活中间。

呼叫中心

（盛际平）

呼叫中心的任务

呼叫中心通常首先处理大多数客户询问或是基本种类的服务。这说明呼叫中心80%或以上的呼叫可以得到回复，而不需要分配到公司的其他部门。呼叫中心的首要目标是提供高质量的服务令客户满意。同时也必须决定在整个组织结构安置呼叫中心的地点。这可有助于在公司各级管理结构中呼叫中心直接向行政主管汇报。

“一呼百应”的无线调度专家——集群通信

当今世界，通信技术的发展日新月异，如果有人问什么是移动电话，或者什么是对讲机，别人一定会对他报以好奇的眼光。但是，如果问到什么是集群电话，可能就知者甚少了。追根溯源，早在二战期间，就有指挥官拿着对讲机在战场上指点江山，一呼百应。集群通信正是从对讲机演变而来，发展到现在，从常规对讲发展到模拟集群，进而升级为数字集群，可谓历经沧海桑田。由于它应用范围有其专业性，所以名不见经传也就不足为怪了。其实，现在集群通信已经越来越被广泛使用，从早先部队、公安专用，到现在物流、房地产、政府机构、出租车、医疗、抢险等各行各业，处处可见集群通信的身影。目前，数字集群已在世界各个地区建立了不同标准，在我国主要参照国际标准 TETRA 和 Motorola 公司提出的美国国家标准 iDEN。

什么是“集群”？有人说集群电话就是对讲机。其实不然。虽然两者使用方法相像，但是常规对讲机占用固定频率通信，集群是多用户共享多频率。打个比方说：常规对讲好像一条马路只能让一辆车专用，即使马路空闲，也不允许其他车通过；采用集群技术，好比将几条马路统一管理起来，有车来时，哪条马路空就让车开在哪条马路上，如果马路已经都被占满，车辆将排队等到马路空闲时再通过。集群的最大优点就是大大节省了频率资源。此外，集群的覆盖范围和功能也远远大于常规对讲机。

随着科技的发展，数字集群通信成为集群世界的新宠儿。与模拟集群系统不同，它主要是采用了数字化技术。随之而来的优点更为显著。在 iDEN 数字集群系统中，采用时分多址技术，提高了频谱利用率，它把原来只能跑一辆车的马路，分成了 6 条小马路，这样能让更多的车同时跑在马路上。此外，它的话音编码和调制方式也都采用了高级数字技术，使得集群移动通信的保密性和抗干扰性大大增加,同时也加快了有效信息传输速度。可以说,数字集群将以不可阻挡的趋势完全取代模拟集群技术。

早期的模拟集群手机个头很大,俗称“砖头机”。现在的数字集群通信手机经过改朝换代,外观小巧玲珑,和一个普通的移动电话没有什么区别,麻雀虽小,五脏俱全,小小的手机具备了调度、电话、短消息和分组交换等“四合一”功能。

调度功能:这是集群通信的首要功能,也是集群通信的重要特征。当调度员轻轻地按下通话键进行通话时,小组内的成员都在同一时刻收到消息,非常适用于紧急调度场合,所以集群电话享有“一键通”的美称。它的通信方式属于单工方式,也就是通信时,只能有一个人按下通话键说话,说完后放开通话键,允许另一个人通话。除此以外,集群电话还能进行点对点的“私线”呼叫,让“悄悄话”不被别人听见。

电话功能:该功能毋需赘述,用户可像使用移动电话一样,方便快捷地拨打电话进行通信。

短消息功能:“拇指族”的最爱,让两人无需通话即可传递信息。

分组交换功能:分组交换是将用户传送的数据划分成一定的长度,每个部分叫做一个分组。在每个分组的前面加上一个分组头,用以指明该分组发往何地址,然后由交换机根据每个分组的地址标志,将它们转发至目的地,这一过程称为分组交换。通俗地说,就像邮政局在每件货物外包装上写上地址,送达目的地。只要是基于 IP 的业务,如 INTERNET 网浏览、数据库查询、GPS 定位、企业内部网查询等在集群系统中都能实现。

这么多功能,系统如何进行管理?一个集群电话有多重身份。要实现不同功能,就靠它的不同身份(编码)来对号入座。例如,要实现小组调度功能,就要键入小组号;要进行私线呼叫,就要查询它的私线号;打电话和发短信时,要拨打它的电话号码;分组数据传输时,必须寻找对方的 IP 号。

初探集群系统结构,会觉得神秘复杂。其实,集群系统的结构并不那么令人望而生畏,它是由一个控制中心和多个基站组成的星形结构。控制中心好比人的大脑,指挥基站发送和接收信息。基站是控制中心的耳目,它遍布城市或乡村的各个地区,收集信息通过传输通道送回控制中心。当一个用户在基站的“管辖范围”内发出呼叫,基站将用户的语音信息送回控制中心,控制中心有调度应用设备,能够迅速找到该用户小组内的其他成员,并查询到它们的位置信息,然后通过交换机,将语音包送到复制设备复制后,分送到小组内的各个成员,所有的过程都一气呵成,由集群系统的大脑和中枢指挥完成任务,让人根本感觉不到任何滞后。

（石　磊）

临危不乱显神通——微波通信

1976 年 7 月,河北省唐山市发生 7.8 级大地震,突然之间,负责传输信号的通信电缆全部遭到破坏,有线通信全部中断,只有微波通信不受影响,临危不乱,保持对外联系,为抗震救灾立了大功。

在神奇的大自然中,有许多看不见、摸不着的电磁波,按照不同的波长分为长波、中波、短波、微波。人们把波长在 1 米至 1 毫米,频率为300 兆赫至 300 000 兆赫的电磁波称为微波。利用微波作为载体,传送信息的无线电通信方式叫微波通信,是重要的现代化通信手段之一。现代微波通信有着广阔的应用范围,按照不同的应用要求分为:卫星通信、移动通信、微波接力通信等。其中发展最早、技术最成熟、使用最广泛的远距离微波通信方式是微波接力通信,微波接力通信以下简称微波通信,它可用于长距离传送电话、数据或电视信号等。通过它,在北京编排好的《人民日报》,5 分钟左右就能传到全国各地;通过它,偏远地区的人们,可以随时收看中央电视台、上海电视台的节目。

微波通信分为:模拟微波通信和数字微波通信。1947 年美国贝尔研究所在纽约和波士顿之间建立了世界上第一个模拟微波通信系统。到 20 世纪 80 年代以后,随着科学技术的发展,数字微波通信出现了,数字微波通信是数字信号用微波信道进行传输的通信方式,既有微波频带宽、波长短、功率小的特点,又有数字通信抗干扰性强、保密好等特点。一条微波接力通信线路,通常由用户站、枢纽站、分路站和若干个中继站组成,长度在几百千米甚至长达一二千千米。长距离微波通信干线可以经过几十个中继站而传输数千公里,仍然保持高质量的通信。具体来说,微波通信具有以下特点:

一、频率高,频带范围宽,传播容量大。微波波段带宽达 300 000 兆赫,频带宽度约为长波、中波、短波带宽的 10 000 倍,可容纳大量的通信波道,每个波道可通电话几千路或几十路电视。

二、独特的接力通信方式。微波具有与光波一样沿直线传播的特性。由于地球的表面是曲线,微波在空气对流层中传播,因而传输距离约为 50 千米左右就必须在两个终端点之间设置中继站,以接力的方式实现远距离通信的目的。形象地说,微波通信像一场多次接力的赛跑运动,通过一个又一个中继站,把前一站送来的信号经放大后,再送到下一站,将信息一站站地传下去。这也是称为微波接力通信的原因。

三、稳定性好、噪音小、干扰小。由于微波频率很高、波长很短，可以制成方向性很强、尺寸又小的天线，不仅架设方便，而且大大减小了发信功率，减轻了相互之间的干扰。

四、微波通信线路建设速度快、造价低，能节约大量铜材。特别是在高山、岛屿、湖泽等无法铺设电缆的地方，跨越山河比较方便，适合于各种复杂地形。

五、受外界因素的影响较小，具有良好的抗灾性。对水灾、风灾以及地震等自然灾害，一般都不受影响。它不容易遭受人为性的破坏，传输可靠性高，在遇到自然灾害时，可以大显神通。如1993年长江中下游发生特大洪水灾害，狂风暴雨，浊浪滔天，其他通信方式都被严重损坏，只有微波通信线路不受干扰，保持畅通，正常工作。

六、容易受高楼影响。由于微波直线传播的特性，在传播方向上不能有高楼阻挡，而城市的高层建筑发展迅速，因此城市规划部门要考虑城市空间微波通道的规划，使之不受高楼的阻隔而影响通信。

近年来，微波通信向大容量、数字化、多地址、高速度的方向发展。我国在这方面的研究也很有成效，成功开发了点对多点微波通信系统，其中心站采用全向天线向四周发射，在周围50千米以内，可以有多个点放置用户站，从用户站再分出多路电话分别接至各用户使用。在必要时还可通过中继站延伸至数百公里外的用户使用。这种点对多点微波通信系统对于城市郊区、县城至农村村镇或沿海岛屿的用户、分散的居民点十分经济实用。

由于采用先进的微电子和计算机技术，微波设备的体积更小，功耗更低，可靠性更高，安装更方便，受到各方面的欢迎。如：它可以把计算机用无线网络连接起来构成无线传输网，计算机移动随心所欲，两计算机之间连通距离可从几百米至几千米，互连互通非常方便。又如它不仅是组建国家通信网的一种重要手段，也普遍适用于各种专用通信网：用于无线接入，用于长途电信局与卫星地面站的连接，用于移动交换中心之间的连接，用于移动中心到公共电信网的连接，用于农村电话、局域网之间的无线连接、电视广播等等。

如今，微波在全世界得到广泛的应用，在通信领域更是神通广大，大显身手，为提高人们的工作和生活质量，作出巨大贡献。

（马慧敏）

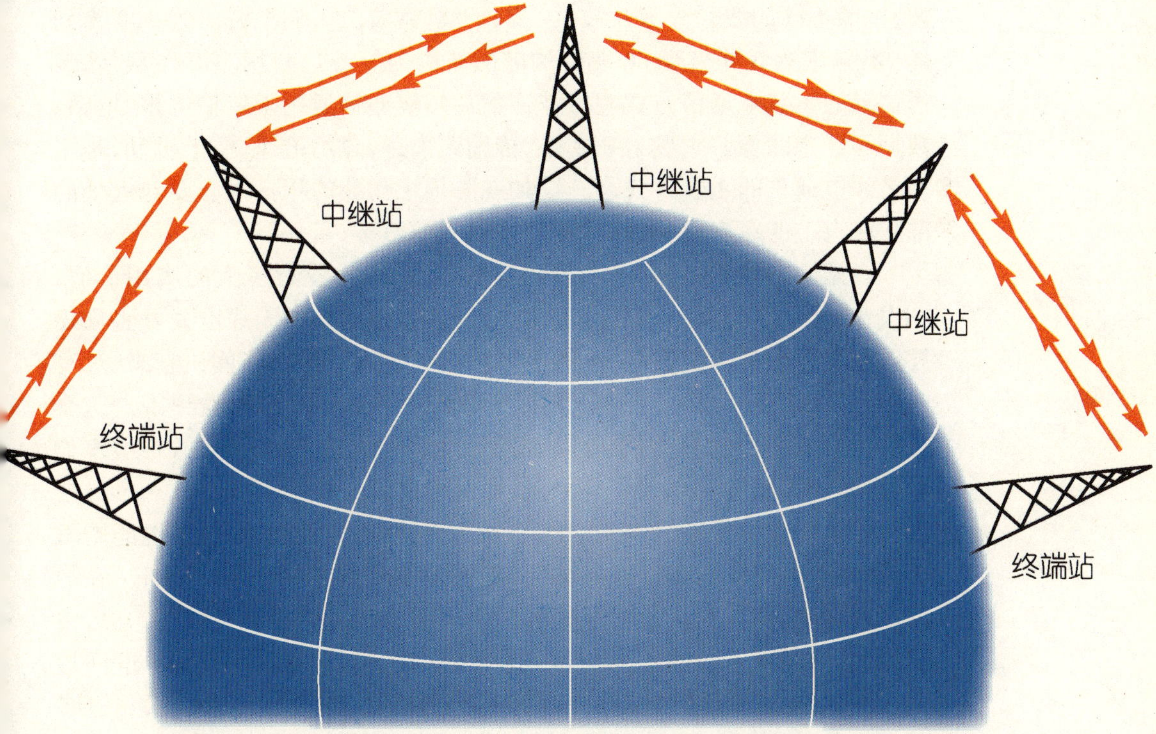
中继站
中继站
中继站
终端站
终端站

东山再起显身手——短波通信

只要看过经典影片《永不消逝的电波》,人们都会被英勇的李侠深深感动,铭记那个凝结着鲜血和生命的"红色"电台。从技术方面来说,无线电台的收、发报属于短波通信。自然界中有许多看不见、摸不着的电磁波,按照不同的波长分为长波、中波、短波、微波。人们把波长为 100 米到 10 米,频率为 3 兆赫至 30 兆赫的电磁波称为短波。利用短波作载体,传送信息的无线电通信方式叫短波通信。短波通信适用于传输电报、电话、数据和静态图像。它发射功率小,传输距离远,建站迅速,便于机动,是军用无线电通信的主要方式之一。如在陆地上作战的指挥中心要与远处的部队或海上的军舰进行通信,都要依靠短波电台。

开始的时候,人们并不了解短波的特性,认为没有多大的实用价值。一次,意大利城市罗马的郊区发生了大火,当地的一位无线电爱好者用短波无线电台发出求救信号,原来希望附近地区的消防队能闻讯赶来,没有想到,这个求救信息竟被千里之外丹麦城市哥本哈根的人收到了。这个故事留传以后,人们觉得十分离奇,不可思议。直到 20 世纪初,科学家们通过精心研究,终于揭开了这个谜。

科学家们发现:大气层在受到太阳光的照射后,形成一层带电的空气层,称为电离层。电离层在离地面 60 千米一直到 2 000 千米左右。在短波进入电离层后,就会因为折射而产生弯曲,就像光的折射一样。当短波深入到电离层一定深度后,它就会掉转方向向下传播,最终重新返回地面,返回地面的短波又被地面反射回天空,再从天空反射回地面,经过多次跳跃,它就可以传到很远的地方去了。人们利用短波在电离层中"来去自由"的特性,实现了能传送几千千米甚至上万千米距离的短波通信。从 20 世纪初一直到 20 世纪 60 年代中期,短波通信一直是远距离通信,特别是洲际通信的主要手段。

虽然短波能经电离层多次反射而传播,但是短波通信也有一些弱点。电离层的高度和电子密度随昼夜、季节、年份的不同而变化,要求短波通信选用的工作频率也要相应地改变。白天电离层电子密度较大,可用较高的工作频率,夜间电离层电子密度较小,宜用较低的工作频率。特别在黎明和黄昏时,电离层电子密度变化较大,更须及时改变频率,否则将导致通信中断。因为电离层时高时低经常变动,是一种不稳定的媒体,而且具有多种复杂的时间变化因素，如昼夜和季节的变化、太阳黑子的活动等，都会对电离层造成影响，导致信号传输质量的不稳定而产生干扰。此外，短波通信还受带宽(即数据传输率)限制，信道(即信号传输的通道)非常拥挤，信道之间的相互干扰十分严重。这些问题限制了短波通信的应用。

当20世纪60年代卫星通信出现后，长距离、大容量的无线通信便被卫星通信所取代，短波通信的发展进入低谷，甚至有人认为短波通信已经完成了它的历史使命，这位曾经在通信领域立下汗马功劳的“英雄”却不再有用武之地。

“山穷水尽疑无路，柳暗花明又一村”。20世纪80年代以后，随着微型计算机和微电子技术的迅速发展，促进了短波通信技术的更新，人们利用计算机微处理器、数字信号处理、自适应技术、跳频技术以及高速数据传输技术等新技术，不断提高短波通信的质量和数据传输速率，提高自适应与抗干扰能力，使短波通信走出困境，东山再起，短波通信再次受到人们的关注，昔日的“英雄”又回来了！

那么，短波通信是怎样克服原有缺点的？比如采用自适应技术使它能实时地或频繁地利用各种探测技术，根据测得的结果自动调整设备，自动选择最佳工作频率，克服多种变化如昼夜和季节的变化、太阳黑子的活动，所带来的复杂影响，提高了数据传输的质量。又如利用跳频技术，使载波的频率可以针对各种干扰作相应的跳变，跳频与自适应技术相结合，可提高通信的保密性和可靠性，并有效地抵抗各种干扰，保证通信线路的畅通无阻。此外，微电子技术、数字信号处理等新技术还使短波通信的设备更加小型化、更加灵活方便，进一步发挥了短波通信设备简单、造价低廉、机动灵活的特点。

现在的短波通信具有通信距离远，设备简单，造价便宜，使用灵活机动，坚固耐用的优点，在应急通信、抗灾通信等方面发挥重要的作用，特别是在军事通信中大显身手。

(马慧敏)

短波通信发展的意义

一、短波是唯一不受网络枢钮和有源中继体制约的远程通信手段，一但发生战争或灾害，各种通信网络都可能受到破坏，卫星也可能受到攻击。无论哪种通信方式，其抗毁能力和自主通信能力与短波无可相比；

二、在山区、戈壁、海洋等地区，超短波覆盖不到，主要依靠短波；

三、与卫星通信相比，短波通信不用支付话费，运行成本低。

通向碧海深处的信息窗口——长波通信

短波通信被誉为现代战场的"神行太保",它利用大气层中的电离层反射传播,可以在电离层中"来去自如",在地面和电离层之间多次跳跃,从而长距离地传输电报、电话、数据等;可是长波呢?长波通信同样属于无线通信的范畴,长波的波长为10 000米~1 000米,甚长波的波长为100 000米~10 000米。它在电离层中传播时被吸收得厉害,还没回到地面,就衰减完了,而它在沿着地面传播时,传播距离越远,发射和接收的功率和成本都越大,发展似乎遇到了瓶颈。

另一方面,人们发现电磁波在水中有着不同于空气中的传播特性。海水对电磁波能量的吸收作用很强,但对于不同波长的电磁波又有所不同。波长越短、频率越高,在海水中的衰减就越厉害。因此短波在水中的衰减是很快的,几乎无法穿过海水传播,而波长更长的长波、甚长波、超长波在海水中的衰减程度就小得多,能够进入几十米至几百米的水中。可以说,长波正是通向茫茫碧海深处的信息窗口,它在海上通信,尤其是军事通信方面有着其独特的优势,包括海上导航、海岸—舰艇、舰艇—舰艇通信等,不间断地向大海深处传递信息。

由于潜艇(尤以核动力潜艇)可长时间地潜伏在水中,大大增加了它们的隐蔽性并提高了作战行动的突击性,在现代高科技条件下的作战中具有极为重要的地位。攻击型核潜艇对水面舰艇、水下舰艇以及运输补给船队威胁很大,尤其是战略弹道导弹核潜艇可以携带多枚多弹头导弹,是当今最难防御的战略核威慑力量,是美国、俄罗斯、英国、法国战略核力量的最重要组成部分,因此,各大国都在研究各种技术,以便对其进行侦察监视和跟踪。可是怎样控制

深入水下的潜艇呢？通过在陆地建立长波发射机天线，在潜艇上安装接收机，就可以实现通信了。超长波在水下和大气中衰减都很小，传播稳定可靠，不易受干扰，连核爆炸也奈何不了它，是为数极少的几种不受电磁脉冲破坏的通信手段之一。不过，由于发射机尺寸要与波长近似，架设数千千米长的天线不但消耗人力物力、难以施工，而且战时极易遭到敌人攻击，选址工作就很重要了，最好要在特定地质构造的地区，即导电率很低的地质年代很久的花岗岩地区，从而降低天线系统的规模。

早在第二次世界大战后，随着潜艇作用的不断加强，甚长波通信就在海军中得到了很大发展。但甚长波的入水深度只可达 20 米，不能满足对数千千米外深水下航行的潜艇进行指挥的需要，各个军事大国就加紧研制、建立超长波电台来解决深潜潜艇的通信问题。1958 年，美国开始研制“北极星”战略导弹核潜艇的同时就考虑其在深水的通信问题，首先提出超长波通信的设想，并进行了长期研究。其间提出了“桑格文”计划、“水手”计划等，1986 年超长波电台建成并交付使用。该电台由两部分组成，一部分位于威斯康星州，另一部分位于密执安州，两地相距 285 千米，两部分可以联合工作也可以分别单独工作。其天线总长 135 千米，总功率 5.28 兆瓦，在 7 000～8 000 千米范围内能保证对水下 100 余米的潜艇进行通信。随后，在美国所有的核潜艇上逐步安装上超低频接收机。

超长波还可用于极地通信，它对岩石、土壤也有很强的穿透力，可对掩体、坑道实行控制，在地球物理探查方面也具有很大潜力。但它在通信方面的缺点显而易见，天线规模巨大，但效率很低，通信速率也很低，用较长时间才能传送一份很简短的电文。潜艇往往收到超长波的简短电文后，再上升到一定高度来接收甚长波发出的正式电文。科学家们正在研究将有较大入水深度和较快速率的激光应用于对潜通信系统。随着通信技术的进步，我们期待着与大海深处更便捷的互动信息交流。

（徐　颐）

长波通信

长波通信的优点是：通信距离远，能透入岩层、海水一定的深度，受太阳耀斑和核爆炸的影响小，通信比较稳定可靠。其缺点是：发信设备及天线系统庞大，造价高；通频带窄，不适于多路和快速通信；易受天电干扰。

长波通信的历史，可追溯到 1901 年意大利物理学家 G. 马可尼进行的跨越大西洋的越洋通信试验。第二次世界大战中，因对潜艇通信的需要，而又重视发展长波通信。随着导弹、核武器的发展，导致越来越多的军事设施转入地下，长波地下通信将是保障地下指挥所和坑道间应急通信的重要手段。

大是为了小，多是为了少
——移动通信基站与天线

移动通信最大的特点是给人以方便：一是手机可以随身携带，机身小到能够握在掌中，有称之为“掌中宝”的；二是通话随时随地进行，任何两地，不管位于何处，可以是室内室外，也可以是市内郊外。不管相距多远，可以是近在咫尺，也可以是远在天涯，都可作无线联系，有称之为“神州行”、“全球通”的。可是，为了这些方便，在技术上却带来了诸多的困难和不便。

大家知道，手机是无线电技术和电话技术结合的产物，它不仅具有普通电话机的各种功能，而且还配置了无线电收信机和发信机的全套设备，等于是把一收一发两座无线电台压缩后装进了一只手掌大小的盒子里。高大的天线也由一根短短的拉杆天线，或是由隐蔽于机盒内的微型天线所替代。由常识可知，无线电通信设备的体积越小，重量越轻，其功率也就越小。体积小，携带方便；功率小，因其电磁波辐射量的减少，使用更为安全。但手机的小和辐射量的少也有其负面效应，那就是它的有效通信距离十分有限。我们总是希望通信距离少受限制。又要手机小，又要通信距离限制少，为了解决这对矛盾，工程师们动足了脑筋，设计了特有的蜂窝式移动通信基站网络体系和无线电收发信专用天线。以天线的“大”和基站的“多”，应对手机的“小”和电磁波辐射量“少”的问题。

先说基站。移动通信有多种，我们通常说的移动通信原先俗称“大哥大”，现今称为“手机”，它的学术名称是“蜂窝移动通信系统”，是工程师向蜜蜂学习的成果。蜂窝移动通信系统模仿蜂窝结构，把整个通信区域无形中分成许多个相互连接的通信小区，每个通信小区中央建一个移动通信基站。在通信小区内通话的手机与基站联系，交换信息。因为每个蜂窝小区的面积有限，所以对每只手机来说，与之联系的基站都是就近的，只要很小的功率就可以了，且对通话人所处的位置和环境也很少有什么限制。如果两位通话人之间的距离较远，就由交换机来联通两人分别所在的基站，通话仍能有效进行。当某一用户在通话时从一个通信小区转到了另一个通信小区，基站会实现自动交接，通信不会中断。许许多多个小区连成一片，通信的范围就是很大的了。

在人口稠密地区，使用手机的人多，有时会发生信号通道拥挤的现象，致使通信受到影响，这就要求多设置几个基站，使通信小区的区域面积划分得更小一些、网络结构更密一些、让每个基站管辖区域内同时通话的用户保持在一定的数量之内，以避免因多人同时通话而造成信道堵塞，也有利于提高通信质量。如在上海市内一般地区，每隔6、7百米建有一个基站，而在人流如潮的南京路步行街，每隔2、3百米就有一个了，保证大家能顺顺畅畅地用手机通信。在人口稀少的边远农村和山区，基站建设的数量大大减少，但得多架高位天线，扩大通信信号的覆盖面，避免信号“盲区”的存在，确保通信正常进行。

基站的收发信号，“兵”分二路：一路是通过专用的传输线与移动通信交换机连接；另一路是通过天线与手机作无线电信号交换。基站的无线电收发信设备与手机对应，因为一个基站要同时应对数以百计的手机通话，且条件也许可，所以它的设备比起手机来要复杂一些。

再说天线。说起天线，人们自然地会想到高耸入云、瘦身尖顶的塔式建筑。常见的天线之所以要“高高在上”，为的是“站得高，看得远”，适应远距离通信的需要。而移动通信因为有了蜂窝状的基站网络体系，无线电信号的收、发都是就近进行的，“远”不是主要矛盾了，关键是要接收小小手机发出的微弱信号，“弱”的问题突现了出来。为此，移动通信室外天线并不在于“高”，而是在于“大”。天线大了，有利于提高接收信号的灵敏度，有效地收到微弱的无线电信号。移动通信的室外天线其实并不像“线”的样子，倒像是一块竖着的木地板。长1米左右，宽约30厘米，有一定的厚度，表面微凸，横截面似一只枕头面包。三块为一组，同方向排列，其中二块作收信用，一块作发信用。三组9块，每组呈120度方向安装，构成一套完整的天线。由此可见，室外天线不仅是大，且相当复杂。后来，经过技术改造，由三块一组简化为二块一组，再后来是一块一组，三块一套，成为截面呈三角形的一根立柱。不管怎样，“大”仍是移动通信室外天线的一大特点。除了室外天线，还有室内天线。因为室内天线只是与近在咫尺的室内使用的手机交换信号，所以它的“身材”显得小巧，有的像一顶小圆帽倒着吸附在天花板上。凡张贴着“××信号已覆盖本×××”标牌的地方，附近就安装了室内天线，保证手机在电梯、地铁等不容易收到无线电信号的场所也能正常通话。

移动通信天线还有一个特殊的情况，就是“伪装”。由于存在着对电磁辐射的偏见，人们既爱手机，又怕辐射。而移动通信必须要有基站与天线，适量的电磁辐射确实是对人体无害的，于是只好把天线伪装起来，以免引发人们不必要的忧虑。再是，原先说“烟囱林立，机声轰鸣”是工业发达，经济繁荣的象征，现在则认定是环境污染的标记。如今，在楼顶、路边树立起粗大惹眼的移动通信天线，决不表明这里通信发达，生活富裕，而是有碍观瞻，损害环境，这也要求对天线予以伪装。通信天线或与电灯杆组成一体，或构成建筑物的装饰品，或做得像棵大树栽于林间绿地。在体育场馆，如上海 F1 赛场，设计的观众人数约 20 万。为确保广大观众能用手机在现场通话，场内安装的移动通信天线数量是不少的。可是大家很难发觉这些天线的存在，就是因为被伪装了的缘故。

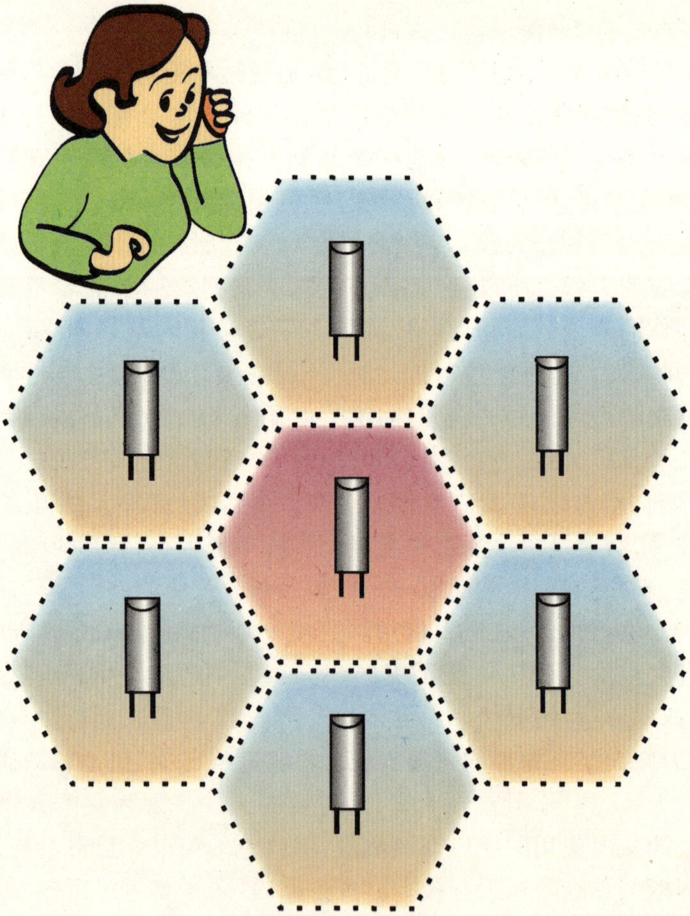

移动蜂窝基站

（施善昌）

全球用户最多的数字移动电话技术——GSM系统

1975年，美国联邦通信委员会开放了移动电话市场，确定了陆地移动电话通信和大容量蜂窝移动电话的频谱，为移动电话投入商用作好了准备，1979年，日本开放了世界上第一个蜂窝移动电话网。1979年，模拟蜂窝式移动电话系统在美国芝加哥试验后，于1983年12月在美国投入商用，一个新的时代到来了。

我国在1987年开始使用模拟式蜂窝电话通信，1987年11月，第一个移动电话局在广州开通。从此模拟手机在中国走过了十多年的“大哥大”时代，这也被称为第一代移动通信系统。

模拟式蜂窝电话迅速发展，也开始显现出它的缺点，特别是在人口密集的大城市，由于模拟式蜂窝电话采用的频分多址技术造成频率资源严重不足，同时，模拟式蜂窝电话易被窃听和码机，造成对用户利益的损害。

进入20世纪80年代后期，大规模集成电路、微型计算机、微处理器和数字信号处理技术的大量应用，为开发数字移动通信系统提供了技术保障。

1982年，欧洲成立了GSM（移动通信特别组），任务是制订泛欧移动通信漫游的标准。GSM本来是欧洲成立的一个移动通信小组的简称，这个小组在欧洲的蜂窝移动通信方面作了大量的工作，他们对8个不同的实验方案进行了论证，最后制定了泛欧洲的数字蜂窝移动通信系统，并用该研究小组名字的缩写“GSM”命名。GSM移动电话系统对频谱利用率高、容量大，同时可以自动漫游和自动切换，采用EFR（增强全速率编码）后通信质量好，加上其业务种类多、易于加密、抗干扰能力强、用户设备

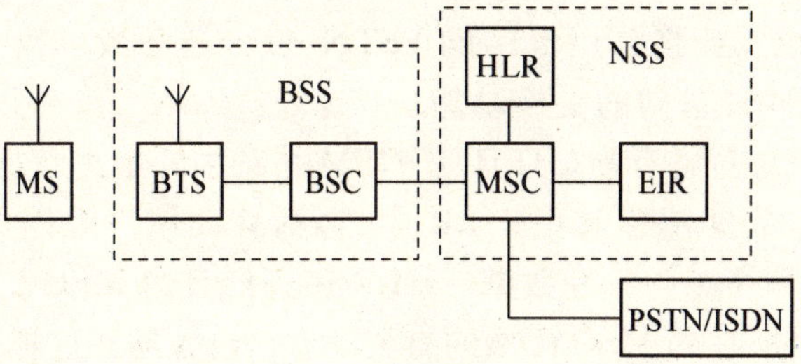

小、成本低等优点，使移动通信进入了一个新的里程。

在中国，1993 年 9 月 18 日，浙江嘉兴首先开通了国内第一个数字移动通信网。1994 年 10 月，国内第一个省级数字移动通信网在广东省开通，容量为 5 万门。

经过 10 余年的发展，2003 年底全球手机用户数突破了 13 亿，而其中 GSM 手机用户数达到了 9 亿 7 050 万，占到手机用户总数的七成以上。

GSM 的系统结构如下图所示，由若干个子系统组成。包括移动台(MS)、基站子系统(BSS)和网络子系统(NSS)。其中基站子系统(BSS)在移动台(MS)和网络子系统(NSS)之间提供和管理传输通路，特别是 MS 与 GSM 系统之间的无线接口管理。NSS 管理通信业务，保证 MS 与相关的公用通信网或与其他 MS 之间建立通信，也就是说 NSS 不直接与 MS 互通，BSS 也不直接与公用通信网互通。MS、BSS 和 NSS 组成 GSM 系统的实体部分。

MS 其实就是用户使用的手机终端，也是用户能够直接接触的 GSM 系统中的惟一设备。MS 的另一个重要组成部分是用户识别模块(SIM)，它基本上是一张符合 ISO 标准的“智慧”卡，储存了所有用户的信息，SIM 卡的应用使移动台并非固定地束缚于一个用户，因此，GSM 系统是通过 SIM 卡来识别移动电话用户的。

基站子系统(BSS)是由基站收发信台(BTS)和基站控制器(BSC)这两部分的功能实体构成。

基站收发信台(BTS)属于基站子系统的无线部分，由基站控制器(BSC)控制，服务于某个小区的无线收发信设备，完成 BSC 与无线信道之间的转换，实现 BTS 与移动台(MS)之间通过空中接口的无线传输及相关的控制功能。

基站控制器(BSC)是基站子系统(BSS)的控制部分，承担无线资源和无线参数的管理。

网络子系统(NSS)主要由移动业务交换中心(MSC)、归属用户位置寄存器(HLR)、移动设备识别寄存器(EIR)组成。

移动业务交换中心(MSC)是网络的核心，它连接着 BSS、HLR、EIR 等设备，并与固定网(公用电话网 PSTN、综合业务数字网 ISDN 等)互连，提供着这些设备间的交换功能。

归属用户位置寄存器(HLR)是 GSM 系统中的中央数据库。移动用户重要的静态数据都存储在 HLR 中，包括移动用户识别号码、访问能力、用户类别和补充业务等数据。HLR 还存储且为 MSC 提供关于移动用户实际漫游所在的 MSC 区域的有关动态信息数据。这样，任何入局呼叫可以即刻按选择的路径送到被叫的用户。

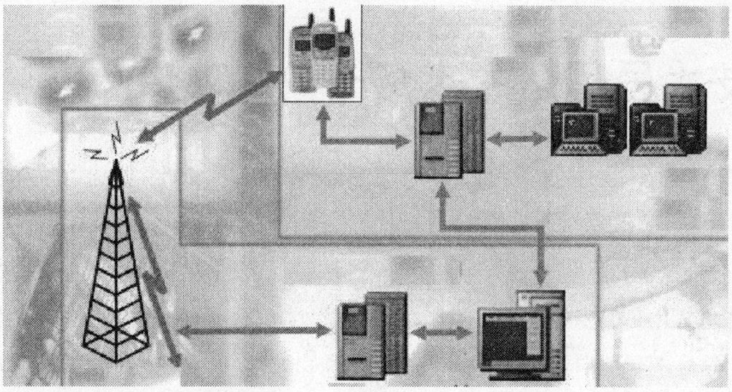

GSM

移动设备识别寄存器(EIR)存储着移动设备的国际移动设备识别码(IMEI),通过核查白色清单、黑色清单、灰色清单这三种表格,在表格中分别列出了准许使用的、出现故障需监视的、失窃不准使用的移动设备的IMEI识别码,使得运营部门对于不管是失窃还是由于技术故障或误操作而危及网路正常运行的MS设备,都能及时防范,确保网路内所使用的移动设备都是惟一的和安全的,防止被"烧"机盗打。

（曹　嵩）

身份识别

GSM 的一个关键特征就是用户身份模块（SIM），也叫 SIM 卡。SIM 卡是一个保存用户数据和电话本的可拆卸智能卡 IC。用户在更换手机后还能保存自己的信息。换句话说用户也可以使用现在的手机而使用不同运营商的 SIM 卡。

在美国和欧洲,大部分运营商锁定他们销售的移动电话,这样做是因为移动电话的价格一般因为签订长期合同大幅减少(例如在欧美市场很多手机可以通过签约以原价格几十分之一的价格购买),而运营商试图避免客户的流失。用户一般可以通过与运营商联系付一定费用来解除锁定(俗称解码),或者通过一个专门服务,或者从互联网上搜索相关软件来解码。如果用户签署在一段时期有效的合同(合同帐户),某些美国运营商例如 T-Mobile 和 Cingular,就会解除对电话的锁定。第三方的解码方法比起运营商更快,而且也更便宜。在大多数国家解除锁定是合法的。

军事技术民用化的范例——CDMA

CDMA是在数字通信技术的分支——扩频通信技术上发展起来的一种崭新而成熟的无线通信技术。它的起源可以追溯到第二次世界大战时期，当时美军为了防止敌方的电子干扰，实现战场清晰通话和隐蔽通信，开发了CDMA技术。出色的抗干扰、抗多径能力和保密性使它成为当时美军得心应手的无线通信技术。

CDMA是码分多址的英文缩写，它和时分多址、频分多址，是无线通信技术中的三种技术规范。所谓的多址，指的是如何在众多用户中区分出某个用户。打个比方说，在一个房间里，要实现多对用户一对一通话且互不干扰，频分多址的“招数”是将这个房间再划分成若干小房间，每对用户使用一间；时分多址的“招数”是每对用户按顺序分时段使用房间；而码分多址的“招数”则是每对用户使用不同的语言（码），就如同分别使用中文、英文和德文一样。

CDMA明显的优点就是抗干扰能力特别强，关键点就在于，每对用户使用的是不同语言（码）。不论是频分多址，还是时分多址，只要有人在房间里大声叫嚷，别人就无法继续说下去。但是，使用CDMA，只要噪声的语言与用户的不一样，用户的通信就不会受影响。

在无线通信中，除了直接到达用户的直射信号外，还会有各种物体（如大气对流层、建筑物、高山、树木、水面、地面）等引起的反射和折射信号也会作用于用户。反射和折射信号到达用户的时间比直射信号晚，它对直射信号会产生所谓的多径干扰。多径干扰会减弱直射信号，甚至造成通信中断。CDMA能够把直射、反射和折射信号的时间（相位）调制到一致，从而消除了多径干扰。

此外，CDMA的通信信号极具隐蔽性。由于CDMA的信号在一个很宽的频带内传输，因此单位带宽内的信号强度很低，甚至完全湮没在一片“噪声”中，这样，信号就不容易被发现，自然要想进一步检测出信号就更难了。

CDMA凭借其众多的优良性能，在军事领域大展拳脚后，在公众移动通信领域也崭露头角，并成为现代移动通信的主角，引领新一代的移动通信技术。

1989年11月，美国高通公司进行了首次CDMA移动通信试验，在美国的现场试验证明了CDMA移动通信系统的容量大，并经理论推导其为模拟系统容量的20倍,为GSM系统容量的4至5倍。这一振奋人心的结果很快使CDMA成为全球热门课题。经过电信界的广泛研讨、论证,特别是在韩国政府的积极倡导和推动下,CDMA移动通信系统得到了迅猛发展。

1995年,第一个CDMA系统投入商用,其理论上的诸多技术优势在实践中得到了验证,从而使CDMA技术在国际上得到了迅速推广和应用。2000年3月,国际电联通过了CDMA 2000制式的第三代移动通信空中接口标准,它的第一个阶段称为CDMA 2000 1X,容量比前期的CDMA更大,并能够实现高速数据业务。

CDMA作为新一代移动通信技术的新潮流,不仅继承了军事技术的优点,同时还具有绿色健康、清晰逼真、保密性能好、畅通不掉话、业务功能多等独具魅力的高品质特点。

CDMA发射的电磁波能够隐藏在背景噪声中,不会造成电磁污染,是一种环保技术。“远离辐射,贴近健康”可以说是CDMA的真实写照。用CDMA手机打电话可以享受到与固定电话一样清晰的音质,甚至在干扰强烈、信号弱的条件下,也能够达到非常好的效果。此外,CDMA用来标识区分用户的码共有4.4万亿种排列,窃听器根本无法破译,更谈不到窃听有用信息了。

现代移动通信系统是由一个个“蜂窝”状的小区组成的。用户从一个小区行进到另外一个小区时,需要将通话从原来的小区切换到新的小区。切换技术分为“硬切换”和“软切换”两种。硬切换技术先将原来小区的通话中断,然后在新的小区重新建立。因此采用硬切换技术的移动通信系统就容易掉话。软切换技术先在新的小区建立通话,然后再中断原来小区的通话。因此采用软切换技术的CDMA移动通信系统就不易掉话,甚至做到了在磁悬浮列车上全程不掉话,这也是CDMA移动通信系统的优点之一。

（满　仓）

CDMA绿色手机

由于CDMA系统中采用快速的反向功率控制、软切换、语音激活等技术,以及IS—95规范对手机最大发射功率的限制,使CDMA手机在通信过程中辐射功率很小而享有"绿色手机"的美誉。CDMA手机平均发射功率为2.4 dBm(1.72mW),GSM手机平均发射功率为28.9dBm(773 mW),考虑到GSM手机只在八分之一时间内发射,GSM手机在时间上的等效平均发射功率可减少到19.85dBm(96.63mW)。由此可见,CDMA手机平均发射功率相当于GSM手机的1.78%。

手机虽小，五脏俱全——手机组成原理

自从手机问世以来，用户发展的速度远远超出了人们的预计。短短的十几年时间，手机用户数就超过了经过一百多年时间发展起来的固定电话用户数，迅速成为人们最重要、也是现代社会最普及的通讯工具。在技术方面，手机经过了第一代模拟手机、第二代数字手机，以及第三代高速率多媒体手机，即 3G 手机。

尽管不同型号的手机提供的业务功能不尽相同，甚至采用了不同技术，但其组成结构模型基本是一致的，如图一所示。其结构分别是处于手机核心地位的处理模块；由键盘、麦克风和无线接收功能等组成用于向手机输入信息和信号的输入模块；由液晶显示屏、耳机和无线发送功能等组成用于从手机输出信息和信号的输出模块；用于存储信息的内存，以及用于存储更大容量信息的 SIM 卡和存储卡等外存。

从手机的内部组成与实现原理来看，手机可以表示为如图二所示的处理模块、无线接收模块、无线发射模块、电源管理模块、存储器与外设模块等五脏。手机能够正常工作，既离不开这五脏的协同配合，还需要幕后无名英雄"网络"的支持，否则两台手机之间是无法直接进行通信的。手机与网络之间就是通过无线模块(包括无线接收与无线发送)进行通信的，为了确保它们能够进行高效、正确无误的通信，必须制定双方都可以理解的规则，使用相同的通信语言，也就是协议，进行通信。

无线接收模块负责从网络接收以特定频率发送的无线电信号，经过一定的频率变换，把模拟数据发送给处理模块去处理。

无线发送模块把来自处理模块的模拟数据经过一定的频率变换，以特定频率向网络发送无线电信号。

处理模块是手机的核心，其中的处理器承担了手机软件的执行任务。无线接收和无线发射模块是手机与网络的接口，手机与网络之间的"对话"则是由处理模块完成的。通过无线接收模块收到的来自网络的模拟数据要经它转换为数字数据；通过无线发送模块发往网络的数字数据要经它先转换为模拟数据。为了提高无线频率的效率，需要对通过空中传输的数据进行压缩，数据压缩的编解码也是由处理模块完成的。此外，处理模块还负责精确的全球定位、动听的和弦音乐、诱人的多媒体与游戏业务的实现，并对存储器以及键盘、液晶显示器、耳机、麦克风、SIM 卡、USB 接口等外设功能提供接口、驱动与控制。手机上所有新功能和新业务的实现都离不开处理模块的支持。

电源管理模块负责为手机各模块提供不同规格的供电服务，主要包括输入电源管理、输出电压调整(即稳压)、接口与事务管理等功能。手机的输入电源是由电池板或者外接电源提供的，外部电源检测、电池控制、充电控制等就是输入电源管理的主要职责。尽管手机体积很小，但它也是由数百个规格各异的集成电路和部件组成的，它们的工作电压往往是不同的，这就需要输出稳压能灵活支持多种规格的电压输出。接口与事务管理提供用于支持闹钟服务的实时时钟、启动电路、用于控制震动器的电压控制、用于控制键盘与液晶显示屏背光的电流控制等功能。

存储器与外设模块包括存储器以及键盘、液晶显示器、耳机、麦克风、SIM 卡、USB 接口等外设。用户标识模块 SIM 卡主要存储用户身份信息和相关的业务信息。

手机与计算机不但具有相似的硬件组成结构模型，而且软件结构也非常相近，如图三所示。操作系统层不仅负责底层硬件的驱动和管理，而且为接口层的实现提供功能支持。顾名思义，接口层在操作系统层软件的基础上为应用层提供应用程序接口；应用层基于接口层提供的支持比较方便地实现各种应用与业务。

根据摩尔定律，芯片的集成度和性能每 18 个月翻一番，而成本却成比例地递减。这样，随着手机芯片处理能力和存储器容量的提高，手机的功能也将更强大。一方面，手机将可以集成更多的新功能，支持更多的新业务，如 MP3 播放、数码照相/摄像、调频收音机、手机电视、计算机等功能，还有即时消息、丰富多彩的多媒体等业务；另一方面，手机已经具备的功能在性能上将不断增强，如数码照相/摄像支持的像素将更高，手机的智能性将更强。此时，手机已不再是简单的移动电话，而是多功能的个人智能终端。

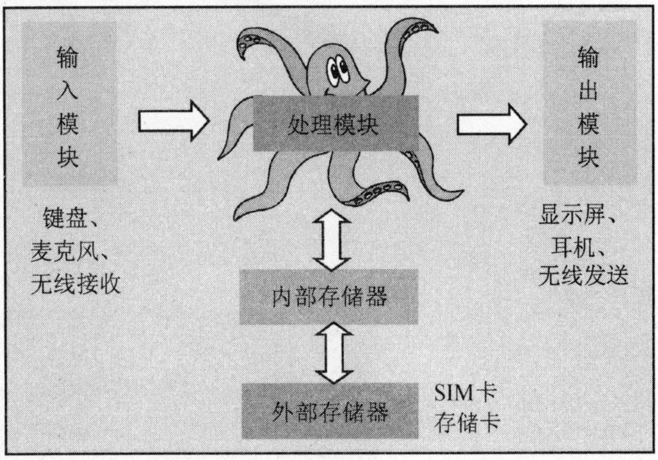

图一 手机的组成结构模型

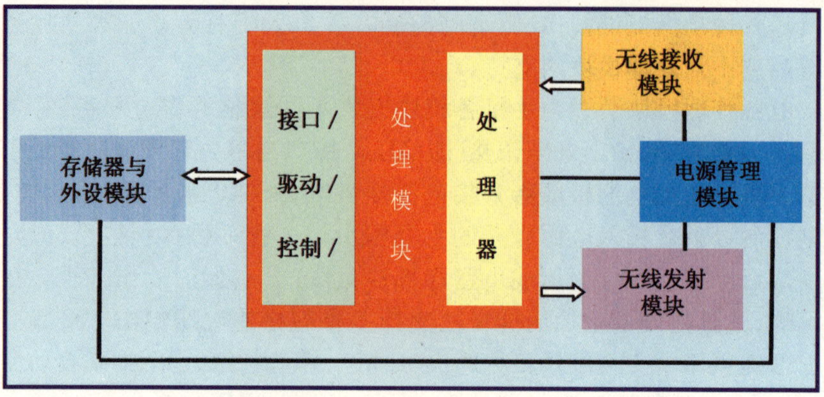

图二 手机组成与实现原理

图三 手机软件结构

（应必善）

更上一层楼
——模拟网、数字网、三代网的不同复用方式

在我们周围每时每刻都有许多无线信号通过空气传播，有电台、电视、卫星、无绳电话、对讲机、还有手机信号等等。这些信号各自携带着不同的信息内容，彼此之间却不会将内容接收错，这是因为它们在空中的传输频率不同，就像搭乘不同的电梯，到达不同的目的地一样。

按各种各样的用途将频率段分配以后，移动通信系统得到的频率资源非常有限，以数字网 GSM 900 M 系统为例，频率段总共只有 25 MHz，这些频段按每个 200 kHz 的带宽分成 125 条频率，每条频率叫一个频点，也即是说整个 GSM 900 M 系统只有 125 个频点可以使用。大家都知道，电台、电视在一个频道内只能播出一套节目的内容，如果用这种方式传播的话，移动通信要实现为几百万用户提供通话频道，无论多么庞大的频段带宽都不能实现。为什么能够使只有 125 个频点的 GSM 系统能为全国几亿用户提供通话频道呢？简单来说，是实现复用的结果。

复用有三种方式，按频率复用度由低到高依次为：模拟网使用的频分复用(FDMA)技术、数字网使用的时分复用(TDMA)技术和第三代网(3 G)使用的码分复用(CDMA)技术。

频分复用(FDMA)是最早出现的频率复用方式，使用频分复用的移动通信系统俗称模拟网。将模拟网频率按 25 kHz 分为一个个频点后，如同电台、电视的传播一样，它的每个频点只能同时传输一路通话，一个载频(基站中的支持通话的硬件设备)在传输一路通话后就被占满，无法接入另一路通话，也就是说如果有一个基站只有 8 个话音载频，也只能有 8 对用户同时进行通话，在此时该基站覆盖区域内有第九个用户想要打手机，他就会在拨号后听到忙音，一直到 8 对通话的用户中有人挂机。

一个基站如果只能支持几个至十几个用户进行通话，这样的系统如何能满足用户需要？这就需要增加大量的基站。制作详细的规划将需要覆盖的地区划成小块，每块安装一个基站，利用基站传播距离有限的条件，在一定的间隔距离以外重复使用频率。

在移动通信网络建设初期,移动电话的用户极少,因此模拟网即使使用如此低效的方式也基本可以满足用户的需求了。

随着移动电话的渐渐普及,移动用户数量快速增长,靠增加基站数量来扩大容量毕竟有限,因此频分复用这种制式已经不能满足用户的通话需求了,移动网络需要更高效的复用方式来使一个基站能支持更多的用户进行通话,这时,使用时分复用(TDMA)的 GSM 系统,俗称数字网出现了。

顾名思义,时分复用是基于时间上的复用,有了时分复用这个法宝,一个频率可以实现最多同时支持 8 对用户通话的奇迹,与频分复用相比,频率的使用效率提高了 8 倍。

手机通话是在无线系统中是以时隙来传送的,时隙就像集装箱一样,所有的时隙具有同样的规格,但可以装不同的货物,如通话的话音或控制通话的信令等。每个时隙只能传送一路通话,就像网络上的聊天室一样为每一个通话开辟一个专用聊天室,只是与网络不同的是,网络聊天时 2 个聊天室是一直连接的,而 GSM 系统为了使更多的人能够同时使用移动电话进行通话,系统对通话的信号发射不是连续的,只是断开的时间非常短,而高速的话音传输速率大大高于普通的话音频率范围,通过手机接收进行码速转换后,不但感觉不到通话间隔,而且话音质量也不会失真。

例如,有 8 对通话,分别在 1～8 号时隙内进行,天线依次发射 8 个通话的信号,发送 1 号时隙信号时其他时隙信号不发,接下来发 2 号时隙的通话内容,这时不发送 1 号和其他时隙的内容。虽然从严格意义上来讲,这 8 对通话还不能算"同时进行",但从 8 对通话的用户的感受上以及设备的利用上来说,这已经是同时了。

TDMA 在建网后的初、中期的确起到了关键的作用,吸收了大量用户,但随着网络基站数量趋于饱和,而用户发展仍无止境,容量问题又一次被摆在了面前。人们又开始寻寻觅觅,有什么制式比 TDMA 能提供更多的容量呢?

码分复用技术(CDMA)在此时映入了人们的眼帘。码分复用技术俗称 3 G,指它是继 FDMA 和 TDMA 之后第三代的复用技术。目前 3 G 网络尚未建成运营,但依靠码分复用技术,它能够在容量上实现一个新的飞跃,就像 TDMA 之于 FDMA。

码分复用技术可以实现在同一频段内发射和接收大量的通话和数据传输,发射端各不相同地将各路通话和数据传输进行编码,在接收端再按各自预定的解码方式进行解码,虽然其他的通话和数据虽然对其中任何一路都是干扰,但由于编码方式不同,接收端能解开的信号只有一路而已。

好比说,在一个房间召开会议,有来自二十多个国家的人,假定每个人都只能听懂各自的母语,不懂任何外语,中国人只懂中文、英国人只懂英文、德国人只懂德文、意大利人只懂意大利文……那么即使大家同时说话,来自同一国家的人仍然能够准确无误地进行交流,这是因为他们不懂其他的语言,外国人说得再响,只要不盖过本国人的声音,就不妨碍对母语的理解,外语无非只是一种背景噪声而已,不具备任何意义,因此也不会影响本国人的交流。

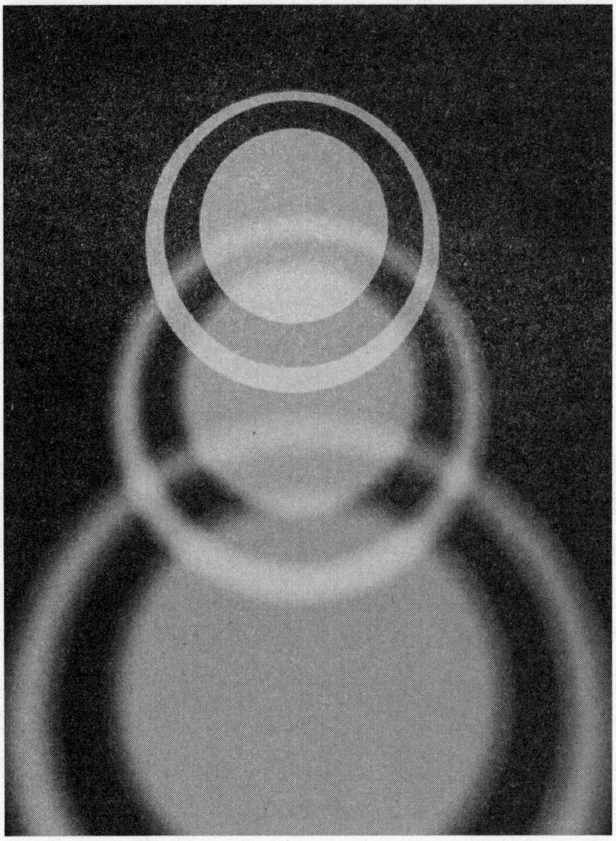

一代更比一代强的三代网

码分复用制式的一个频点为 5 M 带宽的频率,虽然它的频率带宽大大高于其他制式,看上去有些奢侈,但它的频谱效率大大高于以往的制式,是将来的发展方向。

(姚馨珏)

短距离无线通信的“小精灵”——蓝牙技术

日常生活中，细心的人会发现这样的情景：有的人耳朵上挂着一个新奇的东西，或摇头晃脑、或自言自语、喋喋不休。他在干什么？出于好奇，仔细观察一下，发现他正通过特殊的耳机来接听手机。那个新奇的东西叫蓝牙无线耳机，耳机里藏着一个神奇的“小精灵”，这个“小精灵”就是蓝牙技术。

关于“蓝牙”这个名字的来历，有一个古老的传说：在很久很久以前，公元 10 世纪的时候，北欧各国之间战争不断。此时，新继位的丹麦国王哈拉德二世，别名“蓝牙”(bluetooth)，他挺身而出，为了和平奔走于各国之间，促使各方进行谈判，统一了当时四分五裂的挪威和丹麦，建立了强大的丹麦王国。因此，用“蓝牙”这个名字来命名的技术，含有功能强大，能将四分五裂的局面统一起来的寓意，并象征着与这个伟人一样非凡，将改变世界。

蓝牙技术究竟是什么呢？1998 年 5 月，由爱立信、IBM、英特尔、诺基亚、东芝等公司所联合推出的蓝牙技术，是近距离无线连接为基础的一种无线数据与数据通信的开放性全球规范。它建立了通用的无线电空中接口和控制软件的公开标准，使移动通信与计算机网络进一步结合，随时随地实现数据信息交流。蓝牙的工作频段为：全球统一的 2.4 GHz 频段。数据传输速率为：1 兆比特/秒，适用于数据和语音的接入点，代替短距离的电线和电缆，并包含相应的硬件、软件和互操作需求的特定网络。蓝牙诞生后，像一股蓝色的旋风刮向全世界，很快得到广泛的支持和运用。

简单地说，蓝牙技术就是将通信技术与计算机技术进一步结合起来，让电脑、扫描仪、打印机等电子产品摆脱那些令人头痛的电线，代替了千头万绪的电缆线，帮助人们进入“无绳”的电子时代。具体而言，就是在办公室、家庭和旅途中，无需在电子设备间布设专用线缆和连接器，通过蓝牙遥控装置在空中建立一条或多条看不见的“连线”，形成一点到多点的连接。即在蓝牙遥控装置周围组成一个“微型无线电网络”，网络内任何无线电收发器都可与该装置互通信号。例如：通过蓝牙技术将数码相机无线连接到移动电话上，通过移动电话，便可立即将图片和图像传送到世界各地。蓝牙技术这个可爱的“小精灵”，像数字化的神经末梢一样，把各种电子设备在短距离内连接起来，进行信息交流。

蓝牙技术十分独特，蓝牙产品层出不穷、令人目不暇接，如蓝牙手机、蓝牙耳机、蓝牙 PC 卡和蓝牙 USB 适配器等等。所有的蓝牙产品都含有蓝牙芯片，蓝牙芯片的面积约 1 平方厘米，含有无线电收发器，能在短距离范围内发送无线电信号，以此来寻找另一个蓝牙产品，一旦找到，便可以进行信号的互联互通，完成短距离的无线通信。

以前，近距离的电子设备之间的连接，主要是运用红外线收发器来实现的。虽然能免去电线或电缆的连接，但使用起来不方便，连接距离仅限于 1～2 米，只能在两个设备之间进行连接。

相比之下，蓝牙技术这个神奇的“小精灵”，有许多优点：

首先，适用距离较大（一般是 10 米之内），确认速度快，即连即用。不仅能建立点到点的连接，还能同时建立点到多点的连接。

其次，全球有统一的频率设定，消除了国界的限制。

再次，使用频段低，对人体危害小，更加安全。

此外，易于推广和移植，发展潜力巨大。如可以应用于办公设备（传真机、电子名片）、无线设备（手机、智能电话、无绳电话）、图像处理设备（照相机、打印机、扫描仪）、娱乐（耳机、游戏）、家用电器（电视机、电冰箱、音响）等领域。

随着信息技术的不断发展和完善，蓝牙技术也在更新。第二代蓝牙技术的数据传输速率大大提高，可达 10 兆比特/秒，适用距离从 10 米扩展到 100 米左右，功能更强、应用范围更广。

未来的蓝牙技术不仅是个科技名词，而是“飞入寻常百姓家”，更贴近我们的工作和生活：进行办公室装修时，不必进行专门布线，可以随心所欲地安排室内的各种办公设备；开会时，可以迅速地将自己的信息和其他与会者共享；回家后，不必寻找空调遥控器、音响遥控器等，用手机就能“掌握”它们；临近工作地点，就可以启动计算机、打印机；临近家门，就可以打开空调、电饭煲、音响等；锻炼身体时，可以一边做健身操一边和远方的同事讨论工作……。

随着蓝牙技术的发展和普及，将改变我们的工作方式、提高工作效率、提高生活质量，使我们的工作和生活更惬意、更精彩！

（马慧敏）

蓝牙优点

保持您的计算机、电话及 PDA 上的联系人、日历和信息同步；从计算机向打印机无线发送文件；将您的计算机无线连接至鼠标和键盘，免去了桌上一堆的杂乱电线；通过连接手机至扬声器召开免提电话会议；在进行日常活动时，使用连接至手机或固定电话的无线耳机，您就可以随意接听来电；在家时，您可以使用连接至陆线 CTP 电话的手机，以节省话费。

小小屏幕里的多彩世界——彩信业务

彩信将人们从黑白世界带入彩色世界，有了彩信，外出旅游的人们可以用手机即时拍摄并传递美丽的风景；关注股票行情的人可以在手机上及时看到关于股市清晰的文字和图形描述；追求时尚的人可以随时下载最新的动画和图片作为手机屏保。

下图是多媒体消息业务(MMS)所显示的图形：

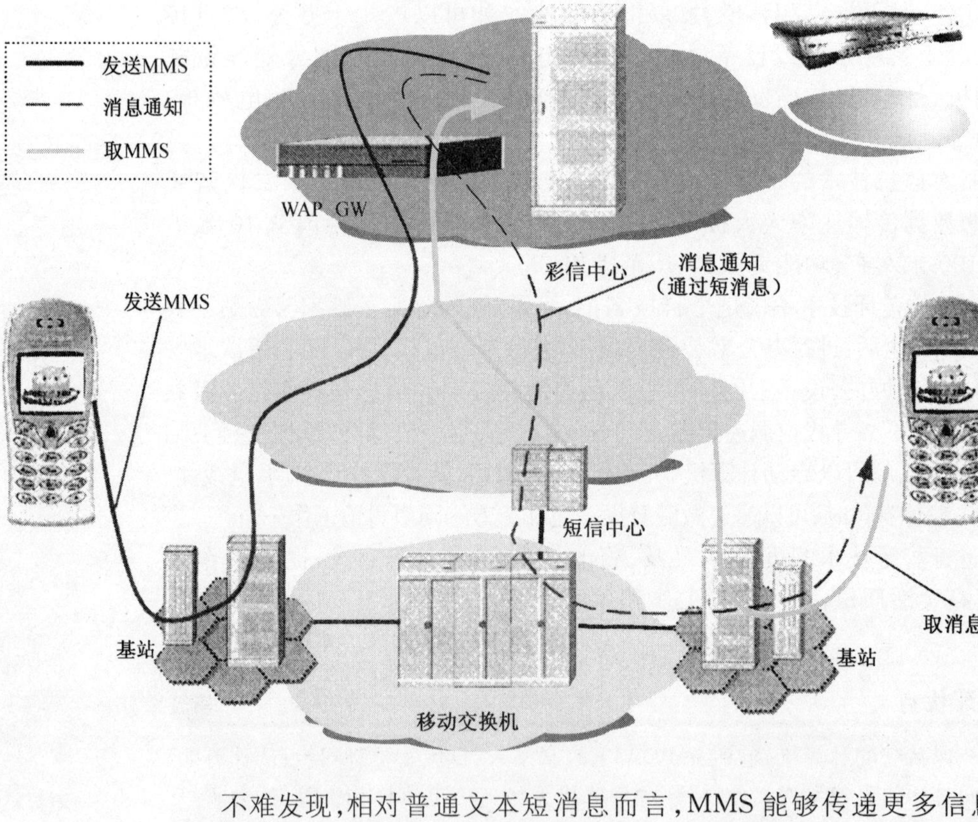

不难发现，相对普通文本短消息而言，MMS能够传递更多信息，尤其是图片与声音的结合，使MMS更能打动使用者的眼球。事实上，MMS能够传递的信息元素是非常丰富的，包括文本、图像、音频、视频等，也就是说，只要是符合上述格式要求的元素，无论是图片、音频还是视频，都可以加入到一条MMS中，并进行任意的组合以形成一条完整的MMS，最终发送给接收者。

发送MMS有多种途径,其中一种途径是使用者通过手机终端将MMS编辑好,然后通过手机直接进行发送。这个发送过程与普通文本短消息的发送过程一样简单,也就是说,只需要在手机中输入接受者的手机号码,按发送键就可以了。由于涉及的信息元素比较多,编辑一条MMS比编辑一条文本短消息复杂,工作量也相对大一些。另外一种途径就是通过电脑将MMS编辑后,通过与彩信平台相连接的业务应用平台(如网站、电子邮箱)等发送给目的用户。

事实上,MMS和短信的发送接收原理是截然不同的,也就是说它们赖以传送的环境不同。短信是以7号信令网为载体,主要在手机端到端发送和接收以及手机与互联网之间发送和接收。而彩信是在GPRS网络的支持下,以无线应用协议为载体进行发送和接收,除了可以在手机端到端以及手机与互联网之间发送和接收外,还可以在手机和邮箱之间发送接收MMS。如果要详细了解一条MMS如何发送和接收的,可以参考以下原理图:

如上图所示,用户通过支持MMS功能的手机终端发送多媒体消息。多媒体消息经过移动通信基础网络(无线网络和GPRS网络)进行传送,并经过WAP网关设备(一个连接无线网络和互联网的设备),将多媒体短信传送给多媒体短信中心(一个专门处理多媒体短信的调度、转发的设备)。多媒体短信中心主动查找接收方的类型,判断多媒体消息的接收方是否支持MMS功能。如果接收方支持MMS功能,多媒体短信中心将下发一条普通文本短消息,提示接收方收取彩信,并在这条短消息里面包含一个存放该彩信的链接地址,接收方按照提示连接到多媒体短信中心,并主动获取到多媒体消息。

如果接收方不支持MMS功能,这时候多媒体短信中心将同样下发一条普通文本短消息,告诉用户到哪儿去取这条彩信,接收方通过进入互联网,按照该短消息提示的网址,登陆到该网站就可收取到多媒体消息。

MMS是短信息服务(SMS)和增强型消息服务(EMS)的进一步发展,为个人多媒体移动通信服务提供了完整的端到端的解决方案。从通信内容上讲,多媒体消息包括图像、音频、视频和数据等;从功能上讲,多媒体消息服务可以是从手机终端发送MMS到另外一部手机终端,也可以是手机终端到应用平台和应用平台到终端的多媒体消息通信。

作为一个开放的媒体接入平台,MMS可以在移动用户和互联网内容提供商的互动下,衍生出更丰富多彩的内容服务应用。多媒体消息业务被视为启动和发展下一代数据业务的关键推力,在消息类通信服务市场上拥有巨大的市场发展空间和广阔的前景。

(黄斐颖)

手机支付业务

目前，在瑞典、芬兰、德国等许多发达国家，手机除了作为通信工具，也越来越多地成为人们日常生活中的一种支付工具。除购物外，人们还可以用手机购买地铁车票和支付停车费，用手机支付各种费用的做法正在进一步普及。著名调研公司 YANKEE GROUP 认为，到 2006 年，美国将有 5 000 万名手机用户利用手机支付收费信息、商品以及服务方面的费用。这个数字相当于美国人口的 17%，也相当于全部手机用户的 26%。另一个著名研究机构 OVUM 公司也得出了很乐观的调查结果，该公司预计到 2006 年手机支付总额将达到 370 亿美元。

在中国，最早的手机支付出现在中国移动 2000 年推出的梦网模式中。很多人都在新浪、搜狐、网易等网站上发过短信、下载过手机铃声，这些都不是免费的，这些费用是由运营商从使用者的手机费中扣除，然后再按一定比例支付给新浪、搜狐、网易等 SP。这就是国内最早的手机支付方式，只不过由于发送短信、下载铃声等是手机上的增值业务，是手机新的应用，而不是实物，因此没有引起人们的注意。

2002 年 1 月 20 日，全国首家手机支付示范店在深圳正式运行。只要通过手机输入账户密码和购物金额，消费者就可以把精挑细选出来的商品带回家。

2002 年 8 月，中国民生银行和中国移动通信有限公司联合推出了全新的“手机钱包”业务，同时支持中国移动的所有用户，在全国范围内实现查询、缴费、理财、消费等 15 项服务功能，包括购买彩票、保险、订阅报刊等消费，均可以通过手机实现，让手机变成了钱包。

从大的方面看，移动用户使用手机支付费用可以分成两类——运营商的服务性收费和存在实物交易的移动支付。与现金支付、银行划账、信用卡支付等传统支付方式相比，目前移动运营商可以提供以下三种形式的移动支付服务：

移动运营商的代收费业务——其特点是代收费的数额较小且支付时间、数额固定，用户所缴纳的费用在移动通信费用的账单中统一结算。如个人用户的 E-mail 邮箱服务费代收等。但该方式存在安全隐患，比如因手机遗失或被盗所可能发生的恶意使用等。

移动运营商的小额支付业务——即移动运营商与银行合作，建立预存费用的账户，用户通过移动通信的平台发出划账指令代缴费用。这种方式既可以保证银行划账受户主控制,避免传统自动划账业务可能带来的纠纷,又可以减少人工处理的时间和手续,降低成本。如通过短信确认的方式购买彩票、通过短信或电话的方式缴付水电费用等。小额的概念一般是指单次支付100元以下,总金额1 000元以下的业务,在实际操作中对金额的控制可以相对灵活。

移动信用平台——特点是运营商和信用卡发行单位合作,将用户手机中的SIM卡等身份认证技术与信用卡身份认证技术结合,实现一卡多用的功能。例如,在某些场合用接触式或非接触式的SIM卡可以用来代替信用卡,用户提供密码,进行信用消费。

2002年1月,美国的惠普、朗讯、Oracle、Sun公司和一些欧洲公司如西门子,结成了一个联盟PayCircle,希望能为通过手机进行的支付业务设立行业标准。PayCircle希望在不安装任何新软件的条件下,基于现有标准来定义一个开放而且统一的手机支付接口,从而为全球移动用户提供一个手机支付的标准方式。

电子现金支付协议。电子现金(e-cash)是以数字化形式存在的现金货币,具有多用途、灵活使用、匿名性、快速简便的特点,无需直接与银行连接便可使用,适用于小额交易。不同类型的数字货币都有其自己的协议,用于消费者、销售商和发行者之间交换金融申请。每个协议由后端服务器软件——电子现金支付系统,和用户端的"钱包"软件执行。

电子支票。电子支票(e-check)支付系统一般是通过专用网络、设备、软件及一套完整的用户识别、标准报文、数据验证等规范化协议完成数据传输,从而控制其安全性。电子支票支付遵循金融服务技术联盟提出的BIP(Bank Internet Payment)标准(草案)。典型的电子支票系统有E-check、NetBill、NetCheque等。

微支付。"微支付"(micropayments)的特征是能够处理任意小量的钱,适合于因特网上"虚拟商品"的消费。目前,有很多厂商在致力于发展别的协议以支持原有的协议所不能支持的微支付方式,其中之一是微支付传输协议(Micro Payment Transport Protocol,简称MPTP)。如今,有许多系统声明其是"微支付",允许支付小于现有货币面额的数额:如IBM开发的"Micro Payments"、Compaq与Digital开发的"Millicent"、CyberCoin开发的"CyberCash"等。

由于信用与安全、支付成本、使用习惯以及产业链的合作等问题,虽然全国各地的移动运营商和银行推出了很多手机支付业务,但还远不成规模,手机支付的系统结构也不相同。但是,相信随着技术的发展、使用习惯的培养以及产业链的形成,手机支付将在人们的生活中起到越来越重要的作用。

(曹 嵩)

无线通信与互联网相结合的雏形——WAP

近几年来，互联网(Internet)和无线通信这两项技术的发展对人们的生活产生了深刻影响。互联网是由无数个计算机相互连接的网络，能使人们十分方便而又廉价地获得大量信息；而手机是人们随身携带的无线通信设备，可以随时随地满足人们相互间进行沟通的需要，成为人们日常所需的基本通讯工具。那么，能不能利用人们手中的手机随时随地访问人们喜爱的互联网呢？答案是肯定的，采用具备 WAP 功能的手机，就能够通过无线通信方式，使人们可以在任何地方、任何时间访问互联网了。

WAP 到底是什么呢？原来，WAP 是无线应用协议的英文缩写。它是国际上著名的几家公司共同开发的手机上网的技术。他们把互联网的一些技术进行了大量的简化，使之既能实现访问互联网中的基本信息，又能在手机上简单操作就能实现，这就是 WAP 技术。通过它，就能让手机上网了。具备 WAP 技术的手机与一般手机不同之处在于，它内置有微型互联网浏览器，好像装了一部微型电脑，人们可以在公交车、地铁、马路上随意地通过它获取互联网上的各种信息。

早先的手机上网，就像家里电脑拨号上网一样，速度比较慢，每秒只能传送几十个文字，在手机屏幕上只能显示一些黑白文字信息，而且手机上网的时候不能接听别人打来的电话。后来，随着技术的进步，手机的功能越来越强，彩色屏幕手机大量出现了。这时候，人们希望手机也能像电脑一样显示有声有色的互联网页面，上面有文字、图片、动画、音乐等等，这就需要进一步提高手机上网的速度。

手机怎么实现快速访问互联网呢？利用原来的电话网络传送图片、声音速度是不够的。人们为了让手机发挥快速访问互联网功能，开发了专用的数字移动通信网络。它是专门用来为移动通信传送数据业务的，传输速率比普通的电话线快几十倍，每秒钟可以传送几千个文字，还能传送图像、声音、电视等。这样手机通过专用的移动数字通信网络和互联网连接，就能够实现和电脑一样快速浏览互联网了。另外，手机上网时，由于用的不是原电话网络，这样手机上网就和打电话互不干涉了，可以照样接听别人打来的电话。然而手机毕竟不是电脑，没有那么大的“肚量”存放互联网里大量的文字和图片信息，也不能像电脑那样快速地显示各种图片。为此,人们想出一个办法,在无线通信网络里专门设计了一个"WAP 秘书",称之为 WAP 网关,专门用来负责代理手机访问互联网信息。手机上网时,无需自己通过互联网反复搜寻各类信息,只需将上网的要求发送给离他最近的"WAP 秘书",由"WAP 秘书"通过宽带网去收集

互联网内容,等到内容收集完整后,"WAP 秘书"再将用户所需的互联网内容一次性发送到手机里,手机的工作就是只要能够及时显示或简单处理就可以了。这样不仅减少了手机上网的工作量,而且还减少了等待的时间,因为"WAP 秘书"是通过宽带网去访问的,比无线网络还要快几百倍呢。可是互联网信息量很大,上面有大量的图片和动画,我们手机屏幕不可能显示那么多,就算是能够显示,也要一页一页地翻看,不太方便;另外不同的手机屏幕大小也不一样,如何将互联网页面恰当的显示到手机屏幕上呢?原来这一切也交给"WAP 秘书"来管理,它那里能够在手机第一次上网后自动记录了每个用户手机的功能特点,屏幕大小,然后自动的编排成个性化的屏幕风格,发给相应的手机。有了 WAP 网关这样的"贴身秘书",手机屏幕上就能够显示既丰富多彩又具备个性化的互联网页面了。这么多技术的结合,手机就能够真正实现自由访问互联网了。通过 WAP 技术,手机可以下载各色各样的图片来装扮自己的手机屏幕,也可以下载各种流行音乐作为自己手机的铃声。

(孙昌清)

打开信息时代的大门——互联网

从某种意义说，互联网实际上是美苏冷战时期的产物，它的前身是美国国防部的阿帕网，诞生于1969年12月。最初联结了美国四所大学的计算机，主要用于军事部门和科学家进行科学研究；1983年，纯军事用的网络从阿帕网剥离，之后，人们就称呼这个以阿帕网起家的网络为网际互联网，也称因特网。互联网则泛指由多个网络连接而成的网络。

当初提出建立阿帕网完全出于军事目的，因此，对这个网提出的一个基本要求是，在发生战争，并当网络的某一部分遭受攻击而失去工作能力时，网络的其他部分应当能够维持正常通信。

针对这一要求，美国学者保罗·巴兰于1964年发明了分组交换网络技术，并向军方详细展示当受到核攻击时，如何确保正常通信，使军方信服这是一个有前途的技术。几年之后，科学家采用该技术开发了阿帕网。最初网络使用的是主机-主机网络协议，该协议于1972年就被网络控制协议所取代。后来，文顿·塞尔和鲍勃·康等人在此基础上发明了TCP/IP协议，TCP(传输控制协议)处理高层的业务，如丢包后的重发等，而IP(互联网协议)处理包的寻址和传递。1983年，当阿帕网分裂为两部分时，TCP/IP协议正式作为阿帕网的标准协议，到20世纪80年代末TCP/IP已成为左右世界网络的主导力量。

开始设计阿帕网的时候把信息和资源的共享放在了第一位，对人与人直接的信息交流考虑得较少。这也不奇怪，在一个满屋子都是机器而不是办公桌的年代里，应用显得太微不足道了。但是，就像互联网自身一样，那是一个发明创造蓄势待发的年代。

当时，一个称为“时间共享”的操作系统，把不同房间里的终端设备通过一台计算机主机连接在一起，让人们利用这台主机来互相留消息。这种应用出现于1961年，随后很快就流行开来。1969年阿帕网联网成功后，科学家们才考虑把这一应用推广到网络上，让不同地方计算机上的用户之间互相发送消息。1971年，雷·汤姆林森利用他自己编写的内部邮件程序，发出了世界上第一封电子邮件。这个发明改变了人们的生活习惯，今天，电子邮件依然是互联网上人与人之间沟通的主要方式。

在网络技术发展的同时，计算机的能力和速度在那个年代也得到了长足进步，直接导致网络的不断扩张。到1984年10月，已共有1 024个主机连接在上面，远远超出原来的预想，一些问题也开始暴露出来，主机的地址问题就是一例。

就像我们到邮局去寄信，必须在信封上写上寄往目的地的地址一样，信息在网络上传递也需要一个地址来指明该信息发送到何处。这个地址通常称为 IP 地址，它用一串由点号隔开的十进制数字来表示，如128.6.4.194。在早期的互联网上，就直接使用主机的 IP 地址，但随着互联网越来越壮大，网络节点和连接主机数愈来愈多，各种 IP 地址已变得难以记忆，因此，1983 年，一种称为域名服务系统开发了出来，使人们可以采用习惯中易于记忆的名称来标识计算机和用户，如 www.alcatel-sbell.com.cn，极大地方便了人们的使用。

另一个问题是，网上信息量的剧增，导致了以文本形式的用户界面越来越不适应信息检索和网络发展的需要，这时，万维网(WWW)出现了。

万维网实际上是互联网上的一种应用，是一个最受欢迎、最为流行的信息检索服务程序，它能把各种类型的信息(静止图像、文本、声音和影像)有机地集成起来，供用户阅读和查找。所谓网上冲浪主要就是浏览 WWW 的网页，可以说万维网是由互联网上网页所组成的网络。

网页是用超文本标识语言编写的超文本文件。最早的超文本文件是范内法·布什在 1945 年提出的，之后很多人都研究了不同的超文本系统。直到 1989 年 3 月，欧洲粒子物理实验室(CERN)的工程师帝姆·贝纳斯·李提出了一个叫链的概念，用联想的方式组织文本，再把关键词和与它相关的内容用超链接链接起来，使分散在各地的研究小组能轻松有效地共享信息。1991 年 3 月，行模式浏览器第一次上网运行，两个月后在 CERN 中被大量使用，此时 WWW 也真正开始发展壮大起来。两年后，马克·安德勒森等人写了 MOSAIC 程序增加了图形功能，使 WWW 浏览器的发展日渐成熟。

现代意义上的搜索引擎的祖先，是 1990 年由蒙特利尔大学学生艾伦·艾姆太奇发明的 Archie。虽然当时 WWW 还未出现，但网络中文件传输还是相当频繁的，而且由于大量的文件散布在各地的 FTP 主机中，查询起来非常不便，而这个称为 Archie 的搜索引擎，能用来发现和找寻计算机上的文件。它所做的工作就是在夜间业务量较低时，去访问它所知道的所有存档，然后复制成一个列表，放入到一个可供搜索的数据库中，这个小软件像蜘蛛在网上爬行一样而得名为蜘蛛程序。在当时来说，这一技术非常吸引人，一年后，明尼苏达州大学也开发出了称为 Gopher 的搜索引擎，在用户界面上作了改进，采用了菜单形式，方便用户的使用。同年，一个基于内容的称为 WAIS 的搜索引擎也开发出来了。这些是20世纪90年代初出现的第一代搜索引擎，虽然没有一个能一直用到现在，但是它们的技术本身一直沿用在新一代的搜索引擎中，并得到了发扬光大。

在后来涌现的许许多多新一代搜索引擎中，典型的成功代表是1994年的Yahoo和1998年的Google。Yahoo是斯坦福大学的两名博士生，大卫·菲鲁和美籍华人杨致远共同创办的超级目录索引，并成功地使搜索引擎的概念深入人心。从此搜索引擎进入了高速发展时期。Google是斯坦福大学的一个项目组开发出来的。目前，互联网上有名有姓的搜索引擎已达数百家，其检索的信息量也与从前不可同日而语。

互联网从阿帕网发展到现今的网络，发明了许许多多的网络技术，这些技术已广泛应用在各行各业的各种网络中，为信息时代的到来提供了强有力的技术基础。

（殷月明）

互联网发展历程

互联网的入口——ISP

ISP是国际互联网服务提供商的缩写，即是能够为用户提供互联网接入服务的公司。ISP是用户与互联网之间的桥梁，也就是说，我们上网的时候，计算机首先是跟ISP连接，再通过ISP连接到互联网上。互联网是由全球众多的计算机网络互联而形成的，是目前全世界规模最大、内容最丰富的计算机网络。基于互联网的新业务层出不穷，网络传送的信息类型也在向多元化方向发展，从当初只能单纯传送文本信息到现在可以传送语音、图像、视频等多媒体信息转变。通过互联网我们可以查阅新闻，搜寻各种产品信息，甚至可以实现在线交易。互联网上是一个信息的世界，而ISP的作用是为我们打开通向这个信息世界的窗口。

采用哪种ISP接入方式呢？这是我们需要关心的一个重要问题，因为各种不同的接入方式受其线路特性和调制方法的影响，在数据传输效率上各不相同。比如我们要去便利店，可能骑自行车是一个好方法；而如果我们要去公司上班，可能乘公交车就可以了；但如果我们要去几百千米外的地方度假，也许开私家车，驶上高速公路才是一个好主意。采用不同的介质、不同的信号调制方式接入ISP的速度将各不相同。通常，我们根据数据传输的速度快慢把ISP的接入分为“窄带接入”和“宽带接入”两大类。

“窄带接入”一般只能提供几十至几百kbps(千比特/每秒)的数据传输速率。传统调制解调器方式作为窄带ISP接入手段曾经辉煌过，但由于受传统网络技术的制约，它的最高接入速率为56 kbps，现在已经很难适应互联网业务的发展需要了。为了提高ISP的接入速率，后来又出现了ISDN接入技术，通过在普通的电话双绞线上调制数字传输信号，使得采用ISDN接入ISP的最高速率可以达到128 kbps。在早期的互联网应用中主要以网页浏览为主，对于这种应用模式，窄带ISP接入有一定的用武之地，但随着多媒体信息在互联网上的日益丰富，窄带接入就显得力不从心了，为此近年在大力推进“宽带接入”业务。

“宽带接入”顾名思义是较窄带接入速度更快、接入效率更高的网络接入方式，一般能够提供几百kbps至几十Mbps(兆比特每秒)的ISP接入能力，目前业界基于普通电话线的ADSL宽带接入技术发展迅速。ADSL是一种通过在电话线上采用高速数字调制技术实现高带宽互联网接入的技术。ADSL是一种不对称速率的数据传送技术，其数据上行速率较低，一般在 512 kbps 左右，而下行速率最高可以达到 8 Mbps。由于目前普通家庭连接互联网，最多的应用还是进行信息查询或信息下载，所以ADSL提供的高速下行带宽恰好适合这种业务应用模式。

随着数据宽带接入技术的发展，在电话线上还能提供 ADSL2、ADSL2＋、VDSL 等接入方式，为我们提供更快的 ISP 接入性能。另外，除了电话线路外，我们还可以通过一些其他介质实现网络互联，如通过光纤、电源线、有线电视线及无线信号等。其中光纤接入和无线接入方式是我们需要重点关注的宽带接入技术，因为光纤技术代表了终极高速的数据传输性能，而无线网络则具有最佳的接入灵活性。

想在家里享受网上冲浪的滋味，那就让我们来接入 ISP 吧。我们一般先要购买一台电脑，然后再决定采用何种联网方式（窄带或者宽带，这具体需要根据我们的用途及家里的线路情况而定）。根据不同的联网方式我们还需要配置相应的网络通信设备，一般这些繁琐的工作可以交由 ISP 公司来为你完成，你要做的就是去 ISP 公司的营业窗口提出申请，选择需要的接入带宽、付费方式等要求就可以了。另外，如果我们在局域网的环境下工作，只要把 ISP 接入线路与局域网连接，并通过一定的网络共享配置，就可以实现整个局域网中的计算机到互联网的接入。

为有效地管理和维护互联网接入业务，ISP 公司一般是通过对上网账号和密码的管理来完成的。上网账号即是用户的标志，一般由几个字母组成，它可以由用户自己确定，也可以是 ISP 分配的。为确保上网用户的合法性，还会为这个上网账号设置验证密码。在接入的时候，我们必须同时输入上网账号和密码，ISP 确认无误后，电脑才能连上互联网。个人的上网账号和密码要做好保密工作，否则有可能被别人盗用，如果盗用者用您的账号和密码来上网，那么盗用者的上网费用可就由您来负担了。同时，为了提高网络接入的安全性，ISP 一般还会对固定地点接入的用户账号与其固定的接入线路进行捆绑，在这种情况下，指定的用户账号和密码只能在指定的地点进行接入认证时才会成功。这就像你在马路上丢了一把房间里抽屉的钥匙，被人捡走了也毫无用处，因为别人是不会使用你家的抽屉的，所以这是提高网络安全性的一个好办法。

（徐文华）

网络世界的地址——IP地址

我们知道,在互联网上有千百万台主机,为了区分这些主机,人们需要给每台主机分配一个专门标识,它就是网络世界的地址——IP地址。如同通过家庭地址我们可以找到需要寻找的人一样,通过IP地址我们可以轻松地查找到每一台主机。互联网已被证明了它无可替代的价值,而作为互联网中每台主机的身份证——IP地址,则是互联网实现信息交互的基石。

在计算机中处理的IP地址是二进制方式的,每个地址长32比特,如"11011010000000010100000000100001"就是计算机中一个IP地址的表示形式。在人们的日常记录和记忆中如果也采用这种标记方式,显然非常的不方便,为了便于读写和记忆,人们采用了另外一种标记方法——十进制方式。即按8个比特为一个字节计算,把一个IP地址分为4个字节,每个字节转换成一个十进制的数字(这些数字应不大于255),四部分数字之间再用"."分隔,这样就组成了我们平时常见的IP地址。例如"上海热线"主机的IP地址可以表示为"218.1.64.33"。大家有没有发现上面那个地址与这个地址有什么区别呢?其实它们都表示"上海热线"主机的IP地址,只是采用了两种不同的表示方法,当然后者更易于人们的记忆和书写。

十进制表示的IP地址虽然比二进制表示的IP地址要简便一点,但还是不够形象化,为此人们又想出了一种接近日常语言表述的IP地址表示形式——域名地址。"域名"是IP地址的一种字符型表示方案,即采用具有一定意思的字符串来标识主机地址,IP地址与域名地址两者相互对应,而且保持全网统一。还以上海热线的主机IP地址为例,它的十进制表示方式是"218.1.64.33",对应到域名表示方式就是"www.online.sh.cn",显然域名要比上面提到的两种IP地址表示形式好记多了。为了在网络上实现域名的分层管理和查询,我们依靠一个叫"域名服务"的系统来完成。为了适合中国人的文字使用习惯,近年还出现了“中文域名系统”，有了它，我们只要在电脑浏览器上输入汉字(如:“上海热线”)就可以进行信息查询或实现其他功能了。

现在我们知道了IP地址的基本功能和表示方法，那么我们是否可以随意指定IP地址呢？回答是否定的。打个比方，我们如果想给某人打一个电话，就会拨通他的电话号码，而这个电话号码一定是惟一的，否则就无法正常接通了。如果在一幢公司大楼内有几百台计算机，那么我们就必须为每台计算机配置一个全公司内惟一的IP地址，然后它们之间才可以实现正常通信。而公司里的计算机如果要与互联网上的计算机通信，则要求我们使用的IP地址在全球范围内具有惟一性，因为只有这样才能在互联网上千百万台计算机中找到对方。为了实现和保障互联网应用，人们就必须在全球范围内对IP地址进行统一分配和管理。互联网信息中心就是负责统一规划和分配互联网中IP地址的国际性机构。

通常每个国家成立一个组织(在中国，即中国互联网络信息中心)统一向国际组织申请IP地址，然后再分配给用户。由于网络的规模有较大差别，有的主机多，有的主机少，所以根据网络规模的大小，我们通常对IP地址进行专业的分类:A、B、C、D、E类地址，其中后两类为特殊IP地址。

A类地址:该地址主要用于世界上少数的具有大量主机的网络，其网络数量有限，故仅有很少的国家和网络才可获得此类地址。

B类地址:此类地址用于适量的、规模适中的网络，现在随着Internet的迅速发展，也很难分配到此类地址。

C类地址:主要用于网络数多、主机数相对较少的网络，每个网络最多不超过256台主机。

D类地址:特殊的IP地址，一般用于与网络上多台主机同时进行通信的地址。

E类地址:特殊的IP地址，暂时保留，以备将来使用。

另外，根据IP地址的分配方式和使用IP地址的区域范围不同，我们还可以有多种IP地址分类方法。如固定IP地址、动态IP地址、公网IP地址、私网IP地址等。

IP地址从诞生至今已有几十年的历史，当初设计时没考虑到会有如此大的应用规模，现在看来IP地址在设计上存在许多缺陷，其中一个主要的问题就是数量的匮乏。由于美国在第一代互联网上占尽先机，先行分配资源，导致中国IP地址明显不足，这样势必会制约中国互联网事业的发展，随着新的网民不断增加，如果不花大力解决好这个问题，恐怕会出现和“电荒”一样的“IP荒”。

(徐文华)

互联网的检票方式——网络的接入和认证

在现实生活中,我们都有这样的经历,看电影必须要买票,乘火车前必须要买火车票,这些票证都是我们进入电影院和乘火车的凭据,有了这个票证,才能够享受服务。上互联网也是一样的,要想使用互联网的接入服务和业务,也必须要有类似的票证,这个票证用互联网的术语来讲就是用户名和密码,比如在使用 ADSL 接入服务时,电信运营商都会给用户提供一个接入账号和密码,这样用户在相关拨号软件中输入该账号和密码就可以上网了。

就像我们到达目的地的方式有很多种一样,有人可以乘坐火车去,有人可以乘轮船,还有的可以乘汽车去,而到达互联网络这个目的地,网虫们同样也可以用多种方式来上网,用互联网的术语来讲就是宽带接入方式(也叫网络接入技术),随着宽带接入网建设的蓬勃发展,各种宽带接入技术也应运而生,目前我们常见的宽带接入方式有 ADSL 宽带接入、FTTB+LAN 宽带接入、Cable 宽带接入、WLAN 宽带接入等。

之所以有这么多的接入方式,是因为早在互联网络的兴起之前,老百姓家里都已经布有各种不同的线路,有电话线、有线电视线(Cable)、以太网线等,为了利用已有的线路资源,科学家们开动脑筋,发明了各种传送技术,对应于电话线就有了 ADSL 接入技术,对应于有线电视线就出现了 Cable 接入技术,而对于以太网线就有了 FTTB+LAN 的接入技术等,这些统统都是采用有线的接入方式。而对于无线方式(WLAN)的宽带接入是在原来有线接入的基础上,采用了无线的方式,将具有无线接收和发射功能的接入设备,俗称"AP",部署到用户家里,用户使用无线网卡连接到电脑,就可以和普通的接入方式一样上网了,它最大的好处就是可以无需网线,移动起来非常方便。

这样,老百姓通过选择所需的宽带接入方式,就有了进入互联网络的手段,但并不是每个人都有权利使用的,这就涉及到了认证及交费的问题,如果把互联网络比作高速公路的话,认证和交费就是高速公路收费站必须要负的责任,我们在享受各种宽带接入的业务时,切记须认证和交费的。

对于认证的方式,生活中高速公路上有的采用手工发票的方式,有的采用电子卡片的方式,而互联网络上的宽带接入认证方式也有很多种。目前主流的包括:PPPOE 方式、DHCP+WEB、802.1x 等接入认证方式。无论采用哪一种接入认证方式,要想接入互联网都必须具备两个凭证:用户名/密码,以及合法的 IP 地址。下面我们来分别介绍一下上述三种方式下我们是如何获得 IP 地址以及使用用户名/密码来上网的。

PPPoE 是通信中的术语,它负责实现用户的电脑和网络上某一台服务器点到点的链路连接,并且分别利用 PAP 或 CHAP 等协议进行用户的识别和认证,通过认证后,用户的电脑就会获得一个动态的 IP 地址,有了这个 IP 地址就可以实现上网的功能了。在具体的使用过程中,用户的电脑里必须有一个称作拨号器的软件(见左图)负责拨号,同时还要将电信运营商提供给用户的用户名和密码输入到拨号软件中,通过认证后,就可以接入到互联网,进行网上冲浪了。目前大多数的 ADSL 用户都是采用此种方式接入互联网络的。

另一种接入认证的方式称为 DHCP+WEB,即:采用 DHCP 作为用户主机的 IP 地址分配方式,利用 IE 浏览器作为用户进行用户名和密码的认证界面,结合 Radius 服务器(负责认证功能)对用户进行认证。在实际的应用过程中,用户只要在相应的浏览器页面上输入用户名和密码就可以了,而不必再使用拨号器软件。这种方式广泛用于酒店、宾馆、公共场所等,原因就在于它的方便性。

还有一种接入认证的方式称为 802.1x 协议,该方式通过监控接入设备的认证端口打开或关闭的状态,对于合法用户(根据账号和密码)接入时,该端口打开,而对于非正常用户接入或没有用户接入时,则该端口处于关闭状态。这种 802.1x 认证方式是不涉及到 IP 地址的分配过程,所以在安全性上有很大的漏洞,已经有了更为完善的协议方式来替代它,由于此类认证方式,并没有较大规模的应用,所以普通的百姓家里还没有应用此种认证方式。

至此,通过了互联网接入认证的关口,就像是已经获得了进入高速公路的通行证,可以自由自在地欣赏沿途的好风景。互联网络的应用认证，就是在互联网络接入认证完成后而进行的、针对某种具体应用(如VOD点播、游戏等)的认证，它的认证方法不是非常统一，有的采用通过特有终端的方式如：众所周知的传奇游戏和上海热线的棋牌游戏，就是通过它的游戏终端来进行认证，用户启动相应的终端软件，输入用户名和密码即可。而有的则采用通过IE浏览器的方式，在IE浏览器的页面上输入用户名和密码也可完成认证。目前网上的大多数应用认证都是采用上述两者之一来完成的。

从前面的分析和对比我们可以看到，现实生活中一些身份识别和认证的概念在互联网上都同样适用，所不同的就是互联网上采用数字和计算机技术来实现，而现实生活中采用票据或实物等方式来实现。

当然，现实生活中的一些不好的现象仍然会出现在互联网的虚拟世界里，比如冒充别人购物、盗用别人的用户名/密码，仿造别人的IP地址等等，我们在享受互联网带来服务的同时，也要注意保护自己，遵守相关的法律，创造一种安全、诚信的网络新生活态度。

（刘璋峰）

因特网

因特网是全球范围内的计算机网络，由不同类型、独立运行和管理的子网络构成。从类型上分为以太网、令牌环网、ATM网等。从规模上分为局域网、城域网、广域网等。如今，因特网已经连接了许许多多的计算机，成为人们生活中不可缺少的信息交流方式。

信息高速公路上的交通规则
——互联网通信协议

20 世纪 90 年代中期,美国前副总统戈尔在介绍美国国家信息网络设施计划时,最先提出了信息高速公路一词,它非常形象地概括了以互联网技术为基础的信息网络结构。互联网是网络的网络,连接有数以万计的网络和亿计的主机。就好像交通运输要制定交通规则一样,在互联网上,为了确保信息通讯的有序进行,也必须有类似的"交通规则",这就是通信协议。

协议实际上是一种广泛用于主机与主机之间、路由器与路由器之间、主机与路由器之间,以及应用程序之间进行交流的语言。是语言,就有语法规则,双方必须遵守规则才能交流,否则相互之间就没法交流。互联网通信协议是互联网上所连设备(如计算机主机)之间交换信息时必须遵守的一些规则和约定。

互联网最初发源于美国国防部的阿帕网,一个基本要求是,一旦发生战争,当网络的某一部分因遭受攻击而失去工作能力时,网络的其他部分应当能够维持正常通信。1964 年,美国学者保罗·巴兰发明的分组交换网络技术,很显然是一个最适合阿帕网要求的技术,它的一个基本思想是,发送信息时,先把该信息拆分成若干个分组(俗称数据包),编上序号,把它们分开发送出去,然后在目的地再按序号拼起来。这就好像一份 1 500页的机密文件,拆分成 50 份,每份 30 页,分别装入 50 个信封中,再请不同的人送到目的地。这些人选择的路线可以是不同的,一旦某一路线上遇到了敌人的阻击或被缉获而出了问题,可以通过另外的路线重新递送,保证机密文件完整和安全送到。理论上讲,互联网通信协议就是围绕这个思路而设计。

TCP/IP 是互联网的基本协议。TCP 负责把信息分割成一个个数据包,在另一端将它们重组、丢失时重新发送并保证它们顺序正确和数据完整,从而在不可靠的 IP 传送基础上提供了一个可靠的通信机制。IP 则负责各个数据包的路由和寻径。看起来好像 TCP 做了所有工作,可是在互联网中,单单传一个数据包到目的地就是件非常复杂的工作。

首先需要一个地址，就好像我们寄信，需要在信封上写上收发信人的地址一样，这就是 IP 地址和 TCP 端口号。IP 地址指明计算机主机连接在互联网上的什么地方，而 TCP 端口号则指明信息在这台主机上是谁发出和接收的。但是，光有地址，还不足以使一个数据包到达正确的目的地。对 TCP 而言，它还要知道该数据包属于哪个连接，即知道用什么样

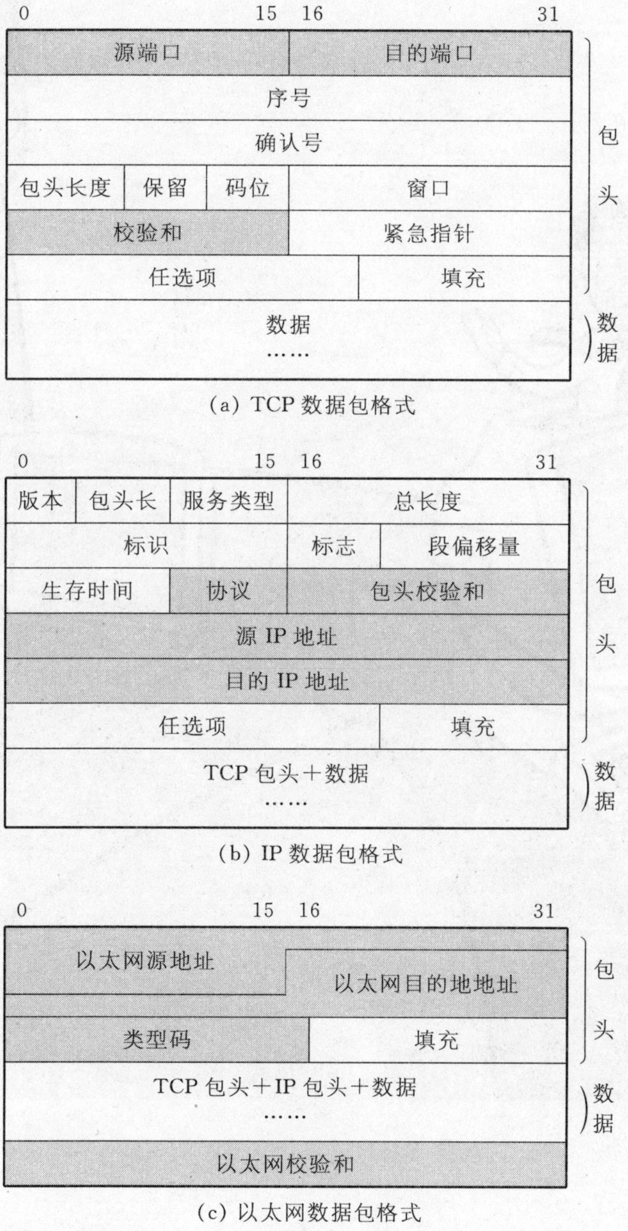

数据包格式

的约定来交流和解读。这个任务通常称为“解析”。解析所需的信息位于一系列“包头(header)”中。包头是协议加在数据包头部的一些附加字节,用来对该数据包进行追踪。TCP 在把已分割的数据块交给 IP 之前,要给每个数据块添加一个包头,形成一个新的数据包。TCP 把这个数据包交给 IP 后,IP 形成 IP 包头,并添加到 TCP 交来的数据包上形成新的数据包。IP 层再根据计算机连接网络所采用的物理媒介,把该数据包交给相应的链路层协议。链路层就像运行在两个网络节点之间的一列高速列车,一刻不停地在两点之间运送货物。链路层协议把从 IP 层接收到的数据包往一节一节车厢里装。当然,车厢也有大小,当接收一个大的数据包,超过车厢最大尺寸时,就要把数据包拆小后放入。因此,链路层也会形成包头,以便列车到达另一端后,能把数据包从车厢里正确地取出。

TCP 包头、IP 包头和以太网包头的格式如下页图所示。由图可见,包头的格式基本上相似,都有一个记录数据发源地和目的地的地址域。目的地地址很好理解,有了它,中间的网关或路由器就知道数据包往哪里送,而主机就知道该交给谁。发源地地址有何用呢?通信是双向交流,必须把你的地址告诉对方,对方才可能给你回信息,这就好像把你家里的地址写在信封上的右下角一样,如果没有,对方就无法给你回信。

其次是指明上层是什么协议的域,即告诉另一端的对等层将该数据包应交给上一层的什么协议进行处理。这很重要,因为互联网是网络,每个网络采用的协议不尽相同,即使在同一个网络上,每一个协议层上用于不同业务的协议也很多,必须告知用什么协议来解读包头。应该注意的是,TCP 包头中没有此域,它是利用 TCP 端口号来指明上层协议的。

最后是检验和(Checksum),它是将数据包中所有的字节相加所得之和。另一端在接收到数据包后,会重新再算一遍校验和。如果两者不一致,该包就被认为有错而被抛弃,并要求重发。当这些数据包被另一端收到后,所有的包头都会被移走,而且每层协议只移走各自的包头。

以上就是 TCP/IP 协议中的一些最基本的约定,网络中采用 TCP/IP 进行通信的设备必须遵循这些约定,才能达到正确通信的目的。

(殷月明)

网络快车——ADSL 技术

如今,家里拥有固定电话的用户数目十分庞大,“网虫”数量也日益增长。在网站上浏览新闻、观看 Flash 动画、联网打游戏、下载精彩电影、直接收看网上直播的电视节目等网络世界的生活,已经成为人们日常生活的一部分。

支撑这种生活的技术是什么?它就是被欧美等发达国家誉为“现代信息高速公路上的快车”——ADSL 技术。ADSL 中文名称为非对称数字用户线路,是一种新兴的高速通信技术。ADSL 之所以叫做非对称是因为用来向用户传输数据是高速率,而用来回送用户的信息只有很小一部分带宽。

ADSL 是在原有电话线上进行跳线,独享带宽。只要加装专用的调制解调器,利用分频的技术,在普通电话线路的频率上划分为三个信道:一个高速向用户传输数据信道,富于图形和多媒体 Web 数据需要很大的下传带宽;一个中速回送用户信息的数据信道,用户信息相对较少;一个低速语音信道,作为普通电话线之用。三个信道同时工作,即在同一电话线路上分别传送数据和语音信号,上网的同时不影响电话的正常使用,真正实现上网、打电话两不误。

一般家用电脑都具有支持远程桌面功能 Windows 系统,如 Windows XP 版或 Windows 2000 以上的版本都支持远程桌面功能。由于 ADSL 在每次连通所产生的 IP 是自动随机获取的,每次都不一样,因此,必须安装可以实现“动态域名解析功能”的软件。这个软件的作用可以将域名指向任何一个动态的 IP,不管 IP 如何变化,域名都能解析到这个 IP 上,说的简单一点就是让电脑拥有一个固定的 IP,这个步骤至关重要,缺少这个软件就实现不了远程桌面功能。“动态域名解析”软件可以在许多网站上免费下载。在下载的网站申请成为会员,拥有护照。注册域名,这个域名是用来连接电脑的。等于给电脑申请一个电话号码,在任何地方打这个号码都可以连到电脑上。利用护照所提供的账号和密码激活域名,成为此网站客户。这样域名就和电脑捆绑在一起了。通过该域名可以轻松架设 Internet 服务器,制作个性化主页,让其他网友一睹自己的风采,随心所欲地构建网上家园。不管 ADSL 的 IP 怎么变化,电脑就如孙悟空逃不出如来佛的手心一样,完全在用户的掌控之中。

既然用户电脑可以被任何电脑连接，所以就需要特强密码了，密码最好是多位的，并且数字和字母相混合，如果用户记性较好，设置10～20位的混合密码，就可高枕无忧了。在网络连接属性中，对相关选项进行合理设置，优化网络，提高网速。在播放在线电影、音乐、下载电影、其他媒体时，最好根据ADSL带宽的大小，对相关软件工具的网络带宽模式进行合理设置，避免超过ADSL传输能力，数据量缓存溢出，造成ADSL“休眠”现象。

现在拥有多台电脑（包括台式、便携式）的“网虫”人数不少，远端电脑依然可以使用家里的ADSL和电脑做喜欢的事情，做到真正一个人控制多台电脑，这样就能真正合理地利用ADSL资源。

远程桌面连接只不过是ADSL应用的一种。加个摄像头、麦克风又变成“可视电话”了。ADSL技术还可应用高速访问互联网和其他宽带多媒体通信网，让用户体验急速上网冲浪的刺激、远程LAN访问（在家办公/远程办公室），尽情享受无拘无束的SOHO生活，像面对面地和同事进行交谈一样，顺利完成工作任务、稳坐家中就能接受全球优秀的远程教育和远程医疗，获得图文并茂的多媒体信息，或者与老师和医生进行随意交谈、远程金融服务、家庭银行、网络信息、新闻服务、在线图书馆/出版物、远程电子购物、远程炒股、远程商务、随心所欲地点击数码世界的多彩影视（电影/电视节目点播）、VPN虚拟专网、进行不同地点局域网的网间互联，实现信息的共享、互访和传递、交互式视频游戏等方面。经营ADSL的公司还可以向各互联网服务提供商（ISP）提供端口批发业务，为各ISP接入用户提供IP承载通路等。将来ADSL作为一种高速接入互联网的技术更具有生命力，在现代信息高速公路上行驶有飞一样的感觉。网络快车，将使用户享受真正精彩的互联网生活。

（谢　蔚）

ADSL掉线处理方法

ADSL掉线涉及到多方面的问题，包括线路故障（线路干扰）、ADSL Modem故障（发热、质量、兼容性）、网卡故障（速度慢、驱动程序陈旧）等等。运营商与用户应做以下常规检查：ADSL电话线接头是否稳妥可靠；是否远离电源线和大功率电子设备；ADSL入户线和分离器之间是否安装电话分机、传真机、计费器等设备；是否正确安装分离器；淘汰老式的ISA网卡，换成10/100M的PCI网卡及最新驱动程序；ADSL Modem散热是否良好；ADSL Modem指示灯状态是否正常。

互联网世界的电子地图——搜索引擎

说到搜索引擎,我们把它形象地比喻为互联网世界的电子地图。在日常生活和工作、学习中,你一定用过地图或指向图。在具体使用时,只要知道和依据目的地、所在地或其周围的特征、参照物,即关键信息,再借助地图或指向图,就能找到想要到达的目标。类似于使用地图或指向图,以同样的功能和作用,搜索引擎依据所给出的关键信息,为我们在浩瀚、广阔的互联网世界中迅速而简便地寻找到所需资料信息的所在地,是专门为上网冲浪而特别定义和设计的,是互联网上最常用、最实用、最简便的应用工具之一。搜索引擎工作原理类似于建设中、大型图书馆时,为了便于图书的管理和查找,预先按照一定的标准或规范对馆藏所有的图书予以分析、分类、标引,再相应地建立(或更新)相关的目录和检索系统,搜索引擎只不过采用了大型关系型数据库技术、人工智能计算机技术和数据库智能挖掘技术等计算机和通信网络技术,实现了如信息分类、信息关联、关键信息建立和信息更新等绝大部分搜索功能的自动化。其应用又非常像使用电子地图。

实际应用搜索引擎时,最简单、直接、快速的方法是登陆到像 Yahoo(雅虎)(www. yahoo. com)、Google(www. google. com)和 Baidu(www. baidu. com)等专门从事搜索引擎应用的网站上,按照自己的意愿和需求,在这些网站上相应的提示栏目中,以中文、英文或其他语言文字的方式,输入关键的字、词组、句或相关组合,即可轻轻松松地定位、寻找到所需内容所在网站和网页。接着,只需对搜索引擎所显现出来的结果作相应点击,就可查找到所需要的资料信息。当然,所需的资料信息在定位、查找之前,必须事先被这些搜索引擎纳入或关联。如果想更快速、更精确地找到一些所需的资料信息,首先,在输入关键的字、词组、句或相关组合的时候,应该保证这些关键信息更精确、更详实一些。其次,有机会的话,在平时,要做个有心人,经常地应用某些搜索引擎网站,熟悉这些搜索引擎的风格特色、使用方法和使用技巧,进一步熟悉想查询的信息内容和常用网站,就会更轻而易举、快速便捷地达到查询目的。

除了基本的快速定位和查询功能外,互联网搜索引擎还有许多诸如将搜索结果的范围限制在某一个特定网站、排除某个特定网站网页、将搜索限制于某一种指定语言文字、查找关联和链接到某一个指定网页的所有网页、拦截网上令人厌烦的小广告、保护网络使用者隐私、清理网络信

息垃圾、加速互联网信息浏览、便利日常生活、恢复某些被恶意网站攻击

威力强大的搜索系统

和篡改的网络浏览器上的有关选项等高级功能。对于不同的搜索引擎，虽然其风格特征、人机界面、应用方法不尽相同，所能搜索到的信息量和可用的语言也是不同的，但是，它们的本质和原理相同，在主体应用上却是大同小异的，极易学习和使用。

（凌　坚）

搜索引擎商务模式

现在搜索引擎的主流商务模式（百度的竞价排名、Google 的 AdWords）都是在搜索结果页面放置广告，通过用户的点击向广告主收费。这种模式最早是比尔·格罗斯（Bill Gross）提出的。他于 1998 年 6 月创立 GoTo 公司（后于 2001 年 9 月更名为 Overture），实施这种模式，取得了很大成功，并且申请了专利。

AdSense 是 Google 于 2003 年推出的一种新的广告方式。AdSense 使各种规模的第三方网页发布者进入 Google 庞大的广告商网络。Google 在这些第三方网页放置跟网页内容相关的广告，当浏览者点击这些广告时，网页发布者能获得收入。AdSense 在 blogger 中很受欢迎。

雅虎的广告方式是 YPN（Yahoo Publisher Network），YPN 除了可以在网页上显示与内容相关的广告以外，还可以通过在 RSS 订阅中来显示广告。微软的广告计划叫 AdCenter。

信息时代的马其诺防线——防火墙

自从计算机网络诞生之日起,网络给我们这颗星球带来了无限生机,从最早的纯军事应用到如今各行各业,甚至每一个普通老百姓都可以利用网络给自己的生活带来便利与快乐。当我们享受网络世界那强大力量的同时,也无时无刻不受到来自其中的威胁。当网络兴起的时候,一个新的名词——"恶意黑客"也随之进入人们的视野。他们是网络上的不速之客,利用网络自身的漏洞进行有意无意的偷窃或者破坏,是来自网络的威胁之一。当计算机病毒开始利用网络作为它的新的传播媒介时,我们不得不承认在网络上又多了一个对手。这些威胁就像达摩克利斯之剑悬在了人们的头上,而防御和隔离这些威胁的重任就落在了防火墙身上。

防火墙的本义原是指古代人们房屋之间修建的一道墙,这道墙可以防止火灾发生的时候蔓延到别的房屋。而这里所说的防火墙当然不是指物理上的防火墙,而是我们所要保护的内部网络和外部网络之间的一道防御系统。防火墙是内外网络数据的惟一出入点,它可以监控进出内部和外部网络的数据,根据事先定义好的规则和策略,使得那些被核准的、安全的数据得以通行,而对那些非法的、不安全的数据进行阻塞和丢弃,使它不能进入内部网络,以此来保证内部网络的安全。同时防火墙自身具有较强的抗攻击能力,它是提供信息安全服务,实现网络和信息安全的基础设施。

我们先来构造一个现实中的场景来比喻防火墙在内外网络通讯之间所起的保护作用的一般过程,以此介绍两类基本防火墙。我们假设 Bob 是一家大型企业 M 的客户部经理,Alice 小姐是 Bob 先生的好朋友兼合作伙伴,Darth 是 Bob 所在公司的竞争对手所雇用的商业间谍,一直处心积虑地想混入 Bob 的公司盗取商业机密以谋取非法利益。最初的时候,M 公司没有采取严格的安检制度和完善的安全措施,任何人都能够自由地进出公司的大楼甚至员工的办公室。当 Darth 几次成功地盗取了 M 公司的客户数据后,Bob 觉得必须采取一些措施了。Bob 请来了 Rose,要她负责公司大楼进出的安全检查工作。Rose 知道自己的责任重大,并且也明白自己能够胜任这个工作。现在我们的场景已经搭好,Bob 和他所在的公司为内部网络,Rose 就是隔离内部和外部网络的防火墙,而 Alice 和 Darth 则处于外部网络之中,Alice 是来自外部网络的合法访问者,而 Darth 则是躲在阴暗角落的不怀好意的攻击者。通过 Rose 采用不同的安全策略，我们可以看到两类基本的防火墙。

其一，包过滤防火墙。Bob 列出了一张他所信任的人的身份列表，这些身份列表中列出了每一个受信任的人的姓名、身份证号码以及他所能访问的部门或人，公司只允许这些受信任的人进入公司。Bob 把它交给了 Rose。很快 Rose 在公司的进出大门口设立了安全检查站，每一位要求进入公司的人都必须首先出示身份证件和目的，Rose 把他所提供的身份证件和身份列表中的各项进行配对，如果配对成功则允许这个人进入公司，否则拒绝进入。Alice出示了她的身份证件并且被允许进入了大楼，而 Darth 却因为拿不出合法的身份证件而无法再次进入大楼。

这一类防火墙侧重于对进出内外部网络的数据的来源和目的进行检查和过滤，根据事先定义好的访问控制规则，丢弃非法的数据，放行合法的数据。而该类型防火墙的弱点也是比较明显的，由于机制相对简单，没有对数据进行跟踪记录和审核，对一些复杂的攻击缺少相应的防御机制。

其二，应用级防火墙。Bob 提出了更高的安全要求，所有的外来人员都不允许进入公司。于是 Rose 就必须采用如下的措施：任何想要进入公司的外来人员除了必须通过身份验证以外，他想要做的任何事情都必须由 Rose 进行操作，Rose 成了一名代理！今天，Alice 需要来取 Bob 的一份合同，到了公司大楼门口成功地通过了身份验证，然后，她对 Rose 说明了前来的目的，接着 Rose 一边请她稍候片刻一边转身跑向 Bob 的办公室，几分钟后 Rose 把那份合同递给了 Alice。Alice 得到了她所想要的东西，但是并非自己亲自去取，而是由 Rose 代劳。与此同时，Darth 经过上次的失败后总结了教训，制作了一张假冒 Alice 的身份，并且通过了 Rose 的身份鉴定。但是当面对 Rose 的询问“需要我为你做什么?”时他却不能告诉 Rose，这一次 Darth 又失败了。

应用级防火墙又称代理服务器，该类型的防火墙侧重于将外部对内部的访问分离开，由防火墙来代理外部请求，转发给内部网络，当处理完成后又由防火墙将结果转发给外部网络访问者，由于外部网络不能直接访问内部网络，所以提高了安全性。

（李睿文）

网络世界的“110”——互联网应急中心

提起110，大家自然而然地会想到警察和公安局，110从一个统一的报警电话而成为警察和公安局的代名词。网络世界也有“110”，网络世界的“110”和现实世界的110有怎样的区别？又起着什么样的作用呢？

在计算机和互联网不断发展和普及的今天，网络与信息安全的问题日益严重，所涉及的内容也十分广泛，如大规模网络蠕虫病毒事件、黑客攻击、木马病毒造成的泄密、病毒程序的传播与侵犯、互联网商业犯罪、互联网信息欺诈及互联网不良信息传播等。这些日趋严重的网络与信息安全问题甚至是犯罪行为，不仅让使用互联网的企业及个人用户蒙受了巨大经济损失，而且使国家的网络与信息安全和信息主权也面临着严重威胁。

在现实世界中，尽管存在着形形色色的犯罪行为，但是只要有公安局等司法机关存在，就可以遏制和打击犯罪，确保社会的稳定和安宁。而在网络世界里，同样需要有“警察”来维护治安，来打击虚拟世界里的网络与信息安全犯罪行为。互联网应急中心就是网络世界的“110”，它的主要职责就是负责与世界各国的互联网应急中心互相协调，并组织我国各地方、部门的计算机网络安全事件应急小组共同处理国家公共互联网上的安全紧急事件，为国家公共互联网、国家主要网络信息应用系统以及关键部门提供计算机网络安全的监测、预警、应急、防范等安全服务和技术支持。

当发生网络信息安全事件时，人们可以通过互联网应急中心的应急响应电话进行投诉或者“报警”，互联网应急中心则根据事件的性质和严重程度设定事件的安全等级，从而根据预先制定的，针对不同安全等级事件的应急处理方案，协调相关部门以及全国各省级互联网应急中心，进行监测、验证和协调处理。所不同的是，目前，互联网应急中心还没有类似110这样全国统一的应急响应电话号码。

目前，最常见、也是危害最大的网络与信息安全威胁之一是网络蠕虫病毒。一般来说，网络蠕虫病毒是指利用网络或者计算机系统的软件程序中存在的某些安全漏洞，通过互联网进行自身的复制和广泛传播的一种病毒。什么是漏洞呢？打个比方，我们使用的操作系统和软件程序好比一座大院，进出大院必须从正门走，并接受检查，如果这个大院的围墙某处存在着一个可钻入的洞口，有些人就可以不用从正门而从这个洞口进出大院了，这样就逃避了大门口的检查。操作系统和软件程序存在安全漏洞，就好比院墙存在的洞口，使得网络蠕虫病毒不必提供用户名和用户口令就能轻而易举地进入用户的系统，从而进行传播和感染。2004 年 5 月出现的“震荡波”蠕虫病毒就是其中的一例，它利用了被广泛使用的 Windows 操作系统中的一个安全漏洞，不但能够在网络上自动搜索系统有漏洞的计算机，并且还能直接引导这些计算机下载病毒文件并执行，从而在短时间内感染了大量计算机，导致计算机系统瘫痪和网络的大面积堵塞，造成用户无法使用互联网。

另一方面，互联网的广阔活动空间，使得网络世界的犯罪行为更加易于隐蔽，黑客们可以从世界上的任何地方发起攻击，从事破坏。例如，在网页欺诈事件中，一个人可以在美国入侵一台中国上海的计算机，然后，他可以在上海的计算机里面放入一个仿冒美国某个银行的网页，欺骗人们登录这个仿冒的银行网页，从而非法获得人们的信用卡账号和密码。要打击这种网页欺诈行为，必须依赖于美国和中国的互联网应急中心之间的协调与合作，同时也依赖于两国的互联网应急中心与两国的互联网服务提供商、司法等部门之间的协调与合作。互联网的全球概念，缩短了时间和空间的距离，这种特点使得越来越多的网络安全与信息安全事件要求并依靠全程全网的协调，互联网应急中心在协调过程中的核心地位不言而喻。

同时，互联网发展的技术特点，使得网络犯罪比现实世界中的犯罪更加复杂、更加隐蔽，决定了技术与协调在互联网应急中心工作中的核心地位。拥有足够的技术手段，合理地协调相关资源才能切实防范并打击网络犯罪行为。

正因为互联网的安全更多地需要依赖于技术上的手段，决定了互联网应急中心与现实世界中的公安 110 有着更大的区别，事实上，任何虚拟世界里的犯罪行为，都是由现实世界里的不法分子所为，而应急中心不像公安部门那样在现实世界里具有执法能力，而仅仅是在网络与信息安全事件中提供技术上的支持、协调和处理。因此在遇到网络犯罪的事件时，还必须同公安部门协调合作，共同打击网络犯罪行为。

（陆　钰）

互联网上电话号码的桥梁——ENUM

现在,人们通信的方式有许多种,但是不管哪一种通信方式,每一个参与通信的用户必须要有一个标识,如电话号码、E-MAIL 账号、QQ 号等。

在通信网上每个用户为什么要有一个标识呢?首先,通信的目的是为了人与人之间互相交流,每个人都有一个名字,有了名字,就很清楚地知道交流的对象是谁。其次,通信网络就好像一个庞大的城市交通网,连接在网络上的设备就好像分布在街道上的每家每户都要有一个地址和门牌号码,否则,出租车司机就无法将乘客送到目的地。也就是说,在通信网上一个用户的标识有两个含义,第一是名字(Name),即这个用户是谁,叫什么;第二是地址(Address),即这个用户在网络上连接在何处。

在通信网上,不管是名字,还是地址,均要求是惟一的,不能出现有同名的用户。因此,在联合国下面一个称为国际电信联盟的组织,在 1964 年的时候出台了第一个全球电话号码的编码规则,后来几经修改后按建议书形式进行了发布。由于这份建议书的编号为 E. 164,按照这个规则编码的号码称为 E. 164 号码。目前,大量电话通信的网络均采用 E. 164 来编号其用户。

一个 E. 164 号码由以下几部分组成,不同部分之间可以用“-”、“.”或空格等连接:

＋国家码(1～3 位数字)-地区码(n 位数字)-电话号码(15～n 位数字)。

例如:上海的一个电话号码写成标准的 E. 164 格式应是:＋86-21-58541240。

也就是说,一个 E. 164 号码是由一串具有一定地理含义的阿拉伯数字组成,如 86 代表中国,21 代表上海,而 58541240 指的是一个电话用户,可以理解为是这个用户在电话网中的名字。一串号码指明了这是一个中国上海的用户。其实,上海的电话网不可能就靠一部电话交换机组成,所以,58541240 中还带有地址信息,通常是这个用户号码的前几位指明这个用户连接在网络中的哪部交换机上,而后几位指明这个用户连接在这部交换机上的哪个用户线路上。

那么,在互联网上为什么要用 ENUM,而不能直接使用 E. 164 号码呢?

在互联网上,我们很少使用二进制的网络地址(IP 地址)来直接称呼主机、电子邮件信箱以及其他网络资源，而是使用一串 ASCII 字符来表达，如 emile. yin@alcatel-sbell. com. cn。但是，互联网自己本身只认识二进制的网络地址，因此，就需要有一套机制能在互联网上把这一串 ASCII 字母映射到互联网自己认识的二进制网络地址。这个机制就是所谓的域名系统 DNS(Domain Name System)。

DNS 是互联网上的一套命名规则和网络地址的解析方法，它们是 Internet 工程任务组(IETF)于 1987 年完成制定的两个协议。

DNS 的基本点是要有一个分级的、基于域名的命名规则，再利用一个分布式数据库系统来对这一命名系统实施。具体规则是，一个域名由若干个子域名组成，用点号分开，子域名由若干个字母和数字组成。域名的结构是分层的，就像邮政系统中的名字管理一样，要求信封上写明收信人的国家、省、城市和街道地址一样，使得同名但处在不同地点两个人能够正确地收到信。例如，“上海热线”的域名为 online. sh. cn 中，cn 表示中国，sh 表示上海，online 表示热线。如果，“上海热线”有几台主机，则可以在上述域名之前再加主机名来表示。如 www. online. sh. cn 是“上海热线”的万维网服务器，mail. online. sh. cn 是“上海热线”的电子邮件服务器。

很显然，互联网上对主机的标识方法同电话网上的方法存在很大差别。DNS 方法具有存取快速、结构开放等特点，而 E. 164 号码有着广泛的用户基础，并且具有简洁明了和便于输入等特点。随着电话业务在互联网上的开展，以及融合业务的出现，提出了一种能使两者优势互补的技术，这就是 ENUM(tElephone NUmber Mapping)。这是 IETF 于 2000 年 9 月制定的一个协议。它定义了将 E. 164 号码转换为域名形式放在 DNS 服务器数据库中的方法，每个由 E. 164 号码转化而成的域名可以对应一系列的统一资源标识 URI(Uniform Resource Identifier)，从而使国际统一的 E. 164 电话号码成为可以在互联网中使用的网络地址资源。

ENUM 定义了一种转换、融合的机制，它定义的将电话号码映射为 DNS 系统中一条记录的过程如下：

第一步，将一个电话号码处理成一个标准的 E. 164 号码的格式，如：+86-21-58541240

第二步，去掉除所有非数字字符，变成：862158541240

第三步，在每个数字之间加上域名分割符“.”：8. 6. 2. 1. 5. 8. 5. 4. 1. 2. 4. 0

第四步，再将数字序列翻转：0. 4. 2. 1. 4. 5. 8. 5. 1. 2. 6. 8

第五步，在上面的数字串末尾加上“. e164. arpa”，即：0. 4. 2. 1. 4. 5.

8.5.1.2.6.8.e164.arpa。其中，“.e164.arpa”是 IETF 建议的一个用来在 DNS 架构中存储 E.164 号码的顶级域名。由于这个顶级域将涉及各国的国家利益和国家安全等敏感问题，一直有争议，所以目前尚没有达成一致意见。

有了 ENUM，通过一个电话号码，既可以打电话，还可以发传真、发 EMAIL 和浏览个人网页等。举例来说，可以将自己的电话号码加入 ENUM 的数据库中，并输入用户的各种联系方式，即将用户的固定电话、手机、传真、电子邮件地址、个人主页、语音信箱等与这个号码相关联，用户的朋友只要记住用户的电话号码，就可以在不同地点、时间、从不同的终端上以不同的方式与用户进行联系。也可以在用户出差的时候，把打来的电话自动转到电子邮箱或转到个人主页的留言簿里，同时，还可以方便地用 PC 机或宽带电话和传统通信网上的电话通话。

E.164 号码是传统电信网络中使用的重要资源，DNS 系统是互联网的重要基础，ENUM 将两者结合起来，有益于传统电信服务向基于 IP 分组交换的方向发展，对促进两网的最终融合具有重要意义。

（殷月明）

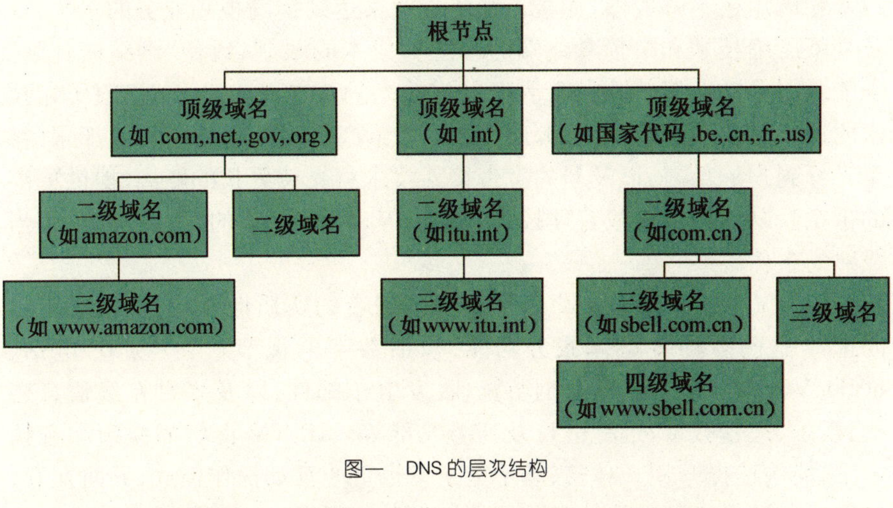

图一　DNS 的层次结构

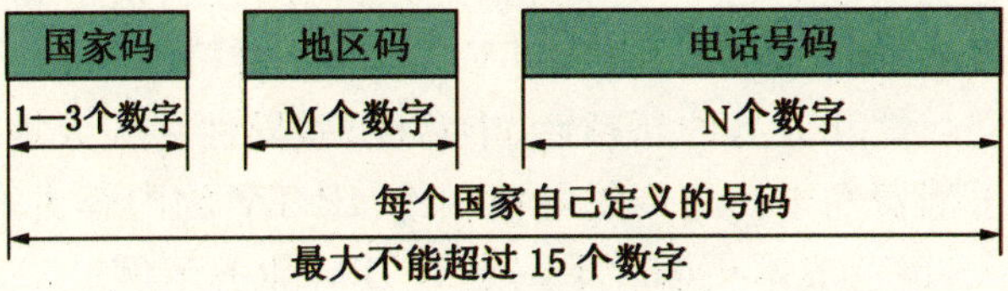

图二　E.164 号码结构

家庭网络多媒体——IP TV

IP TV就是一种使用户既可以通过电视机看电视,又可以通过电视机获取互联网资源的解决方案。

IP TV是一种基于宽带网络,通过互联网协议(IP),以电视机(TV)为终端的交互式网络多媒体系统,可以为用户提供包括电视节目在内的高质量的多媒体服务(如下图所示),具有良好的发展前景。

IP TV集互联网、多媒体、通讯等多种技术于一体。IP TV通过电视机加机顶盒的方式,以xDSL(数字用户线)、以太网等宽带接入技术为接入手段,采用高效的视频压缩技术,将现有的语音业务、数据业务和视频业务结合起来,终端用户只需一种接入,即可享受多种业务,使家中没有电脑的用户也可以利用电视机上网浏览。

IP TV理念在宽带接入的诞生之初就已出现,20世纪末微软公司的“维纳斯计划”也是一种IP TV——实现通过电视机上网。但由于当时的技术和应用还不够成熟,如接入网络带宽未达到传输视频业务的水平,以及视频压缩技术和机顶盒终端的性能和成本的限制,致使“维纳斯计划”未能获得成功。随着数字高清晰电视技术的成熟及产业化、视频压缩技术的进步(支持MPEG2/4机顶盒的规模量产)、宽带网络的普遍部署(甚至光纤到户的部署,以及新的宽带接入技术将支持更长的距离、提供更高的带宽),以及数字版权管理技术的发展等,为IP TV的发展创造了相当成熟的条件。

IP TV可实现媒体提供者和媒体消费者的实质性互动,能根据用户的选择配置多种多媒体服务功能,包括数字电视节目、可视IP电话、DVD/VCD在线点播、互联网游览、收发电子邮件,以及多种在线信息咨询、娱乐、远程教育、远程医疗及商务功能等。IP TV良好的视频和音频效果,能快速提升用户体验;基于电子节目单的互动操作模式,界面友好,继承了传统电视频道快速切换、浏览的优点,将老人、孩子和不会操作电脑的人也发展为宽带网络用户;IP TV无需电脑,符合用户收视习惯,而且其充分的交互性和业务的新颖性、丰富性、差异性将极大地满足用户日益增长的娱乐消费需求。与传统电视相比,IP TV的内容更加丰富,节目覆盖区域更大,运营成本更低。下图是IP TV业务示例。

IP网络的数据传输和视频压缩技术是IP TV得以商用的关键技术。

家庭 IP TV 网络

IP 网络的数据传输有单播、组播和广播三种方式。单播指在发送者和接收者之间实现点对点的网络连接，如果一个发送者要同时给多个接收者传输相同的数据，也必须复制多份分别传输。假如大量的用户都要同时下载相同的影视节目，则将导致网络的拥塞，降低网络的服务质量。组播指在发送者和接收者之间实现点对多点的网络连接。如果一个发送者要同时给多个接收者传输相同的数据，也只需复制一份数据包。这样将提高网络的数据传送效率，减少骨干网络出现拥塞的可能性。广播则在 IP 子网内向所有的主机（不论它是否需要）广播发送一份相同的数据包。IP TV 的数据传输采用的就是组播技术。

MPEG（运动图像专家小组）是动态视频压缩编码国际标准，包括 MPEG 视频、MPEG 音频、MPEG 系统（视音频同步）三部分。MPEG 压缩标准是针对运动图像而设计的，平均压缩比可达 50∶1，压缩率较高，具有统一的格式，兼容性和可扩展性好。VCD 和 DVD 之所以得到蓬勃的发展，MPEG 压缩编码技术功不可没。MPEG 有 MPEG-1、MPEG-2、

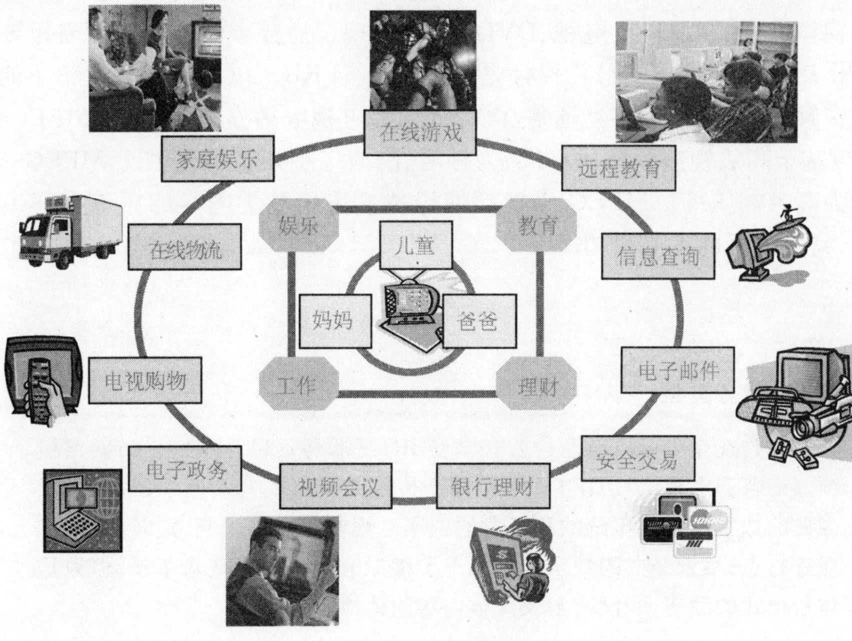

IP TV 业务示例

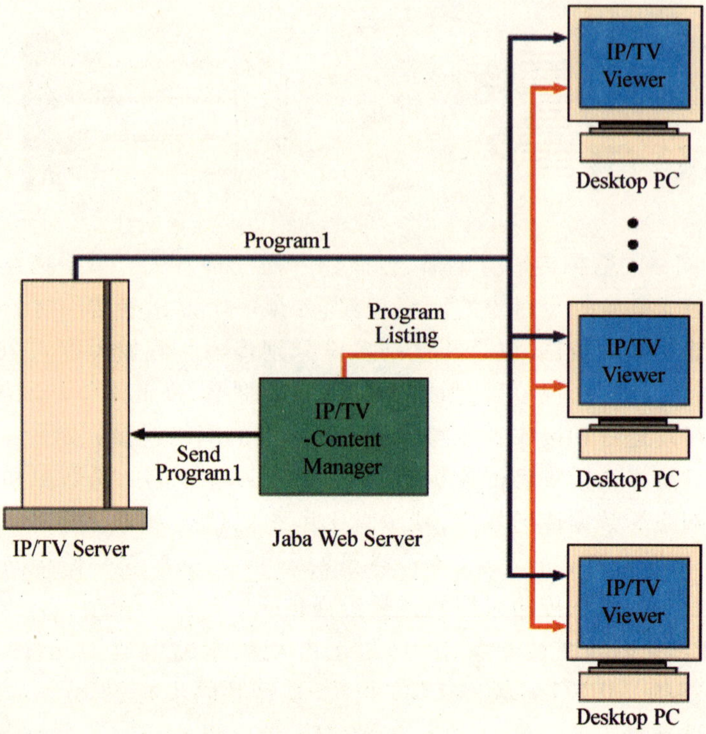

IP TV

MPEG-3、MPEG-4、MPEG-7 等系列标准。在 IP TV 中将应用 MPEG-2 和 MPEG-4 技术。MPEG-2 的码率达 10 Mbps，广泛用于有线电视、数字视频广播、高清晰度电视、DVD 等，在电视广播数字化中也发挥着重要的作用。MPEG-4 的最初目标是专门用于 64 Kbps 以下的甚低速率下的视音频编码，应用于移动通信、固定通信和电视电话等场合，后来 MPEG-4 也基于高级视频编解码标准，为标清、高清等视频节目提供比 MPEG-2 更为高效的压缩。MPEG-4 视频编码技术采用基于内容的压缩编码方法，具有很好的发展潜力。

（应必善）

IPTV 服务类型

用户在家中可以有两种方式享受 IPTV 服务：(1)计算机，(2)网络机顶盒＋普通电视机)。IPTV 既不同于传统的模拟式有线电视，也不同于经典的数字电视。传统的和经典的数字电视都具有频分制、定时、单向广播等特点；尽管经典的数字电视相对于模拟电视有许多技术革新，但只是信号形式的改变，而没有触及媒体内容的传播方式。

迷人的信使——“伊妹儿”(E-mail)

“烽火连三月,家书抵万金。”这一千古传颂的佳句,表达了古人对信使的企盼和对亲人的思念。沧海桑田,日新月异。信件的传送经历了依靠徒步、坐骑、汽车、轮船、火车和飞机的演变,现在又出现了一个新的电子传送方式,人们把它称之为电子邮件。

电子邮件的英文为 Electronic Mail,简称 E-mail,因而有人音译为“伊妹儿”。每一个申请互联网账号的用户都会有一个电子邮件地址,这是一个类似于传统邮政中各家各户的门牌号码,或更确切地说,相当于用户在邮局租用了一个信箱。传统的邮递方式是邮递员将信送到收信人的家门口,而电子邮件则需用户自己去查看信箱,只是这种形式更加方便、随意和快捷。

电子邮件是怎样工作的呢?

电子邮件系统是一种新型的信息系统,它是通信技术和计算机技术结合的产物。电子邮件的传输是通过电子邮件简单传输协议这一系统软件来完成的,它是 Internet 下的一种电子邮件通信协议。

电子邮件的基本原理,是在通信网上设立“电子信箱系统”,它实际上是一个计算机系统。系统的硬件是一个高性能、大容量的计算机。硬盘作为信箱的存储介质,在硬盘上为用户分一定的存储空间作为用户的“信箱”,每位用户都有一个属于自己的电子信箱,并有确定的用户名,用户可以自己随意修改口令。存储空间包含有存放的所收信件、编辑信件以及信件存档等,用户使用口令开启自己的信箱,并进行发信、读信、编辑、转发、存档等各种操作,系统功能主要由软件来实现。

电子邮件的通信是在信箱之间进行的。用户开启自己的信箱后,以键入命令的方式将需要发送的邮件发送到对方的信箱中。邮件在信箱之间进行传递和交换,也可以与另一个邮件系统进行传递和交换。收取方在取信时,使用特定的账号从信箱提取信件,这一过程实质上是通过电子通讯系统进行信件的书写、发送和接收。

电子邮件与传统通信在信息传输的方式上有极大的不同,电子邮件与传统通信相比具有明显的优势,其主要表现在以下几个方面:

一是发送的速度快。电子邮件通常在数秒钟内即可被送至全球任意位置的收件人的信箱里,其速度比邮政更为高效快捷。

二是信息多样化。电子邮件发送的内容除一般文字稿件外，还可以是软件、数据，甚至是录音、动画、电视或各类多媒体信息。

三是邮件收发方便。与电话通信或邮政信件的发送不同，电子邮件可以采取异步工作的方式。发送电子邮件不受"占线"或接收方不在的影响，收件人无需固定守候在线路另一端，用户可以在任意时间、任意地点，甚至是在旅途中收取电子邮件，从而跨越了时间和空间的限制，更为方便随意。

四是交流的对象更为广泛。同一个电子邮件可以极快地发送给网上指定的一个或多个成员，这些成员可以分布在世界各地，但发送的速度不受地域、气候等因素的影响。

五是价格便宜。电子邮件的最大优点在于其低廉的通信价格，用户只需花极少的费用，即可将重要的信息发送到远隔千山万水的另一用户手中。

六是安全性能好。电子邮件的软件是高效可靠的，如果目的地的计算机正好关机或暂时从互联网断开，电子邮件的软件会每隔一段时间自动重发；如果电子邮件在一段时间之内无法递交，电子邮件就会自动地通知发信人，提示发信人采取其他补救措施。因此，这是一种高质量、安全可靠的高速信件递送机制。

E示意图

正是由于电子邮件具有使用简易、投递迅速、收费低廉、易于保存、全球畅通等优点，因而人们愈来愈喜爱这种交流方式。由于电子邮件已被广泛应用，它已使人们的交流方式发生了极大改变。

（苏　乙）

踏网而行，传遍天下——网络传真

顾名思义，所谓传真，就是“传递”“真实”的东西，无论是印刷文稿还是信手涂鸦，无论是黑白文字还是彩色图片，只要把它放入传真机，瞬刻之间，这些内容都能在千里之外予以真实再现。传真机大都具有自动应答能力，因此无论何时何地，传真总能及时地将所传内容发送到目的地。正因为传真使用非常方便，在日常工作、生活中，传真已经成为不可或缺的通信工具之一。

然而，在进入计算机与互联网日益普及的时代，传真有时候就显得不那么“方便”了。例如，办公自动化已经日益普及，无纸化办公对于环保和提高办公效率都起到了很大作用，但是如果需要传真，仍然需要先打印成纸张，然后再传真；又如，通过互联网打网络电话，发电子邮件，大大降低了通信费用，但是如果是传真，还是需要拨号，甚至是长途或者国际传真，不能享受互联网带来的便利。有没有通过互联网，又不需要预先打印的传真方式呢？当然有，它就是网络传真。

要了解网络传真，还是先从传真说起吧。传真的过程，就是将纸张上的内容通过光学扫描等方式，转化成电信号，然后通过通信网络传递到另一端，再根据电信号，用感光或者打印等方式将内容还原出来。简单地说，传真可以被认为是一个转化、传递、还原的过程，发送方和接受方都是普通传真机，并且用电话网来传递。

网络传真也同样需要转化、传递、还原这样一个过程，发送方和接受方可以是计算机，也可以是普通传真机，而且主要是通过互联网来传递。在发送方和接受方都是计算机的情况下，计算机里的电子文档按照网络传真的标准协议转化为网络传真格式，然后通过互联网传递到另一端的计算机里，再按照网络传真的标准协议还原成电子文档。在这种情况下，就不需要预先打印而发送传真了，真正实现了无纸化办公。

而当接受方或者发送方之间一方是普通传真机，或者两方都是普通传真机的情况下，由于普通传真机只是与电话网相连，不能直接接入互联网，因此在发送端的电话网和互联网之间要有一个转接服务器。转接服务器与电话网和互联网都有接口，它不仅完成从电话网到互联网的转接，而且将普通传真机通过电话网传递来的电信号，转化成网络传真的格式，再通过与互联网的接口发送到互联网上。同时在接受端也要有这样一个转接服务器，不过与发送端做的事情刚好相反，它是将互联网上传递过来的网络传真格式还原成普通传真机可以识别的电信号，再通过电话网传递到普通传真机上，最终完成整个传真过程。当然，如果有一方是计算机，在这一端也可以不需要转接服务器。如果把发送端和接受端的转接服务器放置在当地，在发送传真时，只需要拨号到当地的转接服务器，中间的传递利用互联网，到了接受端的转接服务器，再拨号到当地的传真机，这样就无需拨打长途电话，可以节约大量通信费用，从而享受到互联网带来的便利。由于发送端和接受端的转接服务器所做的事情比较类似，因此通常这两个服务器会合二为一，称之为传真服务器。

网络传真的传送方式主要有两种，一种是实时传送方式，就像普通传真机一样，在发送的同时，接受方就收到了；另一种是存储转发方式，发送方将传真发送到传真服务器上时，传真会先存贮在传真服务器上，然后传真服务器根据用户的特殊需求，如定时或者预约发送等，或者根据网络的繁忙程度等，再把传真发送出去。

网络传真的格式主要有两种，一种是利用电子邮件的格式，将传真变成一种特殊的电子邮件，这样在计算机端的用户就可以直接用电子邮件的方式来收取和发送传真；另一种需要在计算机里安装相关的软件，直接将传真信息放在特定的网络协议包中，利用特定的网络协议格式来传递信息。如果是利用普通传真机来发送和接受网络传真，那么不需要对普通传真机做任何改动，只需要记住当地传真服务器的接入号码就可以了。如果是计算机用户要开通网络传真服务，用户需要从提供网络传真服务的运营商那里获取一个用户号码，就像普通传真机需要一个传真号一样。

也许有人会说，如果两端都是计算机，传递文件的方式有很多，比如直接利用电子邮件就可以了，为什么还需要网络传真呢？的确，在这种情况下，网络传真只是传递文件的可选方式之一，但是传真的历史非常悠久，传真已经成为一种非常普及的、常用的通信方式，不可能在短时间内消失，就像虽然计算机和互联网也能传输语音，但是普通电话和电话网还是依然存在一样。而网络传真的出现，正为计算机、互联网和普通传真机、电话网之间建立了一座沟通桥梁，使我们在互联网时代，依然能享受传真所带来的便利。

与普通传真相比，网络传真除了可以更好地实现无纸化办公、节约通信费用等，网络传真还具有很多独特的优点。例如，只要设定好接受方的名单，无论接受方是计算机还是普通传真机，一次就可以把一份传真，发送到多个接受方手里；又如，如果想让远隔重洋的客户早上一上班就收到你的传真，那么只要算好时差，开启预约发送就可以了，无需在传真机旁等待；还有在发送失败以后，会自动重新发送；不仅具备较高的清晰度，而且传真内容易于保存归档等等。

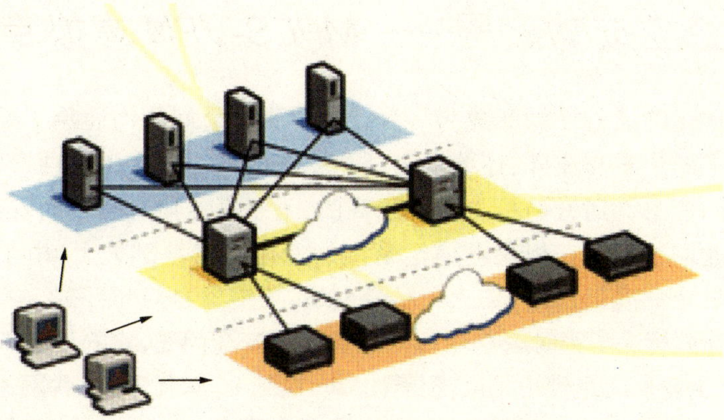

IP 传真

互联网的出现是人类通信方式上的巨大进步，所有传统的通信方式都会在互联网时代寻找到新的表现形式和新的生命力。传真也不例外，当传真插上互联网的翅膀以后，必定能踏网而行，传遍天下。

（杨海军）

传真服务器的选购

1. 系统的稳定性

稳定的性能是选购传真服务器的最基本指标，它主要包括以下三条参考项：其一是看软件经过长时间运行后是否会出现僵死或瘫痪的现象；其二是看软件是否占用了过多的系统资源；其三是看当传真量特别大时，服务器系统（包括软件部分和硬件部分）能否持续承受大任务量的压力而不出现异常。

2. 对各种传真设备的兼容性

据统计，同等条件下，兼容性不高的传真服务器的收发成功率不到80%。而兼容性高的传真服务器的收发成功率可以达到98%以上。如此明显的差异就要求我们在选购时要格外注意产品要具有良好的兼容性，避免因传真收发不正常给公司的业务带来损失。

3. 易用性

在快节奏的工作环境下，我们要求软件操作时上手简单，易学，尽量方便和人性化。毕竟公司内部员工的计算机水平参差不齐，花费大量的时间和人力来培训是一件令人头疼的事，对于员工也是一种负担。

编织企业成功之网——MPLS-VPN虚拟专网

现代化的通信使沟通成为一种现实。企业之间的沟通除了要实现一般意义上的信息交流外,还要保证信息交流的安全可靠,一直以来企业在与外界的信息沟通方面投入是相当高的,为了满足信息交流的安全性,第一代企业网络构筑在租用电信运营商的专用线路基础之上,由于这个网络属于该企业内部使用,是一个私有网络,习惯称之为“专网”。

“专网”解决了当时公共网络不能解决的安全问题,它的应用在不断扩大,但是企业也为之付出了巨额费用。20世纪90年代末,互联网进入大发展时期,企业普遍接入了互联网,出于安全方面考虑,企业用户用的是两张不同的网——“公网”和“私网”,公网用来访问公共信息,私网用来访问企业内部信息。两个网络并存的情况持续了很长一段时间,当时就有人提出“为什么不在公共互联网上组建企业的私有网络呢?”答案是肯定的,经过科技人员的努力,现在已经有能力解决这个棘手的问题了。在公共网络上架设企业网络,为了使其区别于真正的“专网”,业内人士给它起了个有趣的名字,“虚拟专网”。当然研究机构提出了很多不同的实现“虚拟专网”的办法,MPLS-VPN——多协议标记交换虚拟专网就是其中的一种。

通俗地讲,采用多协议标记交换的虚拟组网在网络上的实现就像一列火车,需要传送的信息就好比火车上的邮包,在起点站出发时我们都会在邮包上贴好标签表示要寄到某某地点,每当列车经过中间站点时我们并不打开邮包而是通过检查邮包上的标签来确定是否到了目的地点,如果没到达目的地邮包将继续按照标签上的地点行进,当发现已到最终目的地时,邮包将按照要求解下标签并分发给最终客户。

多协议标记交换的优势在于在最接近企业用户的地点将信息打包,提供选择信息发送方向的功能,使企业的信息交流更加快速同时又保障了安全。我们可以设想有这样一种专用的设备,它的用途是用来给要发送的邮包打特定格式的标签,这个设备就放在离企业用户最近的火车站,我们称之为多协议标记交换边缘路由器。企业所要发送的信息在打包并贴上标签后被送到火车站,在火车要经过的站点里有这样一种设备,它的作用是检查邮包的标签来判断是否到达目的地,并负责高速转发邮包,这个设备称之为多协议标记交换核心路由器。当然在企业用户那里还要用到这样一种设备,让它负责把需要发送的信息打成符合要求的邮包,并交给当地的运输部门比如火车站,这个设备我们就叫它用户端边缘设备。有了以上这些设备并配合一定的流程,企业用户的信息就能快速安全地寄到目的地了。

当然,多协议标记交换不仅要将信息快速安全地送到目的地,还要在信息的数量和传送的质量上得到一定保证。由于在公共互联网上同时传输大量的数据,如果不采用一定规则,信息包的分发可能会比较混乱,甚至会出现信息包丢失或相互争抢道路的现象。我们可以在生活中找到这样的例子:铁路是公用的,在铁路上运行的火车也会出现上面所说的情况。这时就必须提供运载能力不同的机车,还要安排不同等级的车次如一般列车、快速列车、特快列车等。同样的多协议标记交换也制定了类似规则,有了规则的保证,企业用户就能放心地在公共网络上发送信息了。

公共网络资源为人们提供了廉价的信息道路,但是大家的信息都在上面跑,人们开始怀疑信息的传输是否安全和准确? 于是,出现了大量组建私有网络的办法,多协议标记交换就是其中的一种。就像运输部门提供火车和汽车一样,运营商提供类似的运输工具,把人们需要传递的信息打包后放在里面,可是有些企业的要求会很高,如要求放更多的信息,还要在规定的时间里运到目的地,因此就出现了相应的规则。多协议标记交换所提供的分配信息道路大小和服务质量保证规则使人们有办法满足企业的这些需求,就像运输部门可以对那些要运输大量货物和对时间要求苛刻的业主提供大功率的牵引机车并安排特快列车予以满足一样。

(江小鹏)

VPN 产生背景

● 近年来,全球企业并购重组之风愈演愈烈,而企业本身也向跨地区、跨国化发展,这就导致企业的各分支机构遍布全球各地,它们之间的网络基础设施互不兼容的问题也变得更为普遍、突出。

● 企业间的合作、企业与客户间的联系愈来愈广泛、紧密,这也需要更方便、经济的网络支持。

● 经过这次全球金融风暴的无情洗礼后,许多企业受到不同程度的冲击,能够继续生存的无不费尽心机想提高其竞争力。

● Internet 的使用日益广泛,其触角几乎伸到世界的每一个角落,已成为世界上最大的广域网。VPN 就是在这样的环境下异军突起的,成为服务提供商获得更大利润、企业节约开支的手段。

当用 VPN 进行远程访问时,只需付市内电话费,节约了昂贵的长途电话费;可以大大节约链路租用费、设备购置费以及网络维护费,减少企业的运营成本。

城市的信息高速公路——城市信息主干网

高速公路大家都知道,坐车时如果行驶在高速公路上,那就会感受一个字“快”。如果把各地的高速公路连接在一起,就形成了连接全国各省各地的高速公路网,为人们出行带来方便,同时也促进社会经济发展。

今天我们要说的不是普通的高速公路,而是信息高速公路。什么是信息高速公路?信息高速公路是不是也会给人“快”的感受?它又能为我们带来什么?

随着时代的发展,越来越多的人开始使用电脑,并通过互联网获得各种信息。互联网就像是一个庞大的信息库,只要你在互联网上,就可以从中源源不断获取最新最迫切想要的信息。

从 60 年代起互联网的雏形已经出现,那时候的信息都是一些文字信息,传递一个英语字母需要 8 个比特信息,那时候最快的电话 MODEM 传输速率是 2 400 比特,即每秒可以传递 300 个字母,相当于 30 个英文单词,没有人能在一秒内读 30 个单词,因此这样的信息传输速率已经完全满足那时候的要求。但随着新技术的发展,信息传输不再是以文字为主了,文字、图片、音乐、动画、电影等多种信息出现了,也就是我们所说的多媒体信息,一张普通的 VCD 大概是 600 多兆字节,可以放 1 个小时,因此每秒需要传输 800 千比特的数据才能满足正常收看的要求。而对于 DVD 格式的影片,每秒至少达到 4 M 比特才能取得较好的收视效果,这个数据传输速率是 60 年代的 1 000 倍以上。而这只是一个人的行为,如果全世界的人都想传输多媒体信息,那将产生极高的数据流量,这是早期互联网无法想象的。

为适应越来越多的信息传输对高带宽的需要,美国最早提出了信息高速公路这个概念——“信息高速公路是指以高速网络做承载,把由多媒体数据库以及网络计算机组成的图、文、声、像等超量信息,向人们快速传输的服务”。

信息高速公路有多“快”？我们举个简单的例子，现在普通家庭计算机硬盘大概是 40 GB 左右(大概是 8 部 DVD 影片)，如果把这个硬盘装满东西并把里面所有的内容传递到一个远在几十千米外的另一台计算机上，通过信息高速公路传输完成只需要不到 1 分钟时间，而用最快的 MODEM 传，起码也要 70 天。这就是高速和低速的差别，不是相差好几倍，而是相差好几个数量级。当然实际上不可能这么快，并不是网络上传的不够快，而是现在硬盘读写速度还跟不上。

信息高速公路的“路”又是用什么做的呢？当然不是沥青和水泥，它是由光导纤维组成的光缆。一根细如头发丝的单股光纤，可以同时传送 50 万路电话和 5 000 个频道的电视节目，是不是比我们经常走的高速公路还“宽”？信息高速公路既然是由光导纤维组成的，所以在上面开的“车”是一束束激光。计算机把信息数字化，然后由网络接口把这些数字化信息通过激光束来传递出去，这也是信息高速公路为什么这么“快”的原因。

和高速公路组成城市公路主干网一样，信息高速公路组成城市信息主干网。而把光纤连接成这张网的是一台台高速路由器和交换机，它们同时也像一个个交通枢纽，把信息准确从主干网上一端传递到另一端。归纳起来，城市信息主干网就是指通过高速传输和高速交换路由技术建立一个覆盖城市范围的高效、大容量、高带宽的光纤网络。

信息主干网结构上是分层次的。最基本的架构包括核心——边缘 3 个层次，核心层通常是几个重要信息交换节点通过 10 G—40 Gbit/s 速率光纤互连，核心层向四周延伸形成边缘层，边缘层通常通过 2.5 G—10 Gbit/s 速率光纤连接核心层，整个网络呈现发散状“星”形结构。而宽带用户可通过 ADSL、FTTB+LAN 或有线电视接入到这样一个极高速的网络中，享受高速上网所带来的乐趣。

以前组建信息主干网的路由器、交换机这些设备都是国外厂商提供的，随着近几年国内 IT 业整体技术水平的提高，一些国内厂家的设备不但价格便宜，而且性能上已经能和国外厂商相抗衡，也进一步推动了各地信息网的建设。这几年我国的信息高速公路建设也很快，很多城市都建设了城市信息主干网，并提出了“数字城市”、“数字办公”、“数字生活”等新概念，国家为此还在“863”高技术计划中开始研究我国信息高速公路全国性规划。

随着网络触角渗透到城市的各个角落，人们的生活也会变得不一样，信息高速公路将彻底改变人类的工作、学习和生活方式，其影响将超过今天的铁路与高速公路。

（陈　怡）

IPv6：下一代互联网协议

我们知道，在计算机里所有的数据都是用二进制 0 和 1 表示的，在网络上传输的数据同样也不例外，只能是一连串的二进制数据。目前使用的互联网地址就是用 32 位二进制数表示的，叫做 IP 地址。这里的 IP 就是互联网协议的意思。所谓协议，可以认为是一种标准的格式，例如我们写信封时都必须遵守标准的格式：第一行写邮政编码，第二行收件人地址，第三行写收件人姓名，最后是发件人地址姓名。这样，我们写的信才能被准确地投送到收信人手中。同样为了让互相通信的计算机能够识别对方发来的这些二进制数据，知道其含义，我们需要约定数据发送的具体格式，先传什么，后传什么，这样的约定就是通信协议。协议是网络通信得以进行的基础，通信双方必须使用同一种通信协议才能进行通信。网络专家们已经开发出了很多种通信协议，IP 协议就是其中最重要也是使用最广泛的一种，它是互联网通信的基础协议。我们常说的 IP 地址就是 IP 协议里定义的计算机地址，网络上的每台计算机都被分配了一个惟一的 IP 地址，这台计算机在网上就通过这个地址和别的计算机通信。

现在使用的互联网是基于 IP 协议版本 4 上的，也就是 IPv4。既然 IPv4 已经在互联网上使用而且工作得不错，为什么还要升级到 IPv6 呢？一个主要的原因是由于 IPv4 的地址长度仅为 32 个比特，只能容纳大约 43 亿个地址，随着互联网的快速发展，这些有限的地址空间将很快耗尽，估计在 2005—2010 年间将被分配完毕。另外，众所周知，IPv4 源于 20 世纪 60 年代美国国防部的一个研究项目，其设计目的是提供一种通信网络，即使部分节点遭到破坏，路由器仍会自动选择备份路由到达目的地。由于设计上的局限性，它的很多特性已不再能满足现代通信的需要，例如，在网络性能、安全性、可移动性等方面，都需要一种比 IPv4 更强大的通信协议来实现这些功能。

IPv6 是下一版本的互联网协议，它的提出最初就是想通过扩大地址空间，促进互联网的进一步发展。IPv6 采用了 128 位地址长度，几乎可以不受限制地提供 IP 地址。按保守方法估计，地球上的每平方米面积上可分配到大约 1 000 多个 IPv6 地址。未来的网络应用都需耗用大量的 IP 地址，例如智能家庭里的数字电视、冰箱，还有手机、PDA 等设备，由于 IPv6 提供了足够 IP 地址资源，从而使这些新设备接入网络成为可能。

除了提供更多的 IP 地址，IPv6 在性能上也有很大提高，网络速度更快了。当数据在互联网上传送时,都要经过路由器的处理和转发。路由器需要逐个解读每个数据包的目的地址,然后进行转发。由于IPv6极大地简化了数据包头的设计,同时采用了更合理的地址分层管理方式,使路由器得以更快地处理数据包,从而提高了网络的整体性能。IPv6的特殊数据包头设计还改善了网络的QoS(服务质量)性能,这是因为IPv6在包头里加入了特殊的业务级别和流标记。当路由器看到数据包里的流标记时,就可以进行相应的优先级处理。例如,对于实时性要求较高的视频应用,可以给予较高的优先级别,而对于实时性要求较低的E-mail应用,则给予略低的优先级别。

和IPv4相比,IPv6还新增了对即插即用和移动性支持。现在当我们设置一台电脑时,必须人工设置IP地址、子网掩码、缺省网关等相关参数。而IPv6可以使我们做到真正的即插即用,设备一旦接入网络就可以通过自动配置、自动获取IP地址及必要的参数,简化了网络管理。IPv6还真正实现了移动IP的概念。我们知道,现有的IPv4协议是针对固定节点之间的通信而设计的,并没有考虑移动的问题。例如,当一台笔记本电脑从公司网络切换到家庭网络时,就必须重新设置IP地址和其他参数,通信也会随之中断。IPv6定义了许多实现移动IP需要的新功能,使网络节点在移动时可以不断开连接,并且还能正确地收发数据包。

IPv6使网络安全性有了更好保证,它采用了一种称为IPSec的技术,为上层协议和应用提供有效的端到端的安全保证。另外,IPv6更好地实现了多播功能,多播就是一台电脑发送多台电脑接收的意思。和点对点传送相比,多播是实现网络课堂、视频点播等应用的更好选择。

随着电信市场的发展,数据业务量将逐渐超过话音业务量,因此各家电信设备厂商和运营商都加紧了对下一代网络开发和试验。三网融合,软交换和IPv6将成为下一代通信网络的发展趋势,这一点已经成为业界的共识。无论是NGN,还是3G,其核心网的信息传递都将以IPv6的方式进行。IPv6作为下一代互联网协议,具有十分广阔的应用前景。

(余　韧)

IPv6 特点

IPV6地址长度为128比特,地址空间增大了2的96次方倍;使用一系列固定格式的扩展头部取代了IPV4中可变长度的选项字段;简化了报文头部格式,字段只有7个,加快报文转发,提高了吞吐量;提高安全性。身份认证和隐私权是IPV6的关键特性;支持更多的服务类型;允许协议继续演变,增加新的功能,使之适应未来技术的发展。

下一代网络——NGN

通信网络的技术发展到现在，已经完全可以用“日新月异”来形容了。人类对科技孜孜不倦的追求，促使我们拥有越来越方便、快捷的生活。网络的概念尤其体现出这个特点。从最初第一根穿过大西洋的电话线网络，就开始了它飞速发展的历程。如今通过网络，我们可以把语音、数据、媒体流等信息传递到世界的各个角落。例如：通过电话网，人们给远方的亲友送去节日的问候；通过因特网，跨国公司给世界各地的子公司发送会议通知；通过有线电视网，广州市民可以清晰地看到宁夏电视台的节目……正是因为有了网络，才让我们消除了距离的障碍。

但是，随着网络应用的日益广泛，旧的网络模式的弊端也日益显现。

首先，由于各个网络之间相互独立，而且传递信息的格式各不相同，导致了不同网络之间的信息传递变得非常麻烦。例如：电话交换网上普遍用的是模拟电信号，通过交换机来临时搭建话路，当用户通话完毕后，话路就被及时释放了，而一切在互联网上传递的消息都是数字信号，所有消息都会被分解成一长串的0和1，通过网络传递到另一个地方后再被还原为我们所能理解的信息，因此，如果要在两个不同网络之间传递消息时，就需要在它们之间开发相应的接口程序。根据简单的计算我们就可以得出：如果有n张网络要互通消息的话，我们就需要对应开发$n\times(n-1)/2$个接口程序。面对着越来越多的通讯网络，这样的接口数量最终会成为制约网络技术发展的瓶颈。

其次，现有的不同网络，由于其开发、建成的时代不同，在使用的技术方面也有较大的差异。例如：我们现在使用最频繁的电话交换网，由于其开发的年代较早，与后期发展起来的互联网、智能网等相比,有不少技术上的劣势。其中最显著的一点就是在电话交换网上开发新业务的技术难度较大。究其根本原因,是交换网的控制层与应用层没有相互独立,导致牵一发而动全身的局面,一个小小的新业务就有可能会需要整个交换网的全面升级。

为了彻底解决类似的一系列问题,人们提出了一个“大网络”的构想。这就是本篇文章要介绍的主题——NGN。

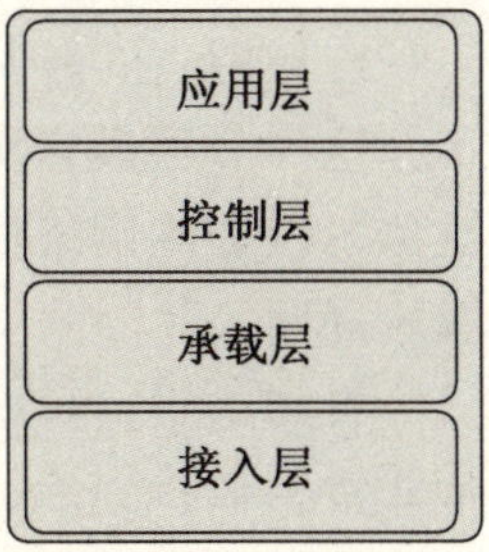

NGN(Next Generation Network),中文名字被称为“下一代网络”。是在2000年左右才开始被大众所熟悉的概念。那到底什么是“下一代网络”?

首先,所谓下一代网络,是针对我们现在所使用的“这一代网络”而言的。

在上文中我们提到:由于我们“这一代网络”中,各个网络之间相互独立,导致网络之间的消息传递变得非常麻烦。而在NGN里,人们可以传递语音、数据、媒体流等多种类型的信息。而把这些内容统统融合到一个网络,也便于集中控制管理,以及促进不同信息流之间的协同合作。这就是NGN中最重要的“多网融合”思想。

NGN还有个显著特征是分层结构设计。特点就是整个网络层次分明,就像一个奶油蛋糕一样,奶油和蛋糕之间有明显的层次分别。那么从科学技术的角度来说,什么是分层结构呢?

如左图所示:从下到上,我们把NGN的架构分解成接入层、承载层、控制层和应用层。每层都有自己独立的功能。

接入层:将用户连接至网络,集中用户业务将它们传递至目的地,包括各种接入手段。

承载层：将信息格式转换成为能够在网络上传递的信息格式，将信息选路至目的地。

控制层：包含呼叫智能。此层决定用户收到的业务，并能控制低层网络元素对业务流的处理。

应用层：在呼叫建立的基础上提供额外的服务。

这样分层最直接的好处就是可以让网络建设的分工更加明确，从而避免了以往的网络模式中应用与控制不能分离、控制与承载不能分离的尴尬局面。

看到这里，也许有的读者会感觉到，NGN 的结构和现在的互联网结构非常相似。的确，分层的思想在互联网技术上有着最好的体现。互联网本身就具有 7 层的架构，每一层的分工都相当明确。详细的分层保证了互联网良好的运作性能，不同的厂商与运营商分别面对其中不同的层次，这样就能在均分利润的同时让大家注重各自技术的发展，以及促进不同厂商之间的合作。而 NGN 正是工程师们充分借鉴了这个互联网的分层特点才设计出来的。

看到现在，也许你会问：现有的互联网不也能传递语音或者数据信息了吗？（国内外有好些厂家自己来开发网络电话业务，通过因特网来传递语音信息，以此来与传统的电信行业竞争）为什么一定要再建设一套全新的网络系统呢？

现在使用的互联网络建立的初衷是为传输数据而不是为传送语音或者视频所建立的网络。如果两台机器之间的信息传递发生错误的话，互联网会有相应的办法控制重新发送错误的消息，但会增加数据传递的时延。因此，尽管通过互联网传递数据的稳定性很高，但实时性并不好，并不适合用来传递语音信息。NGN 尽管沿袭了互联网的模式，但较好地解决了互联网的一些弊端，在继承了现在互联网优势的同时，解决了延时较大的问题。

在 NGN 中还有一个很重要的概念，那就是“软交换”。从技术的角度而言，软交换只是 NGN 网络的一个组成部分，它处于 NGN 的控制层。但是，“软交换”对于 NGN 的重要性，就类似于人的大脑对于一个人体。人的一切行为依靠大脑来判断执行，人的学习过程也依赖大脑，大脑在人体中起了一个举足轻重的作用。

那么，在整个 NGN 网络中，软交换为什么如此重要呢？

从层次上而言，软交换是属于控制层上的技术，这一层控制了低层网络元素对业务流的处理。简单而言，就是对不同的信息流加以不同的处理。人们用四个 W 来形容软交换的工作过程。

首先是"Who"。"Who"就是软交换应在通话之前先了解双方的属性，如发起方是否具有国际、国内的呼叫权限，接受方是否具有诸如呼叫转移类的业务。对用户的鉴权通过了，才可以做进一步的操作。

其次是"What"。"What"就是通过双方之间属性确定合适的通信方式和带宽需求，用户需要传递的是视频通信还是音频通信或者是传真。不同的通信需要的带宽是不一样的。只有把这点确认好，才能搭建出合适的线路。

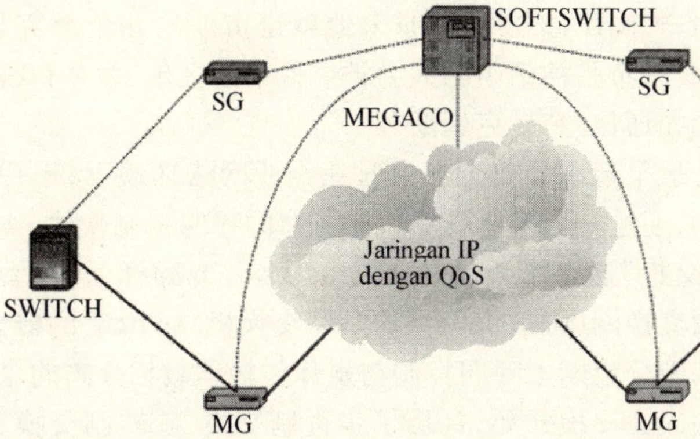

NGN

接着是"Where"。"Where"的过程就是路由查询的过程，软交换经过分析思考，选择最佳的路径完成通信。

最后是"How"。就是将刚才"Where"分析出来的结果付诸于行动。

（瞿　俊）

发展 NGN 的意义

NGN 是基于 TDM 的 PSTN 语音网络和基于 IP/ATM 的分组网络融合的产物，它使得在新一代网络上语音、视频、数据等综合业务成为可能。是可以同时提供话音、数据、多媒体等多种业务的综合性、全开放的宽频网络平台体系，至少可实现千兆光纤到户。NGN 能在目前的网络基础上提供包括话音、数据、多媒体等多种服务，还能把现在用于长途电话的低资费 IP 电话引入本地市话，有望大大降低本地通话费的成本和价格。

NGN 具有：多业务（话音与数据、固定与移动、点到点与广播的会聚）、宽带化（具有端到端透明性）、分组化、开放性（控制功能与承载能力分离，业务功能与传送功能分离，用户接入与业务提供分离）、移动性、兼容性（与现有网的互通）。除此之外，安全性和可管理性（包括 QoS 的保证）是电信运营公司和用户所普遍关心的，也是 NGN 与目前的互联网主要区别。

感觉不到的切换——软交换技术

2004 年奥运会开幕式上表演的古希腊神话还历历在目吧！在古希腊的神话里，最高的神是宙斯，他的妻子是赫拉。有一天她醒来之后，发现自己的身边躺着一个陌生的婴儿，原来他就是宙斯的儿子赫克勒斯。这个婴儿长大后，成为希腊神话中的大力神。他精通音乐、体育和医学知识。软交换技术犹如通信内“赫克勒斯”。

软交换的概念最早起源于美国。当时在企业网络环境下，用户采用基于以太网的电话，通过一套基于计算机服务器的呼叫控制软件，实现交换机的功能。“软交换”这个术语是从英文 softswitch 翻译而得，借用了传统电信领域公用交换网(PSTN)网中的“硬”交换机“switch”的概念，所不同的是强调其基于分组网上呼叫控制与媒体传输承载相分离的含义。

通信从最初的人工交换开始，经历了步进制交换、旋转制交换、纵横制交换四代交换技术的演变。这些交换技术都属于“硬交换”的技术——即通过机械的原理来实现交换技术。而 20 世纪 80 年代才产生的程控式交换机，由于其具有程序控制话路接续的特点，才勉强可以算作“软交换”的雏形。软交换又将交换“软”控制发展到一个登峰造极的境地，它彻底实现了硬件软件化、模块化，各个执行功能块就是执行相应程序的计算机。因此，才得以“软交换”的美名。

软交换是用软件来实现交换和呼叫控制管理的一门新的电信网络技术。软交换建立在 VoIP 基础之上，然后把更多的电信业务用 IP 的方式来实现。VoIP 有两种形式，一种是已经有了“V”，即传统的语音服务，要把这种服务转移到“IP”网上；另一种是已经建起了“IP”网，要让它除了传数据外还能传语音。把视野放开来，不仅局限于语音业务，而是包括多种电信服务。上面所说的第一种就是所谓的由“交换”而“软”；第二种则是由“软”而“交换”。要把传统的业务都放在 IP 网上就要比 IP 电话复杂很多，软交换技术开始浮出了水面。软交换是把不同的通讯业务，包括话音、视频、数据，转换到 IP 网上，加以管理，在接入的信息上进行控制，实现传统电信能够实现和不能实现的业务。其重要特点是要求业务层和接入的介质层完全分开。1999 年就提出了软交换的三层结构，现在已经被主要的软交换标准组织所认可。在这个结构中，最底层是传输硬件层，往上是多介质连接控制层，最上面则是服务、应用与功能层。

软交换集语音、数据、多媒体等综合业务于一体，真正意义上实现了语音、数据与视频在传输与业务上的融合统一，综合业务能力大大提高。分层的全开放的网络体系架构，网络设备基于公共计算平台，且交换、路由与业务功能的分离，(在软交换网络中，路由于路由设备提供，业务功能由应用服务器提供，呼叫管理和控制交换功能由软交换机提供。)大幅度降低网络建设与升级更新成本。软交换机提供基本网络管理与控制功能，新的业务尤其是增值业务由第三方提供，并快速加载原有网络难以提供的新业务，业务完全开放。软交换可以支持众多的协议，以便对各种各样的接入设备进行控制，最大限度地保护用户投资并充分发挥现有通信网络的作用。软交换还采用了一种相关策略的实现方式来完成运行支持系统的功能，按照一定的策略对网络特性进行实时、智能、集中式的调整和干预，以保证整个系统的稳定性和可靠性。

软交换是下一代网络(NGN)的核心，NGN 商用试验网的建设正在完善中，首期 NGN 核心网具有几万门用户接入能力，完成几个关键地点的 AG 接入网关的建设以及小型接入点交换机的割接工作，可实现在网的等效用户数。

最引人关注的是第三代移动通信领域(3 G)，软交换也是一个热点，在国际电信联盟所定义的 WCDMA R4 版本中，其核心网络就是建立在软交换技术基础之上的，因此，可以说中国移动此次“软交换”行为也对于未来 3 G 的建设有着更加共性的意义。

软交换从广义上看，是电信交换网络演进过程中实现承载与控制分离的一种技术，实现媒体网关和呼叫服务器在网络上的分层部署，相关实体间通过标准协议进行互联和通信，以便在网上更加灵活地提供业务。狭义上看，软交换指软交换设备，定位在网络的控制层；移动软交换是将软交换技术引入移动网络，以适应未来以软交换分层架构为主导的移动网络建设趋势。移动软交换是通过移动网络电路承载和控制的分离、集中控制、分散接入，形成清晰的分层组网的核心网络规划理念，符合网络发展的方向；引入 IP 承载语音，利用 IP 端到端的寻址能力形成媒体网关之间扁平的组网架构，有利于简化网络拓扑。因此采用 IP 承载的软交换可以实现灵活的组网方式，降低建网成本和运维费用，提供丰富业务及功能，并可以实现现有网络向下一代网络的平滑演进。

通信的大力神“赫克勒斯”，为集话音、数据、传真和视频业务于一体的全新的、融合的网络打下了基础，能满足人们多样化和个性化的业务需求，逐渐为大家提供丰富多彩的信息服务。

(谢　蔚　林　联)

网络世界的瘟疫——计算机病毒

在网络这个虚拟的世界里，来无影去无踪的计算机病毒使网民们时刻都在担心自己的计算机会被突如其来的网络世界的“瘟疫”所吞噬。

令网民整日提心吊胆的计算机病毒究竟是何方神圣呢？与SARS等医学上的“病毒”不同，计算机病毒不是天然存在的，它是某些人利用电脑软、硬件所固有的脆弱性，编制出来的具有特殊功能的计算机程序。这些程序能通过某种途径潜伏在计算机软、硬盘等存储介质或其他应用程序里，在某种条件下被激活后，进行传染并对计算机功能、数据或网络资源进行破坏。正是因为这些程序具有和医学上的病毒相似的某些特性，人们形象地称之为计算机病毒。

学术界认为，计算机病毒的概念是被誉为计算机之父的冯·诺伊曼教授提出来的。自1986年初第一个真正的计算机病毒C-Brain问世后，形形色色的病毒便不断涌现。如大麻、圣诞树、黑色星期五、CIH、“米开朗基罗”等病毒都曾给许多计算机用户造成了极大损失。计算机病毒的种类繁多(据估算，仅2004年全世界就出现了10万余种计算机病毒)，虽然按感染对象与破坏性的不同，可以分为很多种类，但它们基本上都具有以下五个特点。

传染性。如同SARS或流感病毒等医学上的病毒一样，计算机病毒具有极大的传染性。这种传染性，是指病毒能够进行自我复制，在应用者根本无法察觉的情况下，把自身的代码强行复制到一切符合其传染条件的未受到传染的程序之上，软盘、U盘、网络都可以成为其传播渠道。

隐蔽性。病毒的编写者往往都具有很高的编程技巧，病毒可以附在正常程序之中，令人难以察觉。比如从网上下载一幅图片或一个应用软件时，或许就有个隐藏其后的病毒，随之侵入了你的计算机之中。当你的计算机受到传染后，系统通常仍能正常运行，感觉不到明显的异常。这正是病毒编写者的高明之处，如果病毒在传染到计算机上之后，马上导致机器无法正常运行，它就失去进一步传染的可能了。

寄生性。虽然计算机病毒是一段可执行的程序，但它却不是一个完整的程序，需要寄生在其他可执行程序上，当用户运行被病毒寄生的程序时，病毒代码就有可能会被激活。一般在被传染的程序未启动之前，用户是不易发觉病毒存在的。

潜伏性。大部分的病毒在侵入计算机系统之后不会立刻发作，它可以如幽灵般，悄悄地潜伏在“最黑暗”的角落，如同一颗定时炸弹埋藏在系统之中。一旦出现满足其发作的外部条件或接收到病毒编写者发出的激活指令，它便开始启动其破坏功能，对计算机或网络进行大肆破坏。

破坏性。病毒之所以可怕，就在于其具有巨大的破坏性。它的破坏性给网民带来了数不清的噩梦，更给社会带来了巨大的经济损失。大部分的病毒在发作后，或破坏计算机数据、删除文件；或加密磁盘、格式化磁盘；或加速自身的复制，通过网络大面积的传播，使整个网络暴发“瘟疫”，灾难性地陷入瘫痪状态。也正是因为病毒具有“出色”的破坏性，这使它成为一种有效的信息武器，并在信息战中得到了广泛应用。在第一次海湾战争前，美军便巧妙地把病毒隐藏在伊拉克的防空指挥系统之中，战争打响后，美军随即将其激活，瘫痪了伊拉克的整个防空系统。

近几年来，随着计算机及互联网技术的飞速发展，病毒技术也变得越来越高明了，不仅出现了采用多种加密方式的多变性病毒、专门攻击备份文件的破坏型病毒以及针对 Office 系统的宏病毒等，甚至还出现了专门用来生成病毒的工具！

互联网是 20 世纪人类最伟大的科学发明之一，它的普及极大地促进了人类社会的发展。然而，让人难以接受的是，它也未能逃过险恶的计算机病毒的魔爪——一种通过网络进行传播的蠕虫病毒也随之诞生了。与一般的计算机病毒不同，蠕虫是一种更高级的计算机病毒。它不会传染并潜伏在计算机的文件或系统之中，而是通过不断的自我复制来主动散播到网络系统上的其他计算机里面。就像毛毛虫一样在网络系统里面到处爬窜，因此被称为“蠕虫”。在产生的破坏性上，蠕虫病毒也不是普通病毒所能比拟的，它可以在极短的时间内在全世界的网络之中进行传染蔓延，轻则使网络出现局部“病变”，重则暴发“瘟疫”，使网络大面积陷入瘫痪，给社会经济带来极大损失。它是网络世界“瘟疫”的始作俑者！

（王天广）

神秘的"黑客"

随着互联网的日益普及,"黑客"一词不仅越来越广泛地出现在新闻媒体,甚至是影视作品当中,而且越来越多的网络安全事件背后,都闪烁着黑客们的身影。人们不仅对黑客世界充满了好奇,而且也充满了畏惧,甚至闻"黑"色变。那么,什么是黑客?

黑客是英语"hacker"一词的音译,hacker的本义是劈或砍东西的人,后引申为对某种活动或者事务特别热衷,有钻研精神的人。对于由计算机构成的网络世界来说,早期的黑客就是对计算机和网络相关的各种技术深入钻研,非常精通而敢于挑战传统的人的统称。"自由使用,信息免费,打破权威,计算机既可以创造艺术与美,也能使生活更美好"是当时黑客们所遵循的独特行为准则。

早期的黑客不仅发明并生产了个人计算机,而且发明了各种入侵计算机系统的技巧。对于他们来说,发现程序和系统的漏洞、编写高难度的软件、破译大型计算机系统和核心数据库的密码、突破防卫措施森严的网络系统等都是富有极大刺激性和成就感的冒险活动,也是黑客炫耀技术、实现自我价值的最佳方式。正因如此,才使得各种官方机构的计算机系统,大型电信运营商的核心网络以及著名的商业网站等,吸引了无数黑客们的注意。而此时的黑客更满足于技术上的挑战,相对所造成的危害较小。例如,当他们发现了某个著名软件的漏洞,会以公开的方式予以发布,并提交给相关的软件厂商;入侵系统后,会留下某些痕迹或者"善意"地提醒系统管理人员等。

随着互联网和计算机技术的不断发展,黑客有了更加广阔的活动天地,也有了更加便利的沟通手段。然而,黑客所采用的各种方法、手段也随着互联网的发展而日益扩散,各种漏洞信息、攻击代码和黑客工具变得唾手可得,导致黑客的神秘光环在逐渐黯淡,黑客队伍也在不断扩大。不仅如此,当越来越多的人使用计算机,使用互联网的时候,互联网已经成为一个虚拟的真实世界,成为现实生活的真实写照。黑客的行为越来越社会化,越来越多的人利用黑客技术来实现其个人或者团体的各种形形色色的目的。例如,为了表达某种政治观点,会窜改著名网站的页面;通过网络入侵,获取机密信息以换取经济利益等等。这些行为破坏了早期黑客的行为准则,并且同样被冠以"黑客"的名义而广为宣传,使得黑客定义的内涵不断扩大，甚至变质。黑客从一个略带褒义的名词，逐级沦落为一个具有贬义的称谓。

黑客活动的猖獗，这固然有黑客们不断发展新技术的因素，但是互联网和计算机系统的日益复杂、易用性不断提高以及人们防范意识不强更是黑客事件层出不穷的主要原因。一方面，现代的计算机系统计算能力非常强大，一台普通的个人计算机的计算速度可以与20世纪90年代的大型机相媲美，使得口令猜测和密码破译等更为迅捷；软件程序的复杂性和多样性也使得软件出现各种漏洞的几率成倍增大，更容易为黑客所探知和利用；而互联网的出现不仅为黑客提供了广阔的活动舞台，而且造成了黑客工具和黑客技术的泛滥，任何人都可以从互联网上轻易下载各种攻击破坏工具。另一方面，互联网用户规模不断扩大，而使用水平却参差不齐，网络与信息安全意识普遍薄弱，这都给黑客提供了大量可乘之机。例如在网络上随意下载各种软件、访问黄色网站等，极易引入特殊的“间谍软件”，这种间谍软件就如同古希腊神话里面的“特洛伊木马”一样，将用户机器中的信息源源不断地送到黑客那里，甚至将用户的计算机成为黑客的傀儡，去攻击其他用户的计算机。

针对黑客对互联网世界所造成的威胁日益严重的情况，网络与信息安全领域的专家加强了交流与合作，成立了各种相应的组织来共同打击和预防黑客犯罪，并不断地完善互联网和计算机技术，制定安全规范，建立安全事件快速响应机制，致力于发展反黑客技术来阻止和反击黑客，例如，针对黑客入侵，推出了入侵监测系统，当黑客入侵时，及时向管理人员发出警报；应用各种先进加密技术，防止信息被黑客破解利用；对信息系统的用户进行认证，防止用户账号被非法使用等等。

尽管黑客对互联网世界的和平与安宁造成了巨大的危害，但是不可否认的是，黑客对互联网和计算机技术的发展起到了巨大推动作用，尤其是在网络与信息安全技术方面。

（杨海军）

三万六千千米高的中继站
——覆盖全球的卫星通信

卫星通信,从技术上讲,属于微波通信的范围,它用的电磁波信号是在微波波段内;从原理上讲,可以把一颗通信卫星看成是一座建在高空中的无人值守的微波通信中继站。

利用卫星实现远距离、大范围通信的设想是1945年由英国人克拉克在他的幻想小说中首先提出的。他受月亮的启发,想到悬在空中的月亮可作为一个很好的通信中继站。后来经过科学家的周密测算,提出了发射三颗等距离的、与地球同步运转的人造卫星,建立除南北两极地区以外的全球通信网的构想。但是,怎样才能使卫星上天呢?即使上了天,又怎样使卫星与地球同步运转呢?

科学家们为此作出了艰苦努力。十多年后,也就是1957年,人类第一颗人造卫星由前苏联发射上天。第一颗人造卫星虽然没有承担通信中继站的任务,但是它使克拉克的幻想变为现实迈出了重要的一步。后来,相继发射了许多颗卫星,但都是近地轨道卫星,围绕地球运转的周期短,与地球自转运动不同步,只能与地面作短时间的间断通信。

到了20世纪60年代中期,国际通信卫星正式投入使用,克拉克的幻想最终成为现实。

现在国际上常用的通信卫星,大多数是同步通信卫星,也叫静止卫星。人们将通信卫星发射到赤道上空距离地面约35 900千米高的圆形轨道上,卫星绕着地球运转。卫星运行的方向由西向东,与地球自转的方向一致。卫星运行的速度为每小时11 070千米,绕地球一

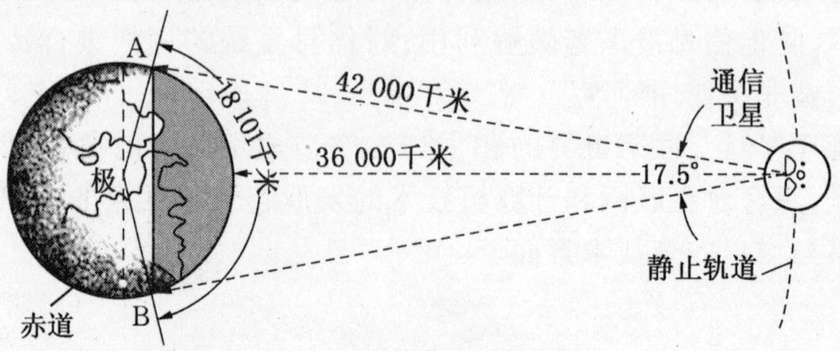

周的行程为 265 680 千米,所需时间正好是 24 小时,和地球自转一圈的时间相等。卫星与地球运转的关系始终保持一致,处于同步状态。这样,从地面上看,通信卫星好像是静止悬挂在空中,与地面微波通信中继站起到同样的作用,而且因为它高高在上,从通信卫星俯视地面的视野范围就极广,三颗通信卫星组成一个外切等边三角形,把地球包围在内,通信的覆盖面就可以包括地球除南北极以外的所有地区了。

在信息时代,人们的理想是:任何人在任何时候、任何地方都可取得相互间的联系。卫星通信为实现这一理想提供了有力的技术支持。世界上的有关国家已陆续发射了各种通信卫星。

科学技术的发展总是从简单到高级、从原始到成熟,一步一个脚印向前迈进的。1965 年国际通信卫星 1 号发射,星体直径 0.7 米,高 0.59 米,重 38 千克,电源功率 40 瓦,设计寿命 18 个月,可通 240 路双向话路。

1967 年国际通信卫星 2 号发射,星体直径 1.42 米,高 0.67 米,重 86 千克,电源功率 75 瓦,设计寿命 3 年,可通 400 路双向话路。

1968 年国际通信卫星 3 号发射,星体直径 1.42 米,高 1.04 米,重 152 千克,电源功率 120 瓦,设计寿命 5 年,可通 1 200 路双向话路。

1971 年国际通信卫星 4 号发射,星体直径 2.38 米,连外部设备总高 5.28 米,重 700 千克,电源功率 400 瓦,设计寿命 7 年,可通 5 000 路双向话路。

1975 年发射的一颗通信卫星,它有 20 个转发器,通信容量增加到了 6 250 路双向话路和 2 路彩色电视,使全球通信更趋完善。

之后,又发射了国际通信卫星 5 号,外形由圆柱形改为多面体,总高 6.44 米,太阳能电池板伸展后长达 15.59 米,重 815 千克,电池功率 1 742 瓦,设计寿命 7 年,通信容量为 12 000 路双向话路和 2 路彩色电视。

一般来说,电源功率是通信卫星一个至关重要的技术指标。它不仅与卫星的通信容量、工作寿命有很大的关系,更为重要的是直接影响到卫星地面接收站的规模大小和设备性能。电源功率太小,地面接收站就需要巨大的、重达十吨,甚至数百吨的天线,以及高增益、低噪声、强功放的信号接收设备。电源功率增加,地面接收站成本就可大幅度下降。当卫星的信号发射功率达到 400 瓦以上时,就可以进行电视直接广播,称为直接卫星,相当于一座大功率发射的电视台,地面上只要用直径为米级的抛物面室外天线就可直接收看卫星播放的电视节目了。

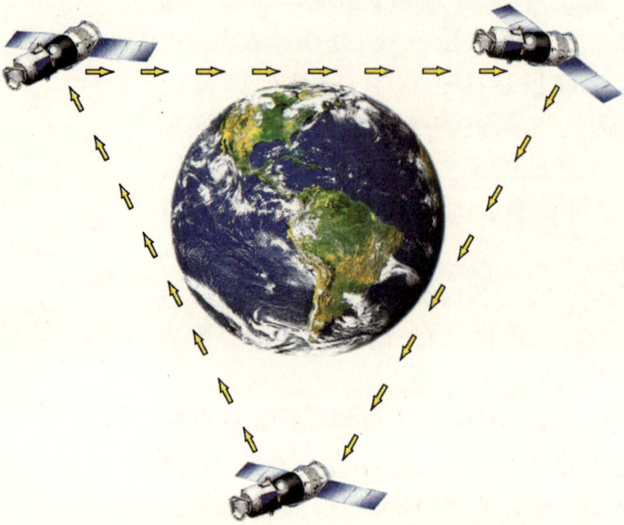

高空中继站

时至今日，通信卫星技术发展到何种程度呢？21世纪初，用被称为“太空货轮”的阿里亚娜五型火箭发射了一颗当时世界上最大的通信卫星，这颗特大卫星重5.9吨，工作寿命15年。

因为同步通信卫星在地球的南北极存在两个通信“盲区”，所以人们又研制、发射了另一种卫星——极地轨道卫星。极地轨道卫星是以椭圆形轨道穿过南北两极的上空运转，解决了南北两极通信难的问题。极地轨道的通信方式甚为特殊，设备结构也比较复杂。但是，因为它的运行轨道可以机动，具有保密性强、能有效预防战时敌方对卫星的拦截等优点，极地轨道卫星在军事通信领域受到了足够重视和广泛应用。

（施善昌）

解剖卫星——卫星的基本组件

如果说前苏联发射的第一颗人造卫星“斯普特尼克”告诉了人们卫星可以做得有多么简单的话，那么现在所实际应用的卫星则完全是另一回事。毕竟，人们需要消耗掉一枚火箭，才能够把卫星发射上天，人们需要卫星能在天上长时间地做有意义的工作，而不是简单地向人们汇报它所在地方的温度。因此，现在的卫星结构都很精巧，并且不同用途的卫星会携带不同种类的设备，比如，气象卫星会配备照相机，以将它拍摄的画面返回到地面的接收站；通信卫星会配备转发器，转发器会接收来自一个频率范围内的信号，并且会把信号放大，再用另外一个频率把它发回到地面；科学探测卫星的设备就更加多种多样，比如哈勃卫星就配备了一个用于探索太空的天文望远镜。此外，其他卫星还有用于监测太阳黑子，以及伽马射线的设备。不过，在这种多样性的背后，仍有许多部件是共通的。

为了使表述更加形象，我们可以把卫星理解为一种模仿人类行为的机器人。它需要能量来维持正常工作；人类有五感，卫星也需要设备来感知周围的环境，这些设备可能包括照相机、望远镜、粒子检测器、温度计、压力计等。不仅如此，卫星还需要有对变化的环境作出反应的能力；卫星需要收集、处理以及发射数据，这样它就要配备天线来进行信息沟通，配备电脑来处理信息；最后卫星还需要承担额外的负载，以针对各种不同的应用而配备不同的仪器。

如果对卫星进行解剖，可以分为这样几部分：

能量系统。在照片上所看到的卫星通常都长着一对“翅膀”，不过这翅膀并非是用来飞的(事实上卫星所在的高度上已经不具备稠密的大气，翅膀就是长得再长也不能靠它飞起来)，而是太阳能板，之所以要做得那么长那么突出，就是为了能更大限度地接收太阳的光照，当卫星在太阳光照射下,太阳能就会转换为电能给卫星上的仪器供电,而多余的太阳能会转化为化学能储存在电池内;当卫星转到行星背面的位置,不能接受光照的时候,电池就会将化学能转化为电能为仪器供电。太阳能是卫星上最常见的一种能量来源,不过也有一些别的供电技术可能会在未来用于卫星,比如利用燃料电池、核能电池等,其中核能电池已经被用于深空探测。核能电池的美妙之处在于不需要充电,就可以连续工作几十年,当然它也有弱点,就是要采用有放射性的物质。在 1975 年发射的"旅行者"号飞船由于要穿越太阳系,并进行一系列科学探测,而在太阳系的深处,太阳能已经非常衰弱,所以就需要这种特殊的供能方式——核能电池。

姿态控制系统。卫星始终需要保持一定的姿态,比如,太阳能电池需要一直指向太阳,天线或者是照相机需要一直指向地面。但是来自地球的引力、地磁场、太阳风等,都会影响到卫星的姿态,因此卫星需要姿态控制系统去解决这一问题。陀螺仪是姿态控制系统中用于平衡的关键设备,它存在于各种飞行器中,从航模、导弹到卫星,都可以见到它的身影。著名的哈勃天文望远镜的 3 个遥感装置中都装有陀螺仪。另外,卫星发动机在用于轨道控制之外,也可以用来调整卫星姿态。

轨道控制系统。和其他飞行器一样,卫星上也有发动机,不过它并非为了飞行而用,因为卫星的飞行是凭借运动的惯性,本身并不需要动力。卫星发动机的主要功能是使卫星保持在轨道上飞行。首先,卫星会受到太阳和月亮引力的影响,它们总是试图将卫星拉往它们的方向。其次,对于近地卫星而言,由于它并没有完全脱离大气层,它在飞行的时候还是会遇到微弱的空气阻力。正是因为这些原因,卫星需要动力来调整自己的位置,以随时重新进入轨道。太阳能电池板虽然可以为仪器供电,却不能提供产生机械运动的动力,所以卫星通常要配备上一组发动机,已使它能够在几个方向上调整自己的位置。

天线系统。天线系统主要用来和地面进行信息交流。地面的指挥站会向卫星发出一系列指令,而卫星也可以将它捕获的信息或者是自身的状态通过天线发还给地面。而对于通信和电视直播卫星而言,它们的主要任务就是通过天线进行地区间的数据接力。如果没有天线,卫星和地面就是互相独立的两个个体,卫星也就失去了存在的意义。

卫星负载。即卫星上携带的其他设备,针对不同的任务卫星会携带不同种类的负载。负载主要包括两种:电脑和传感器。电脑用来处理数据,传感器用来监测周围的环境,如前文所提到的照相机、望远镜、压力计、温度计等。

(庄　力)

图像飘万里——卫星电视

科技的发展使得我们对很多事情都觉得理所当然,比如我们现在觉得电视节目就应该是清晰的,而如果看到一个有重影、有雪花的电视节目,恐怕我们都会感到有些不习惯。而十几年前,中国的几乎所有的电视观众,对这种质量的电视节目都会习以为常,并且会很耐心地转着电视天线调来调去试图得到一个较好的效果,并且当时电视观众的收视范围非常有限,本地以外的电视台就只能接收到中央电视台节目。

随着各个电视台纷纷将自己的信号发射上卫星,这种情况得到很大改善。利用卫星来传播电视,不仅可以实现远距离传输电视节目,而且可以保证信号的高质量。这些高质量的信号,或者通过各地的有线电视网传送到各个家庭,或者直接用卫星天线进行接收。为什么用卫星电视会有如此效果呢?这需要从头说起。

无论我们通过传统的电视天线来接收电视节目,还是通过卫星天线来接收节目,甚至用收音机来接收广播节目,其本质都有类似的一面。即在信号的发射和接收方都要通过天线,来向周围的空间发射或者接收电磁波。具体的流程是:信号源,比如说电视台、广播电台,通过发射塔上的天线来发射电磁波信号。电磁波信号在空中传播,最终接收端,比如电视机,或者收音机也通过天线来接收这些信号。然而,电磁波在空中传输的时候,根据电磁波频率的高低,会呈现出不同特性。大体可以分为三类:

1. 沿地面传播。频率低于 2 MHz 的电磁波,会或多或少地沿着地面的轮廓来传播。这意味着它可以传输到相对远一些的距离,但是它不能穿越上层大气。这个波段的电磁波的典型应用就是中波广播。

2. 利用大气的电离层反弹进行传播。这段电磁波的频率范围是从 12—30 MHz,特点是它的波束可以被大气层上部的电离层反弹,犹如天上有一面巨大的镜子一般(虽然看上去像是电磁波在电离层被反射回来,但造成这一现象的其实是折射,在这里就不多作阐述了)。而且,反弹可以进行好几次,结果就是电磁波可以传播几千千米。这个波段的电磁波的典型应用包括短波广播和业余电台等。

3. 直线的传播方式。当电磁波的频率超过 30 MHz 的时候,电磁波沿直线传播。这意味着如果你想接收到对方传来的信号,必须在各自的视野范围内(光同样沿直线传播)。当然现实中视野范围内通常都会有障碍物，但是只要电磁波的频率不是太高，障碍物不是太多太大，信号仍然可以传递到对方，但是信号的质量会不可避免地降低，对于地况复杂的城市，这会严重影响画面的清晰度。直线传播所带来的一个问题是，如果地球是一个平面，通过电磁波可以传递到很远的距离，但是地球的表面是弯曲的球面，当两个点的距离达到一定程度，就会超出对方的视野范围。如果要实现这两个点间的通信，就必须抬高接收天线的所在高度，或者是使用微波中继站，中继站的作用在于接收某一点的无线电信号，再把这个信号发送到另一点去。这样，如果中继站彼此之间都在视野范围内，就可以像跑接力赛一样把信号从一点传递到遥远的另一点去。毫无疑问，这是一种非常费力的方式，而且也难以保证信号的质量。日常生活中，调频广播，以及电视节目都是用 30 MHz 以上的频率进行无线传播的。

卫星电视的出现，首先解决了传输距离的问题。卫星高悬在天空，视野范围相当宽阔。理论上 3 颗同步卫星就可以覆盖地球上 80％的范围。卫星上面配备转发器，可以接收来自某个天线发射的信号，再转发到其他天线上去，这就相当于一个可以跨海过洋的超级中继站。你所要做的就是使用特制的卫星天线——通常我们俗称为“锅”——对准卫星，配备一些相关设备，一条天空中的链路就大体建成。

其次，卫星电视解决了信号质量的问题，这和如今的卫星电视大量采用数字技术不无关系（卫星电视起初也是运用模拟技术的，不过现在位于我们头上的几乎都是数字电视卫星了）。数字技术本身并不能保证信号的高质量，但它基本可以做到让信号在传输中没有损失。数字化技术通过一套编码手段，将源信号用一串数字 0 和 1 组成的长链来表示，并且附加一段信息用于纠错。如果这一长段 0 和 1 的编码在传输过程中出现了个别数字的错误，那么可以利用纠错机制复原它，最终得到的是与源信号一模一样的一串数字 0 和 1 的长链，也就是说，信号在传输过程中是无损的。除非出现特别不走运的情况，某种意外因素使得整块的信息出现大量错误，纠错机制对它就无能为力了，最终表现在我们电视机上的，就是类似于马赛克一样的画面，甚至于信号中断。

到现在为止事情看上去都很完美，不过仍然还有两个问题需要解决。第一，电视节目的音视频信号流量是相当巨大的，而卫星转发器的资源则是相对稀缺和宝贵的。这两者间的矛盾必须得到解决。第二，对于那些要额外收费的电视节目，需要有一种技术手段使得只有付费用户才能正常收看。对于第一个问题，可以用压缩技术来解决。卫星电视通常是将原本巨大的视频信号流压缩成 MPEG-2 格式。压缩后的信号可以只有原本的 1/10 大小。虽然这一压缩是有损的，但是仍然可以保证达到清晰的质量。事实上我们通常的 DVD 影碟用的同样是 MPEG-2 格式。对于第二个问题，可以通过加密技术来解决。即在节目上星前就进行加密，用户在接收电视节目时必须进行解密才能正常收看。现实中卫星电视的用户除了卫星接收天线外，都需要有专门的接收设备。这个设备可以进行 MPEG-2 格式的解码，可以进行解密，可以用来选择不同的频道(同一卫星上的)，以及其他的一些功能。

有了这些基本知识以后，现在我们就可以很清楚地去理解卫星电视系统的基本结构，基本上我们可以将这套系统分为 5 部分：节目源、广播中心、卫星、卫星天线、接收设备。节目源可以通过卫星、无线电信号发射塔、地面有线线路等各种方式将节目发送到广播中心。广播中心将节目汇总后用一个大尺寸、大功率卫星天线将信号发射到卫星，卫星再将它所接收的信号向覆盖区域内广播。位于区域内的用户通过小尺寸的卫星天线来接收广播信号，利用接收设备来解出电视信号，最终将电视节目输入到电视机上。

现今在国外比较风行的 DirecTV 业务，已经把广播中心的概念推到了一个新的高度。DirecTV 的业务提供商本身会接收各个卫星电视台和本地电视台的电视节目，然后把这些节目打包上星。这样，用户只需对准一颗卫星，就可以收到几十上百个频道。这种运作方式从效果上来讲，已经非常接近于有线电视网了。而我国也将于近几年内开展电视直播卫星业务，这项技术已经离我们越来越近。

（庄　力）

通过卫星去冲浪
——基于卫星的宽带接入技术

如今我们有了各种各样的宽带上网的解决方案,比如ADSL、有线通、小区局域网,等等。虽然表象千差万别,本质上它们只是各自采用不同的手段来接入到互联网而已。比如ADSL是用电话线来接入,有线通是用有线电视线缆来接入,小区局域网是通过网线,现在甚至已经发展到用电线就可以来上网。有形的地面线缆可以用来上网,无线的微波也可以,比如中国电信的天翼通(无线局域网)、中国移动的GPRS、中国联通的CDMA1X,等等。既然可以用卫星实现通信,自然也就可以用卫星来上网。在这里,我们所说的上网不仅是指通常的互联网,也指卫星通信系统的内部网络。

既然我们的国际互联网是一个基于地面的网络,为什么我们还要大费周章地上天入地,通过卫星来上网?这里有两个原因,第一,卫星通信的覆盖范围非常广。即使是在地面网络已经非常发达的今天,仍然在很多偏远地区存在通信盲区。在这些地区实现通信的最简单而又经济的方式就是卫星通信。第二,卫星非常适合于单向广播。广播是指单一数据在网络上的大量传播和复制。对于地面计算机网络而言,广播是非常有用,但同时又是非常可怕的事情,因为广播容易形成广播风暴,会对网络带来毁灭性的打击。公共互联网根本就不允许广播数据通过的。私有网络倒是可以实现广播,只不过,得在广播源和每个接收站之间拉一根地面专线,而现在按照中国电信的收费标准,1条营业区内的2 Mbps数字电路每月的月租费需要2 000元,跨省的则需要6 000元。相比较而言,卫星通信就不需要拉这些线缆。如同卫星电视台而言,是一台电视接收,还是一百万台电视接收,对它完全没有技术上的影响。通过卫星组成的内部网络也非常适合于广播。

卫星上网实现起来也并不是非常复杂。原则上,对于一套卫星通信系统而言,只需要在软件上使它能够符合和遵守通行的互联网标准,并且拥有一个高速互联网出口,就可以实现利用卫星来上网。

通常我们是用VSAT系统来实现卫星上网。VSAT是一种低成本卫星网络结构,设计起来也相对容易。VSAT系统的弱点在于小站的数据上下行能力不对称，在设计基于 VSAT 的卫星上网解决方案时，正是考虑到了这种不对称性，所以将高速的互联网出口连接在主站上，而主站有足够的能力将来自互联网的数据高速发送到小站上，小站通常只需要发送一些连接请求和信息反馈就可以了，这些对于链路速度的要求都不高。通常情况下，通过 VSAT 网仍然可以实现高速的互联网冲浪，而不太容易感受到小站低上行速率所带来的限制。

利用卫星上网的先行者之一是美国休斯网络系统公司的 DirecPC 系统。但 DirecPC 并不是一个双向卫星通信系统。因为这个系统中的小站虽然是用卫星链路来接收数据，但是发送数据却是利用地面网络来完成的——通常是用电话线拨号的方式。并且，这个系统中下行数据的速度也不高，仅有六七百 Kbps 的速率。以现在的标准来看，DirecPC 系统的性能已经落伍了，不过在它初始应用时，宽带并没有像现在那样普及，VSAT 小站的能力较之今日仍有很大不足，DirecPC 还是取得了一些成就。

随着技术的进步，越来越多的 VSAT 系统采用了具有完全双向传输能力的 VSAT 小站，小站发送数据已经不再需要一根电话线了。这样不仅方便，通信环节的减少还使得系统更加稳定。只是单纯以小站发送数据的能力而言，它的表现并不比拨号上网来得出色。不过近些年来随着宽带卫星技术的发展，卫星转发器的总带宽日益增加，使得转发器单位频率的成本不断下降，与之对应的，小站发送数据的能力也不断增强。比如现在 iPSTAR 系统中小站的数据发送能力已经达到了 2 Mbps。

如果只是单纯增加小站和主站的数据发送能力，用户在实际使用时可能根本就体会不到多快的速度。因为我们接入的是一个计算机网络，这是一种相当“唠叨”的网络。如果两台计算机之间要发送数据，除了发送数据本身，计算机之间还要进行大量的信息交流，这种交流在实际发数据之前就已开始，并贯穿整个数据传输的过程直至结束。这种交流对于计算机网络而言，是非常有用的。计算机网络中传输的是数据，数据坏掉一丁点都是不允许的。计算机网络，尤其是国际互联网，由于结构复杂，各地的网络情况天差地别，两台计算机如果不进行交流，一台想当然地一古脑儿发出一大堆数据，结果对方根本就接收不过来，来不及处理的数据只能徒然地在那儿堵塞网络。为了保证数据正确、完整，并且传递有序，互联网上的 TCP 协议（Transmission Control Protocol 传输控制协议）规定了很多控制机制，然而，这些控制机制在订制之初，只是针对地面网络而没有想到日后的卫星网络。这些机制如果照搬到卫星网络中反而会大大影响卫星网络的运行效率。为了消弭标准 TCP 协议所带来的不利影响，卫星网络通常都会采取一种建立在 TCP 协议基础上的特制协议，它可以充分发挥卫星网络的通信潜力。

不仅 VSAT 系统可以实现卫星上网，理论上近地卫星星座系统也可以实现卫星上网，只不过现在实际运营的几个卫星星座系统传输数据的速度都比较低，用来上网未免有些勉强。

（庄　力）

卫星天线

三星高照——GPS全球定位系统

高科技平民化是当今世界的一个趋势,GPS(全球定位系统)就是一个例子。以前我们听说GPS,可能还是在美军高科技武器的介绍文章中,譬如战斧式巡航导弹是如何凭借GPS实现精确的远距离打击。而如今民用的GPS接收仪正在迅速普及,它的体积仅比手机略大,价格也已经降到了数千元。就是这样一个小盒子可以精确地告诉我们在地球上的哪一个角落,误差可能只有几米。

GPS系统远非人们手上的那个小小的盒子看上去那么简单。在我们的头上有27颗GPS卫星,其中运行的有24颗,另外3颗用于备份。这些卫星使用太阳能供电,距地19 300千米,每天环绕地球两周,它们的运行轨道经过了特殊安排,以保证无论何时、何地,至少能够“看到”四颗星。GPS系统由美国军方研发,原本用于军事目的,后来也对民众开放,不过在定位精确度上做了限制。

GPS的定位原理是三点定位。三维空间中的三点定位理解起来有一点困难,为了让读者明白,下面通过二维平面演示三点定位原理。

假设你在一个城市迷了路,你找了一个好心的路人问路,他告诉你:“你距离那家电影院5千米。”这或许是一个奇怪的答案,不过他至少透露了一些信息。你现在所处的位置,就在以那家电影院为圆心,5千米为半径的一个圆的周边上。

现在你又问了另外一个路人,他告诉你:“你距离那家剧院4千米。”依据这个信息你又可以画一个圆。这个圆和之前的那个圆相交,得出两个交点,现在,你可以确定的就是,这两个交点中的其中之一,就是你现在所处的位置。

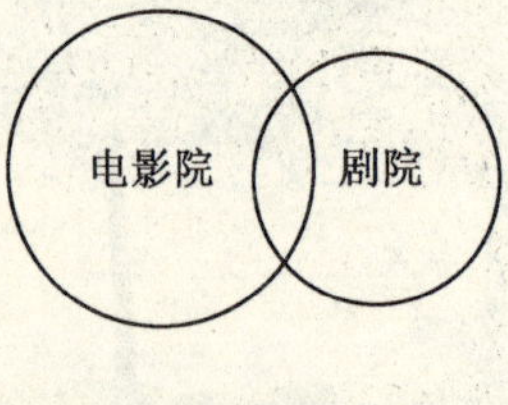

这个时候如果问第三个人,他告诉你:"你距离那家商场4千米。"现在你就可以消除其中的一个交点了。因为这第三个圆,必定相交于其中的一个交点上。

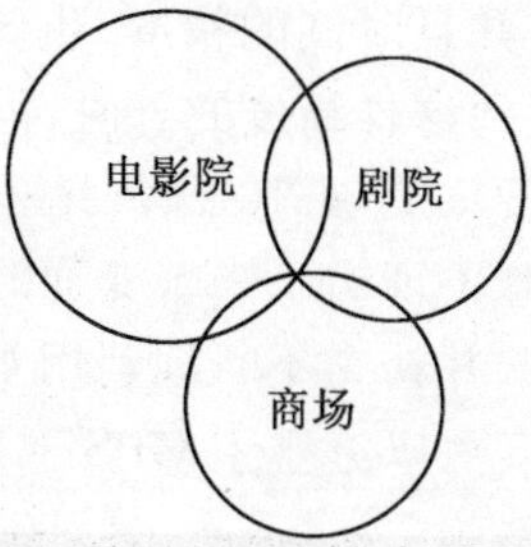

这个原理也同样可以运用于三维空间中。不过在三维空间中,你所画的就不再是一个个圆,而是一个个球。现在,假设你知道你相对于卫星A的距离,以及相对于卫星B的距离。现在你可以画出两个球来,这两个球相交,会形成一个圆,现在你又知道了相对于卫星C的距离,开始画第三个球,这个球相交于之前的那个圆,会形成两个交点。最后我们再来考虑地球,地球也可以认为是第四个球,这个球可以消除最后会带来误差的一个交点,这样,你就知道你所在的具体位置了。

实际情况中,GPS终端还会去寻找第四颗,甚至更多卫星的位置,这是为了增加精确度,尤其是在海拔高度方面。

幸运的是,所有的计算工作都由我们手上的这个GPS接收终端来完成。不过在开始计算之前,接收终端需要知道两点信息至少3颗卫星的位置以及终端和这些卫星间的距离。这些信息可以通过接收由GPS卫星所发射的高频率、低功率的无线电波来获取。

知道卫星的位置并不是一件十分困难的事情,因为卫星是在固定的轨道上运行的。相当于给GPS接收终端一本历法,告诉它们在任何给定的时间,每颗卫星所应该出现的位置。当然,太阳和月亮的引力会影响卫星的位置,但是美国国防部会随时监测这些卫星所在的实际位置,并在它们的信号中添加修正信息。

测量距离则相对复杂。GPS卫星发射的是电磁波,这意味着它们的速度为光速,即在真空中每秒30万千米。这样,我们可以通过测量电波从卫星发射到终端所耗费的时间,再乘以光速,就得到GPS终端距离GPS卫星的距离。

这段时间又是如何测量的呢?在GPS系统中,GPS卫星会在某个特定的时间发射一段信号,在这个时候,GPS接收终端也会通过运算得到这段信号。当GPS卫星发射的信号到达终端时,它相较于终端产生的信号，会有一段延时。这段延时，即信号在传输中所消耗的时间。

这个测量方法有一个前提，即 GPS 卫星和 GPS 接收终端达到同步，也就是说，GPS 接收终端上的时间，必须等同于 GPS 卫星上的时间，否则测量的结果将没有意义。并且时间的精度，也要求达到纳秒级(1 纳秒等于 10 亿分之一秒)。要达到这样精度的计时，需要使用原子钟，然而原子钟非常昂贵，一台大约需要 5 万至 10 万美元。对于迈向民用的 GPS 接收终端来说，安装它自然毫不现实。一个变通的方法就是在 GPS 接收终端中只安装普通的石英钟，并让它不断地利用 GPS 卫星上的原子钟来校正时间。这样，它的精确度可以近乎于 GPS 卫星上的原子钟。

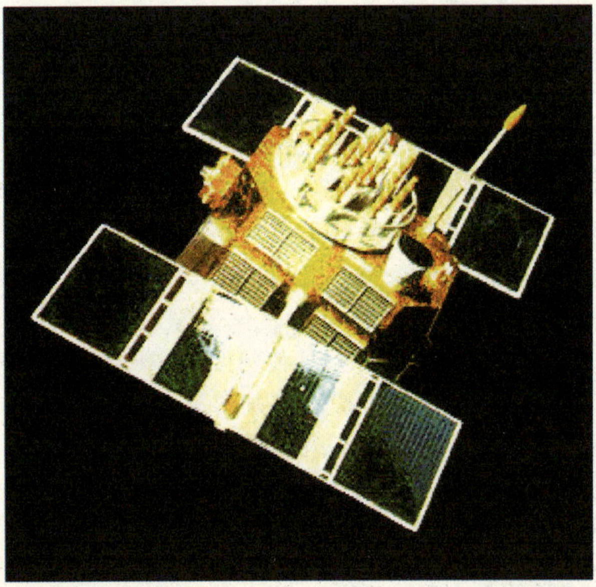

GPS 系统在大多数情况下都运作得非常良好，但是仍然会在某些情况下表现得不太精确，比如大气层会减缓电磁波传播的速度，尤其是在电离层和对流层中。这种阻碍的大小会视你在地球上位置的不同而不同，从而也就难以精确估算。

经过一系列计算以后，GPS 接收终端可以回馈给用户此时所在的经度纬度，以及海拔高度。不过，如果仅仅只是给用户一个点位信息，就绝对没有充分发挥 GPS 的强大功能。我们可以在终端上加入地图，让用户知道他在地图上的位置。可以在地图上标识出你的移动路线，计算出你现在的行动里程，你现在移动的速度，你的平均速度，诸如此类。如果配上电子地图等技术手段，更是可以开发出更强大的功能。

（庄　力）

它们无所不在——卫星通信中的电磁波

无线通信是依靠电磁波来实现的。不同种类的无线通信，所利用的电磁波的波段是不同的。卫星通信所利用的电磁波的频率必须高于30 MHz，因为如果频率不足，电磁波将不能够穿透大气的电离层。电离层的范围很宽泛，一般认为从距地60千米到2 000千米都属于电离层的领地，而即使是近地卫星通常都距离地面500千米以上。如果电磁波频率过低，信号到达近地卫星都很困难，更不要说高度更高的中距离卫星和同步地球卫星了。

30 MHz以上的电磁波依据其频率不同，具有不同的特性，并有各自不同的应用。人们将这些电磁波划分为如下波段：

波段	频率范围	带　宽	主 要 应 用 范 围
P	0.2—1 GHz	0.8 GHz	移动业务卫星
L	1—2 GHz	1 GHz	移动业务卫星
S	2—4 GHz	2 GHz	移动业务卫星、宇航项目、太空探测
C	4—8 GHz	4 GHz	固定业务卫星、广播业务卫星
X	8—12.5 GHz	4.5 GHz	军用及政府用波段、气象卫星
Ku	12.5—18 GHz	5.5 GHz	固定业务卫星、广播业务卫星
K	18—26.5 GHz	8.5 GHz	固定业务卫星、广播业务卫星
Ka	26.5—40 GHz	13.5 GHz	固定业务卫星

需要指出的是：以上列出的只是这几个波段的大致范围，而且现实应用中人们也不会去严格遵守这个范围，比如一颗Ku波段的卫星，可能在下行波段使用了低于12.5 GHz，即属于X波段的频率。

低频率的电磁波，比高频率的电磁波更容易发生衍射，同时也具有一定的穿透性。衍射使得电磁波遇到某个无法穿透的物体的边缘的时候，可以改变方向进行传播。穿透性使得这些波段的电磁波可以穿越一些障碍物，包括植被以及某些建筑物——不过对于金属障碍物它们就无能为力了。衍射现象和穿透特性，让地面天线不需要严格的对准卫星就能够和卫星进行通信。进一步说，即使地面天线处于移动状态，也可以保持和卫星的连接。这就派生出了卫星的一大业务范围——移动卫星业务。

卫星电话、卫星寻呼、卫星短数据传输、卫星定位和导航等，都属于移动卫星业务的范畴。这些业务所需要的数据速率都不高,但是对于移动性的要求很高,现有的移动卫星通信系统都可以满足它们的需要。应该说,在很多地面网络无法到达的地方,使用卫星成了开展上述业务的惟一选择。

用于卫星移动业务的电磁波段包括:P 波段、L 波段以及 S 波段。以我们已经介绍的几个卫星星座系统为例:

	Orbcomm	全球星	铱　星
移动站上行频率	148—150 MHz	1 610—1 626.5 MHz	1 616—1 626.5 MHz
移动站下行频率	137—138 MHz,400 MHz	2 483.5—2 500 MHz	1 616—1 626.5 MHz

可以看到 Orbcomm 甚至采用了比 P 波段还要低的频率,全球星手机上行频率在 L 波段,下行在 S 波段。铱星上下行都采用了 L 波段的频率(铱星在进行星间链路的时候,用的是 Ka 波段的频率)。我们还曾经提到过的 GPS 全球定位系统,它发往 GPS 终端的信号同样是走的 L 波段。

不过,虽然上述的几个电磁波段具有衍射以及穿透特性,但是在实际使用中还是存在限制的。比如说我们最常见的 GSM 移动通信网,它的频率工作范围涵盖了 900/1 800/1 900 MHz 三个频段。也就是说,都是位于或者接近于 L 波段。而且 GSM 移动通信网的基站也是星罗棋布,可是如果不做特殊处理,移动通信网的手机信号仍然很难深入到地铁和电梯里去。同样,我们也不能对铱星系统的信号穿透能力有不切实际的奢望。要想有好的卫星移动通信的效果,用户的头顶上最好还是能有一片开阔地,而不是被封闭在一个钢筋混凝土的盒子里面。不过只需要满足这点空间上的要求,卫星移动通信的覆盖性优势便是无可取代了。地处偏远的地方可能根本就没有手机信号,而铱星就不存在这个问题,即使是在南北极电话也照打不误。

C 及其以上波段的电磁波都不适合于卫星移动业务。随着频率的升高,它们的方向性越来越强,同时也逐步丧失了穿透能力。所有这些特质,都使得地面的天线必须严格对准卫星,并且在天线和卫星之间,不能够有遮挡物,否则通信也无法进行。这样的特质使得这些频段只适合用于卫星的固定业务和广播业务。要么是从一个固定点将信息传送到另外一个固定点,要么就是从一个固定点(卫星)将信息广播到多个固定点(地面天线)这两种卫星业务都离不开同步地球卫星,因为只有卫星的位置同地面相对固定,地面天线才能比较容易的对准它。

随着电磁波频率的升高,信号在传播时的衰减也随之增大。然而高频率也有自身优势,这就是由高频率所带来的高指向性。高指向性使信号不容易发散。而工作于更高频率的卫星天线也可以轻易地获得更高的增益(所谓增益,是一种衡量天线方向性的标准。它指的是,相较于一个全向天线,天线向一个特定方向发射信号的能量对比)。在本书的前面章节中我们已经了解到,在很多情况下,天线增益的增高可以抵消掉由高频电磁波带来的高衰减的不利影响,所以现在人们趋向于使用频率更高的波段,一方面是因为高频波段的电磁波的频谱资源更丰富,而且来自地面的干扰较少,另一方面的原因就是可以使用尺寸更小的天线以节省成本,或者用相同尺寸的天线来实现更高速率的数据传输。以卫星电视为例,传统的卫星电视节目广播常用的是C波段,而现在用Ku波段转播的电视节目也开始大量涌现,像DirecTV采用的电视直播卫星就是用的Ku波段。至于新一代的宽带卫星则开始普及Ka波段的应用。配合点波束,频率复用等技术,宽带卫星的数据容量可以十倍乃至几十倍于传统卫星,大大降低了卫星通信的成本。

不过高频段的电磁波也并非尽善尽美,它们容易受到水和氧气的影响。对于卫星通信而言,目前所使用的频段上限也就是在40 GHz这一段,现在的军用卫星已经工作于这一频段。诚然,无线电通信的范围并未就此中止,继续抬高频率的话,我们将会遭遇红外线,不过这已经属于光通信的范畴了。

(庄 力)

法眼难逃——用卫星来实现监控和导航

GPS是个好东西，不仅是因为它的接收设备小，一个人就可以带着跑；不仅是因为它精确，隔着10 000多千米的卫星测量的距离可以精确到10米，这简直就像是在10千米外将高尔夫球一杆进洞；还因为它现在已经越来越便宜，一个手持的GPS机现在只要1 000多元。什么东西一旦同时具备了这三项条件，就表明它具有了被大范围应用的基础条件，剩下的就是看人们如何去挖掘它的功能了。

先来看看一个最简单的GPS接收仪能做什么：测量经纬度、测量海拔高度、测量移动方向以及速度、统计移动的距离，最后还有计时。似乎作用比较单纯，但是已经足够让它大显身手了。除了在军用、测绘等方面已经起到了卓越作用外，在民用领域它也有两项功能可以大力发挥，即卫星监控和导航。

我们已经知道，GPS接收仪只能接收信号，也就是说，它可以虽然通过卫星来获取自己的精确位置，但是GPS接收仪本身没有能力把这个位置信息发送出去。所以，必须要选择一种无线通信手段，将通过GPS获取的位置信息发送到监控者的手上。当然，这些无线通信手段还可以顺便传送一些被监控者的其他信息。

备选的几种无线通信手段包括：

1. 现有的移动通信网络。世界上通行的移动通信网络包括GSM网和CDMA网。我国是世界上少有的既有G网又有C网的国家。这两种网络在技术上各有千秋，总体上无所谓优劣之分。选择的关键在于网络覆盖状况是否可以满足需要。因为G网和C网中手机都是要找到邻近的基站才能通信，所以运营商的基站建设是否铺得够广，是选择采用G网还是C网的关键。

2. 利用数字集群通信。好的集群通信网在语音调度上的优势不是G网或C网所能比拟的。不过限制它的还是一个网络覆盖问题。至少就现在的情况看集群通信网还不能像G网或C网那样覆盖到全国各地。

3. 利用L波段卫星。这是一个彻头彻尾的卫星解决方案，被监控者(通常是车载终端)将定位信息直接传给位于同步卫星轨道上的L波段卫星，也有可能是传给近地卫星星座，Orbcomm，因为它也有卫星监控业务。不过无论传给谁，都最不用担心网络覆盖问题，但是同时也最需要关心经济成本问题。

现有阶段卫星监控的主要用户在选择无线通信手段的时候通常会考虑以下问题：

1. 网络覆盖问题。首先不用担心GPS的网络覆盖问题，因为GPS可以覆盖全球，而各个无线通信手段的覆盖范围是不同的。理论上L波段卫星的覆盖范围最大，包括那些人迹罕至的无人区卫星都可以轻松到达，不过在城市内它的实际表现会有所欠缺。其次是G网和C网。总体而言在我国那些比较偏远的地方，G网的覆盖范围更好一些，而都市里面则区别不大。集群通信的覆盖范围最小，不过如果监控车辆只在它的网络覆盖范围内活动，那么集群通信也可以满足需求。

2. 经费问题。L波段卫星的使用成本最高。首先是通信终端比较昂贵，其次卫星信道的使用费更是笔巨大的花销，车载L波段天线的尺寸也不会小，安装起来还是要花点功夫的。G网和C网的通信终端都不贵，这两个网都支持按流量收费的数据业务，这可以节省很多开支。比如建立在GSM网络上的GPRS，用它来回传位置信息的成本只有用短消息的几分之一。至于集群通信在成本方面同G网和C网相比都没有优势。

3. 附加功能。无论是用G网还是C网的通信模块，它们都理所当然地支持语音通信。集群通信在语音调度上的功能就更强大了，群呼、私密呼叫都是在集群通信中最基础的功能，这些都是普通移动通信网所难以提供的。至于L波段卫星，它也可以支持语音业务，但费用却相当昂贵。

综合以上几点考虑，现阶段国内卫星监控主要采取的是双G结合的方式，即GPS配合GPRS，这在成本和性能上可以达到一个比较好的契合点。

实际应用的卫星监控系统其实要比我们前述的更为复杂。至少监控者要有一张电子地图，让被监控车辆传回的GPS位置信息具体落实成电子地图上的一个点。而被监控者除了回传位置信息之外，还会回传包括车辆状态、车辆业务流程这样的信息。就此而言，这样的一个卫星监控系统也同时兼具了车辆调度功能。

卫星自导航设备同样是基于GPS发展出来的新型应用，它可以通过电子地图来告诉使用者当前所处的位置，附近有哪些主要场所建筑，他应该如何到达目的地。自导航设备和卫星监控的不同之处在于，卫星自导航设备是仅供个人使用的设备，并不一定要加上无线通信设备，而且从电子地图到所有的计算工作都是在本地进行，这就要求自导航设备能有一台小型电脑的处理能力。为了更好地展现电子地图，还需要一个大尺寸、高分辨率的彩色液晶显示屏。这样，当自导航设备内置的GPS接收仪接收到位置信息的时候，它就会将所得的位置信息反映在电子地图上。同时，利用自导航设备强大的处理能力，使用者还根据给定的条件，比如最短路径、最短行驶时间、贴近高速公路等，让自导航设备为用户自动选择出一条最佳的行进路线。还可以依据这条行进路线对用户进行语音导航，即用声音提示用户是应该前进，还是转弯等等。

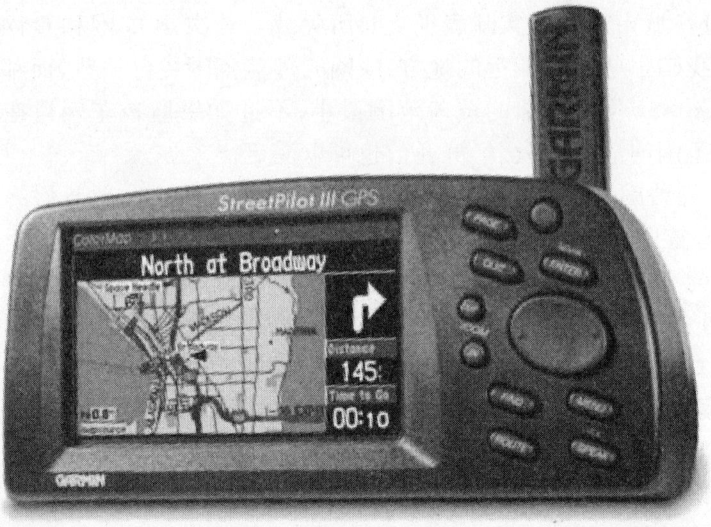

随着技术的演进，以后卫星自导航设备还可以变得更加智能，比如通过L波段卫星将更新的地图自动发送到自导航设备里，让用户能够随时拥有最新最准确的地图。还可以将路况信息发送到自导航设备，这样如果前方发生路堵，自导航设备可以指引用户绕道行驶。

卫星监控和卫星自导航都是新兴的业务，随着我国汽车工业的蓬勃发展，它们必将得到更多更广泛的运用。

（庄　力）

相对论为 GPS 提供了所需修正

准确度在30米之内的GPS接受器就意味着它已经利用了相对论效应。相对论认为快速移动物体随时间的流逝比静止的要慢。每个GPS卫星每小时跨过大约1.4万千米的路程，这意味着它的星载原子钟每天要比地球上的钟慢7微秒。

而引力对时间施加了更大的相对论效应。大约2万千米的高空，GPS卫星经受到的引力、拉力大约相当于地面上的四分之一。结果就是星载时钟每天快45微秒，GPS要计入共38微秒的偏差。

与用户零距离——卫星天线

天线，从本质上来说就是一种向空中发射电磁波或者从空中接收电磁波的设备。可以说没有它就没有无线通信。我们在日常生活中也会经常接触天线。比如收音机，它就内置或者外置了一个单向接收天线；再比如手机，为了能够实现双方的通话，它包含了一个双向天线。在外观上天线也是千姿百态。在有线电视普及之前电视上用的天线，有的是用一根可伸缩的长竿；有的是用两根长竿，组成一个羊角形；有的天线做成了一个环。至于室外天线则更为复杂，纵横交错的金属杆放在外面如同一只有着翅膀的飞行器。不过所有这些天线虽然表现形式不同，但都属于全向天线，因为它们并不需要特定对准某一个方向就能收到信号(比如电视天线不需要对准电视台就可以收到电视信号)。

在卫星通信中除了卫星电话等涉及到移动台站的卫星业务必须用到全向天线，更多的则是采用了指向性很强的定向天线，这些天线对准着同步地球卫星，从而在地面站和卫星转发器之间建立一条稳定而高效的空间链路。使用定向天线其实是一种不得已，因为同步地球卫星距离地面遥远，无论是地面站或者是卫星转发器上发出的信号，等传到对方的时候都会有很大的损失。卫星通信中普遍采用了具备高指向性的高频率电磁波，以尽量抵消这种损失。应用定向天线也就成为一种必然。

卫星上用的定向天线被称之为 Satellite Dish，直译过来是“卫星盘子”，而在国内卫星天线也有一个形象的说法——“锅”。无论何种叫法，它指的都是卫星天线中最显眼的那个抛物面。抛物线上的每个点到一个给定焦点的距离都等于到一条给定准线的距离。如果抛物线沿着它的轴转动，形成的一个面被称之为抛物面。如果沿着轴给这个抛物面做一个纵切面，得到的是一条抛物线，如果垂直于轴给这个抛物面做一个横切面，得到的则是一个圆。如果在这个抛物面的焦点上放置一个电磁波的源(馈源)，那么它发出的信号经过抛物面反射回后都会以平行于抛物面的轴的方向向外发射。同样，相反过程也成立。这就使卫星天线要采用抛物面的理论基础。

不过，遗憾的是现实永远不会像理论那么完美。首先，在焦点上放置的馈源当然不会体积小到可以真正地当做一个点，它发射的信号经过抛物面的反射以后也只能近似地做到平行发射。其次，如果在天线的正中放置一个馈源，无形中相当于给天线和卫星之间增加了一个障碍物，这会影响到卫星通信的质量。因此偏馈天线应运而生。

如果我们没有近距离地观察卫星天线，就会理所当然地把卫星天线的抛物面想象成一个内凹的正圆形。这样想并没有错。因为无论是正馈天线还是偏馈天线，都是抛物面上的一个截面。垂直于轴给抛物面做横切面的话，那么得到的就是一个内凹的正圆形，这就是正馈天线的形状，在正馈天线的正中就是天线的馈源（严格的说法是在与天线中心切面垂直且过天线中心的直线上）。偏馈天线则采取了不同截取方式，给人的直观感受就是截出来的是一个椭圆而不是正圆，更重要的是它的焦点位置不是在天线的正中，而是在正中偏下的位置，这样的话馈源阴影的影响就小得多了。所以在其他条件相同的前提下，偏馈天线的实际增益要大于正馈天线。

卫星天线

一个做工良好的抛物面是一部好天线的基础。在此基础上我们还需要一些设备才能让我们的天线正常工作。首先是馈源,无论是接收还是发射卫星信号都需要这个设备。其次是高频头,这个设备用来接收卫星信号。再次是上变频器和高功放,它用来发射卫星信号。

卫星天线上所用的高频头包括低噪声放大器和低噪声转换器两个部分。低噪声放大器的作用在于将接收到的微弱卫星信号放大。低噪声转换器的作用在于将接收到的高频卫星信号下变频。“低噪声”三字的意义则在于它用了特殊的技术手段来抑制信号中的噪声。

与高频头的信号接收过程相对应,上变频器负责将低频信号上变频到最终要发射的频率,高功放则负责对信号进行功率放大,并传送到馈源。对于小型天线而言,上变频器和高功放经常是由一个设备共同来完成的。

有些人可能不太理解为什么卫星天线不直接把卫星信号传给室内单元,而要做上下变频这么一件看上去有点多此一举的工作。这其中有两点原因:第一点,卫星天线上接收和发射的信号都要通过线缆来传送到室内单元,如果用高频的电磁波,那么它在线缆的传输过程中衰减会非常大,线缆过长,室内单元可能就收不到任何信号了。第二点,大多数线缆都或者不能传输高频率的信号,或者造价太高。基于此,上下变频就成了必然的选择。

对于直径好几米甚至几十米的大型天线而言,除了天线本身的造价昂贵以外,上变频器、高功率放大器等也大都价值不菲且体积不小。为了避免日晒雨淋造成的损失,更重要的是避免这些大家伙放置在天线上所带来的大面积阴影。通常会在天线的下面放置一个机房,用来安放这些设备,然后通过一根软的波导管将高功放和馈源连起来。

除了“锅”以外,还有其他类型的卫星天线,这里不作介绍并不是因为它们不重要,而只是因为它们的应用范围略狭,而且特点也不如“锅”鲜明。

(庄　力)

卫星天线角度计算公式

卫星天线安装主要调整三个角度,按先后次序分别为仰角、方位角、高频头极化角。

方位角计算公式:Az=arctg(tgX/sinY);仰角计算公式:El=arctg[(cosXcosY-0.1513)/(1-cos²Xcos²Y)开根];极化角=X(当X为正值,高频头顺时针转动X度,反之逆时针转动);X=卫星经度-接收地经度;Y=接收地纬度。

雁过拔毛——卫星信号在传播过程中的损失

在理想情况下,我们都希望从信号源发出的信号,能够不打折扣地被接收方收到。可惜,这只是个美好的愿望。就像一个人说话的声音,你不能指望另一个人在很远的地方也能听得明明白白。能够成功通信的底限在于,首先,要能侦测到信号;其次,收到的信号必须能够盖过背景噪音。卫星通信所面临的现实问题是:既采用了无线信号,传输的距离又特别长,信号在传输过程中更容易遭到各种“不测”而带来损失。所以我们需要正视这个问题确信能够达到通信的底限。

能量衰减是首先不能回避的问题。无论是机械波,还是卫星通信中的电磁波,只要它是在任何一种介质中传播,在传播过程中它的能量都会衰减。如果电磁波是在线缆中传播,它的衰减程度还是比较规律的,也就是说,可以方便地套用一个公式来计算它究竟会衰减多少能量。可是卫星通信中,信号在空气中传输,要想准确衡量和预测信号的衰减程度就显得比较困难。需要考虑的因素包括信号在空气中传输的距离,以及不同地段、不同时间的空气特质。随着频率的增高,信号在传输过程中的扭曲和变形就愈加明显,能量的衰减也就越大。

在卫星通信过程中,当信号在天地间穿梭的时候,它不但穿越了空气,还经过了真空。可以在无任何介质的真空中传播,这是电磁波的特性。在真空中电磁波的能量不会衰减,但是仍会有损失。因为信号并不能完美地集中向一个方向发射,它总归是会扩散的,只是扩散的程度不同而已。而与之相对的是:接收方的信号接收范围却是有限的,对于那些扩散出去的信号,由于超出了接收范围,都白白地损失掉了。我们知道,同步卫星距离地面遥远,大部分的距离都已经在大气层之外,基本可以认为是在真空之中。在卫星通信中,扩散带来的信号损失,常常会比由能量衰减带来的信号损失更为严重。因此,对于固定卫星通信来说,由于地面和卫星的位置相对固定,人们都在着力加强天线在发射信号时的指向性。其中方法有二:一是采用大尺寸的天线,这也是那些强力天线为何都尺寸巨大的原因之一;二是采用高频率的电磁波,因为高频率的电磁波的指向性要比低频率的好。不过高频率的电磁波也有一些负面作用,在空气中,高频电磁波的衰减要比低频的大。高频电磁波还会受到水和氧气的影响。尽管有这些负面作用,人们现在还是倾向于使用高频电磁波来改善卫星通信中的信号发散问题。正因为如此,Ku

和 Ka 波段的卫星通信在这些年和未来都会有快速发展，并且拥有美好前景。

噪音也是卫星通信的大敌之一。日常生活中，噪音指那些我们并不希望听到的声音，而在这里，噪音还包括那些我们并不希望收到的信号。噪音可以分为很多种类，某些噪音如同能量衰减一样，是我们无论如何也无法避免的，它的典型代表就是热噪音，因为只要温度高于绝对零度，就会有电子运动，而周围环境中电子的运动对于有用信号来说就是一种噪音。不难想象，随着温度的升高，电子愈发活跃，热噪音也随之增大。而卫星信号本身就比较微弱，热噪音的影响就更加明显。除了电子运动之外，还有多种因素可以引起噪音。某些噪音还是突发式的，比如一次突然的脉冲可能就会杀死一片数据。甚至在每年的春秋分，太阳也会成为一个巨大的噪音源。因为春秋分的时候，太阳光会直射赤道线，而同步地球卫星都是位于赤道上空的，这样太阳、卫星以及地球会处于同一条直线上。对于在地球上的卫星天线而言，在逼近正午的时候，同步卫星发来的信号，会完全淹没在太阳的光芒中，信号中断也就在所难免，这种现象被称之为“日凌”。所幸的是，日凌的影响在每天也就那么几分钟。不过即使如此，每年有关部门在日凌即将发生前，都会在媒体上发出警告，如果读者足够细心，也能观察得到。

与其他行星相比，地球的大气层与众不同，富含氧气和水蒸气，这两样东西成就了地球上生命的辉煌，而有趣的是，也恰恰是这两样东西，吸收卫星信号时也是不遗余力。水蒸气对于 C 波段及以下的电磁波并不是很感兴趣，然而 C 波段之上的电磁波就要被水蒸气大量吸收，这种“爱好”在 22 GHz 这一段会达到顶峰，之后又会有所下降。而对于 60 GHz 的这一段电磁波的吸收作用最明显，对于 30 GHz 以下的电磁波，影响要小一些。

就目前卫星通信的实际而言，水蒸气的影响要更大一些。原因有二，首先现在卫星通信广泛用到的 Ku 波段正在水蒸气的影响范围之内。而氧气所影响的频段在当今的应用相对要少。其次，水蒸气及其化成的液态水滴在大气里更加活跃，云、雨、雪、雹都有它们的参与。在夏天比较常见的强对流天气中，瞬间的大雨会严重影响卫星信号的质量，甚至会造成短时间内的信号中断。这种现象被称之为“雨衰”。现今存在的一个问题是，随着今后 Ka 波段的广泛运用，雨衰对于卫星通信质量的影响会比现在更大。为此，新一代卫星通信系统引入了动态功率控制技术，当发生雨衰现象的时候会自动增加天线的发射功率，雨衰现象过去之后又可以自动把功率恢复到正常水平。

造成信号损失的因素多种多样，这里尤其需要指出的一点是，对于卫星移动业务，比如卫星电话、卫星寻呼等，它们采用了低频率的信号以及全向天线，所遇到的信号损失因素不尽相同。

（庄　力）

低成本卫星通信的解决之道——VSAT系统

如果你关注卫星通信，那么你很可能会见过一个英文缩写：VSAT。现在经营VSAT业务的企业也有很多。什么是VSAT，它在如今的卫星通信中又是处于怎样一个地位呢？

VSAT的全称是Very Small Aperture Terminal，直译过来就是“甚小孔径终端”。在这个略微有些拗口的名字中，最容易理解的两个字就是“甚小”，而这恰恰也是VSAT系统的最大意义之所在。所谓“甚小的终端”，是指这个系统中可以采用小尺寸的天线，通常，这些天线的直径会低于2.4米(对于普通用户而言这其实已经不小了)，而随着Ku以及Ka波段卫星的普及，VSAT天线的尺寸有进一步下降的趋势，基本涵盖在0.9—1.8米之间。小尺寸的天线对于降低卫星通信的成本非常有益，可以使VSAT系统得到广泛应用。

VSAT天线的尺寸虽然小，但是仍然能够高速地接收从卫星上发出的信号。一个例子就是个人使用的卫星电视接收天线，它的直径通常都不会超过0.9米，但是仍然可以轻松接收到一整颗卫星上的电视节目。不过小天线也有小天线的弱点，例如它发射数据的能力就不如大天线，即所谓的“上下行不对称”。不过从某种程度上这倒是更符合现实需要，因为一般来说普通用户在使用网络的时候，无论是互联网还是互动电视，下载的信息普遍要比上传的信息多得多。因此在实际使用过程中，用户大多数时间是体会不到上行速度低带来的限制。上下行不对称的VSAT还是很具备实用价值的。

VSAT系统包含一个主站以及分布在各个地方、星罗棋布的小站。主站采用了大尺寸的天线和高功率的功放，是VSAT系统的核心，具备高速数据上行的能力，并实现对小站的管理。而小站采用的是小尺寸的天线和小功率的功放，数据上行的能力有限，但是具备高速数据下行的能力。当主站需要联系小站时，主站将数据发射到卫星，卫星通过转发器将这些数据在它的信号覆盖范围内广播，只要小站在这个范围之内，就可以接收并且分析这个信号。将这个过程反推，就是小站和主站间的通信过程。所不同的是，主站向小站方向是一条高速的数据通道，而小站向主站方向则是一条低速的数据通道。

通过主站和小站的搭配，VSAT系统实现了非对称型信息传输，在满足用户的实际通信需求的同时有效降低了成本。当然也有用户可能对信息的上传能力比较敏感，因此现在也有小站回传能力比较突出的VSAT系统，只不过这样小站成本会因此而提高。

VSAT系统中，小站和小站之间通常不能直接通信，而是要以主站为媒介才可以。即小站A通过卫星将信号发到主站，主站再通过卫星将信号发到另一个小站B。不过也有的VSAT系统允许两个小站间直接通信，因此这样可以提升通信的效率。

对于最终用户来说，VSAT系统的部署非常简单。VSAT的小站只包括两个基本单元，即室内单元和室外单元。室外单元包括卫星天线、高频头、功率放大器等，它们负责接收和发射卫星信号、信号和功率放大、上变频和下变频等。室外单元通过线缆连接到室内单元，室内单元可以是一台独立的设备，或者是一台插接了卫星接收和发射卡的普通电脑。室内单元要做的工作其实也很多，包括卫星信号封装和解封，卫星信号的调制和解调等等。但对于普通用户而言，他们不需要知道这里面的工作细节，如果应用VSAT系统上网，所要做的就是首先保证卫星天线能够牢牢地对准卫星，而且在它和卫星之间没有遮挡物。其次为连接室内和室外单元铺设两条线缆，一条用来接收，一条用来发射，不过线缆不能太长，否则信号衰减会比较严重。最后，拿一根网线，插进室内单元的网线接口，这样就可以将本地的局域网接入到整个VSAT网络。VSAT小站的安装省时省力，比铺设地面网络要方便很多，而且由于同步卫星的覆盖范围很广，VSAT网络可以深入到很多地面网络难以进入的地方。

随着新一代的宽带卫星一步步从纸面走向现实，VSAT系统也因此获得了更多的发展机遇。宽带卫星应用了许多新鲜的技术，可以将卫星的系统容量较之传统卫星提升20倍。尽管宽带卫星的造价比传统卫星明显要高，但是就单位频率资源的费用还是比传统卫星要低廉许多。宽带卫星还开始大量采用Ka波段的转发器，因为Ka波段的电磁波指向性比现在的Ku波段更好，小站能拥有比以前要强的信号上行能力，同时也使得进一步缩减天线的尺寸成为可能。

相信随着时代的发展，VSAT系统也将与时俱进，发挥重要作用。

（庄　力）

双星闪耀——中国的北斗导航定位系统

随着2003年5月25日,我国的长征三号甲运载火箭将第三颗“北斗一号”卫星送入太空。我国自行研发的北斗导航定位系统已经顺利完成部署。此次发射的卫星是前两颗卫星的备份星,它的两位“老大哥”已经分别在2000年的10月31日和12月21日发射升空。

北斗导航定位系统是我国一个了不起的成就。因为现在世界上的卫星定位系统,除了最广泛使用的美国GPS以外,只有俄罗斯的GLONASS和中国的北斗,以及欧洲航天局正在规划中的伽利略系统(中国也参与了伽利略计划)。

说起北斗,人们总是习惯性地称它为“中国人的GPS”,这句话其实只说对了一半,北斗在功能和工作原理上的确和GPS有相似之处,可是又有相当多的不同。因为它是一个区域性的定位系统,主要是为国内的用户服务的。无论GPS、GLONASS,还是Galileo(伽利略),都是全球性定位系统。

北斗导航定位系统,只使用了两颗卫星进行定位服务。这两颗卫星也不同于GPS系统所采用的中距离轨道卫星,而是两颗同步轨道卫星,同时也被称为静止卫星,分别位于东经80度和东经140度,彼此形成一个60度角(备份星位于东经110.5度)。

只用两颗卫星,定位起来自然会遇到更多困难。北斗用两颗卫星所绘制的两个假想球相交后最终得到的是一个圆,现在需要寻找第三个球,在缺少第三颗卫星的情况下,这个球就由地球所代替,由于地球并不是一个完整的球,而是一个不规则的椭球体,这样就需要测绘部门通过精确测绘,让这个符合实际地理情况的椭球体同北斗定位出的圆形相交,得出两个点,其中,位于赤道以南的那个点可以被自动放弃,因为北斗只是一个区域性定位系统,它的主要服务范围是在中国的国内。

基于以上原理,我们来看看北斗具体实现定位的过程。

北斗系统包括一个中心控制系统,两颗定位卫星以及终端用户。中心控制系统不断地向两颗卫星发送询问信号,两颗卫星将询问信号通过卫星转发器向服务区内的所有用户进行广播。需要定位服务的用户终端收到其中任意一颗卫星的询问请求后,都会同时向两颗卫星发出响应信息。这个信息由卫星转发,再返回中心控制系统。中心控制系统收到响应信息后,就可以计算出用户距离两颗卫星的距离。

这个计算过程并不复杂。由于北斗两颗卫星都是处于同步轨道的静止卫星，对于地面来说它们的位置相对固定，电磁波从卫星传送到中心控制系统所花费的是一个固定时间。响应信号从用户位置到中心控制系统所花费的时间，减去之前卫星到中心控制系统的固定时间，就是响应信号从用户位置到卫星所花费的时间。粗略地说，这个时间乘以光速就是用户同卫星间的距离。

现在我们得到了用户同两颗卫星间的距离，下面就是已经熟悉的过程，即画两个假想的球。在运算过程中，北斗系统也有可能采用另外一种计算方法。因为用户距离两颗卫星的距离是已知的，这两个距离之和也就是已知的，因此可以绘出一个以两颗卫星为焦点的椭球体，让它与以某一颗卫星为球心的球体相交。不过无论是采取哪种计算方式，其原理都是一样的，最终得到的都是一段闭合的圆弧。

这些圆弧与地球两个交点之中的赤道以北的交点就是用户所在的位置。但是地球并非是一个规则的圆，因此当需要精确定位时，就需要额外的信息，这就是北斗系统中的关键部分，中心控制系统通过它自身存储的一张详细的数字化地形图，该地图通过精确的测绘，描述了不同地点在海拔高度上的信息，用它与之前的圆弧对照，最终可以计算出用户较精确的三维坐标。这个坐标最终通过卫星再告诉给用户。可见，在北斗定位导航系统中，中心控制系统起到了一个至关重要的作用，高位信息由它提供，最为繁重的计算工作也是由它承担的。

北斗卫星定位导航系统是我国科学工作者的杰出成就，但也应该看到它的不足，即：1. 覆盖范围不足，只是一个区域性定位系统。2. 需要有中心控制系统的支持才能定位，而且对数字化电子地图的要求比较高。如果没有精准的测绘，就不会带来准确的定位效果。北斗的实际覆盖范围已经超过了中国本土，但是由于境外的详尽地图资料难以掌握，实际上影响了北斗系统的应用(除了在海上，因为海上的海拔高度为零)。3. 终端需要发射信号，这不利于降低终端的体积、功耗以及成本。4. 用户终端和中心控制系统的协同工作方式，带来了用户容量的问题。因为卫星的转发器资源是有限的，用户到达一定数量就有可能带来信号阻塞。5. 实时性比较差，因为北斗卫星属于同步卫星，延时本来就相对较大，定位时信号从用户到中心控制系统再回到用户，期间都要通过卫星，而中心控制系统在处理数据时也要耗费时间，如果用户处于高速移动状态中，定位的效果就比较差。不过北斗系统也有自己的特点，因为它工作的时候需要用户进行信息回馈，天生就具备了传输数据的功能，这一点是 GPS 系统所不能及的。

（庄　力）

天空中的网络——移动卫星星座系统

为了卫星能和地球同步，把卫星发到将近36 000千米的高空，在享受了它所带来的便利的同时，也遇到了如下的困难：

1）信号在穿越了将近36 000千米的距离以后，损失会非常严重。

2）同步卫星的信号不能完全覆盖地球。南北区是它不可避免的盲区（有兴趣的读者可以自行想象同步卫星和地球之间的几何位置关系，这一点就不难理解了）。

3）在日常生活中我们很少会感到信号在传播过程会需要时间，这是因为信号的传播距离不够远。然而同步卫星距离地球遥远。信号上天入地一个来回就需要72 000千米，即使是光速，走完这段路也需1/4秒。所以同步卫星通信时的延时比较大。对于某些应用，比如卫星电话，这是不太招人喜欢的——客户当然希望自己说的话对方立刻就能听到，而不是花上一段时间。

近地卫星和中距离卫星的对地距离要比同步卫星近得多，不太会遇到上述这些困难，但同时也无法享受到同步地球卫星所带来的便利。近地卫星的轨道高度通常低于2 000千米，延时小于20毫秒，卫星绕地一周只需要一个半到两个小时。相对于地面而言，这是一个非常高的速度。由此造成的多普勒效应非常明显（简单地说多普勒效应，是指当一个波源向我们移动的时候，我们所观测到的它发出的波的频率会升高，反之则降低。其实我们在火车进出站的时候就可以体会到多普勒效应：远处的火车作为声波的波源，它向我们靠近的时候，发出来的声波频率就会升高，结果就是我们听到了非常尖锐的噪音。当火车远离我们的时候，由于声波的频率降低，声音就要相对低沉）。对于近地卫星而言，卫星本身是一个波源，当它向地面的天线靠近的时候，会使接收的频率升高，反之则会下降。近地卫星通信系统必须要能够适应多普勒效应。不仅如此，近地卫星由于贴近地面，它的信号覆盖范围非常有限，通常直径只有8 000千米。对于地面上的一个固定点而言，某一颗特定卫星的可见时间只有20分钟，这一切就意味着如果要建立一个能够实现大范围、全天候信号覆盖的近地卫星通信系统，需要将许多近地卫星组织在一起，形成一个卫星星座。顺便说一句，中距离卫星同样需要组成星座，不过中距离卫星由于离地面距离较远，覆盖范围相对较大，所以不需要像近地卫星星座那样多的卫星,比如美国的 GPS 系统,它只用 24 颗卫星就可以很好地覆盖全球(不过 GPS 卫星的轨道高度比标准的中距离卫星要高)。总之,虽然中距离卫星有不少优点,但其缺点也是很明显的,所以实际应用不是很多。

由于近地卫星距离地面近,信号损失要比同步卫星低得多,因此包括卫星天线在内的接收和发射单元做得很小,还可以采用全向天线。全向天线不需要严格指向卫星,即使地面站移动起来也可以和卫星通信。小尺寸的卫星终端便于携带。因此,就出现了以卫星电话、卫星寻呼、短数据传输为主要业务的卫星星座系统。包括 Orbcomm、Globalstar(全球星)以及最有名的 Iridium(铱星)。

Orbcomm 的业务范围包括短数据传输、E-mail 等等,但并不具备语音通信功能。全球星和铱星的主营业务是卫星电话,同时也能传输短数据。虽然全球星和铱星的功能类似,但是在技术层面却大不相同,在某种程度上可能更接近于 Orbcomm。它们的共同特点是,星座中的各个卫星功能比较简单,就像是一个会反射信号的镜子。用户的移动台站的任务就是,把信号发到这些“镜子”上,这些“镜子”再把信号反射到就近的地面关口站,地面关口站有很多个,分布在各个地区,彼此之间连成一个地面网络(同时这个网络又与公共通信网相连,这可以使得转动台站和公共通信网络相连通)。在信号到达地面关口站以后,基本上就是属于地面通信的范畴。这种通信方式的技术含量相对较低,业务覆盖范围也会受到地面关口站的限制(因为单个地面关口站只能支持邻近地区的业务通信),以至于全球星其实不能覆盖全球。但是从另一个角度说,却可以有效地降低整体的通信成本。

铱星系统则与之不同。铱星系统中的地面关口站仅用于与公用通信网实现互联互通,而两个铱星手机间的通信并不依赖于它,因为铱星系统支持星间链路,即它的卫星间可以不通过地面直接发射和接收信号,这样一颗卫星收到了手机传来的信号,即使附近没有地面关口站,它也可以直接把信号传送到另外一颗卫星上去,一步一步地,最终到达地面,这使得铱星网络克服了地面关口站的限制,成为迄今为止惟一真正可以覆盖全球的电话系统。不夸张地说,铱星就是横亘在我们上空的一套完整的通话系统。

先进的技术并没有给铱星带来成功。当 1998 年的 11 月,66 颗低轨卫星发送上天,铱星系统正式运作的时候,它已经耗掉了投资者们 50 亿美元,并且预期需要 40 万用户才能达到收支平衡,可是直至 2000 年 3 月铱星都只有 5 万用户,收入所得甚至远不能够维持系统维护的开销。最终原铱星公司仅以区区 2 500 万美元的价格被收购,而新组建的铱星公司得到了美国国防部支持，至今仍在运作。毕竟铱星系统还有它的过人之处。在铱星这个案例中，最大的输家是最初的计划发起者，同时也是最大的项目承包商——摩托罗拉公司。

在铱星进行规划和部署的同时，还有很多卫星星座计划。其中有些以进行宽带数据传输为主要业务。比如 Teledesic 和 Skybridge，它们都支持地面站 2 Mbps 的数据上传。其中 Teledesic 是个雄心勃勃的计划，在最初设计之时，它是一个包含了 840 颗卫星的鸿篇巨制，后来被缩减为 288 颗。Teledesic 也同样融合了很多先进技术，它像铱星一样支持卫星间的链路，地面站和卫星间用的是 Ka 波段。它的计划投资则比铱星更多，达到 80 亿美元。这足以让投资者感到巨大风险，Teledesic 计划已经基本处于停滞状态。同样，由阿尔卡特主持的 Skybridge 计划进展得也不顺利。事实上，很多人都承认卫星星座在某些方面是地面网络和同步地球卫星所难以取代的，不过恐怕短时间内人们是不会看到头上有灿烂的卫星星座掠过了。

（庄　力）

规划中的 Teledesic，其中左图为 288 颗卫星，右图为 840 颗卫星

来自空中的问候——东方明珠

来上海的朋友一定会到浦东一睹雄伟的东方明珠广播电视塔的风采。这座位于上海市浦东新区陆家嘴、建于20世纪90年代的著名建筑，以其468米的高度位居亚洲第一、世界第三，并用它的独特设计诠释了“大珠小珠落玉盘”的意境，它是上海最具特色的标志性建筑，也是登高欣赏上海美景的绝佳所在。在赞叹之余，您可能会问，为什么要在大上海寸土寸金的陆家嘴建设一个这么高的塔？仅仅是为了观光？回答当然是否定的，其实高大的东方明珠广播电视塔每时每刻在向您传送着温馨的问候——丰富多彩的电视节目和生动活泼的广播内容。

东方明珠广播电视塔是如何传递这份问候的？

广义的广播是指通过无线电波或导线(电缆、光缆)传送信息的大众传播媒介。由于无线电波传导中如果有阻挡的话，信号质量会有明显变化，所以，通常广播电视发射塔会建得很高，以尽量避免其发射天线和用户接收天线之间的通道被阻挡。按照传送信息的形式，可分为声音广播、电视广播(图像和伴音)和数据广播。这三种广播在东方明珠广播电视塔上都有使用，为上海市的百姓生活带来方便和快乐。

先来看看广播。我们通常说的广播指的是声音的广播，世界上第一座无线电广播电台于1920年11月在美国匹兹堡正式开通，而我国的无线电广播则始于1923年。在无线电广播中，为了传送可靠，通常必须用声音信号对高频振荡(通常称为载波)的幅度、频率或相位进行控制，使之随声音信号的变化而变化，这个过程称为“调制”，按调制的方式不同，无线电广播可以分为调幅广播和调频广播。目前，使用较为广泛的高保真声音广播为调频广播，采用双声道，立体声，让听众有身临其境的美妙感受。

无线电广播的发射系统通常由以下几个部分组成：高频部分——用来产生和放大供发射的高频振荡；节目处理部分——对传送节目信号进行一系列处理并使之与高频部分结合起来；馈线和天线部分——传送发射机输出的高频信号，通过天线向空中发射；电源和控制部分——实现对发射机各部分供电和控制；以及冷却部分——用来调节发射机温度，保证安全播出。

东方明珠就是通过这一系列的信号处理，将美妙声音以无线电广播的方式传向空中，老百姓通过半导体收音机，将接收的信号还原放大，就可以听到各类节目了。

电视广播。电视广播在我国始于 1958 年 7 月 1 日，当时的电视还是黑白的，黑白电视的播出在我国持续了大约 20 年。那时的电视采用直播方式，就是在拍摄地点，将播音员或演员的节目即时地拍摄下来，经过处理，将活动画面转换为电信号，再经电视台工作人员筛选处理后实时地将一路图像信号送往广播电视发射塔，通过这些身高几百米的发射天线以无线电波的方式辐射四面八方。老百姓家中的电视机通过自身的天线和高频接收装置，收到发自广播电视发射塔的信号后，经由电视机的一系列处理电路，将电信号还原成拍摄现场的图像和声音，这样，远在几千米外的活动图像和声音就活灵活现地展现在人们的家中。

随着技术的发展，到了 20 世纪 60 年代，世界上出现了彩色电视广播，我国于 1973 年在北京开始了彩色电视的广播。彩色电视的广播在世界上有三种不同的制式标准，分别是 NTSC、SECAM 和 PAL，各国选用的标准不一，我国采用的是 PAL 制式标准。为了满足老百姓收看各个国家电视节目的需要，我国的电视机生产厂商推出了全制式电视机，通过这种电视机，人们可以收看所有三种制式的电视节目。

另一项重要的技术突破是磁带录像机技术。这种技术的大规模应用，使得电视台可以将先期拍摄好的节目录制下来，通过编辑加工后，制作出完好的节目磁带，再把磁带按顺序排好，依次播出。这种称为“录播”的方式的出现，使得电视节目的内容不再受时间、空间和地域的限制，内容也更加丰富多彩。到了 21 世纪，计算机和网络技术的蓬勃发展，更进一步深化了录播技术，现代化的电视机构，已经将高质量的电视节目灌录到大型硬盘数据库中，使用高性能的媒体管理软件，非常灵活地编排播出串联单，精确地按照导播的要求进行节目传送和播放，并能实时记录播出的所有信息。

东方明珠

无线电频率资源是一个国家战略安全重要的组成部分，我们国家对于无线电频率有着非常严格的管理。通常，电视的广播和声音的广播占用着各自的播出频段，广播频道之间、电视频道之间有着充足的保护频道间隔，决不会互相干扰。

电视广播的信号发射与声音广播有着很多相似之处，其发射原理大致相同，所不同的是，电视广播由于要将活动的图像进行处理和传送，所占用的频带资源要比声音广播大，电视广播频率通常也要更高一些，并且电视广播同时还带有与电视画面同步的声音信号，相对而言，接收并还原电视图像以及声音信号的电视机，比还原声音广播的半导体收音机复杂得多。

进入 21 世纪，广播电视的技术逐步发展到了数字时代，传统的模拟技术正在被数字技术逐步取代。在东方明珠上，数字化的改变也在悄悄进行，广播电视信号的传送逐步采用数字化信号格式，广播电视信号的发射也在逐步遵循数字广播的标准和要求，其中声音的广播称为“数字音频广播—DAB”，电视的广播称为“数字视频广播—DVB”。在一些大城市，一些专用的收音机已经可以听到高保真多声道的数字音频广播。一些公交车上已经可以看到实时的电视节目。数字化正在慢慢改变人们的视听享受。

广播的第三种方式，数据广播也随着数字化的大潮在影响着人们的生活。所谓数据广播，就是在声音、电视广播的频带资源空余位置，插入数据信息，也可以经国家主管部门允许使用特种频道，独立发送数据信息，而在用户那里只需配备专用的设备读出这些数据就可以了。数据广播具有时效性强、覆盖面广、传递及时等优点，已经广泛应用于股市信息发布、天气信息发布和金融信息的发布。

（鲁　意）

网络广播

网络广播应该说是一种网络流媒体，它通过在 Internet 站点上建立广播服务器，运行特定软件再把节目传播出去，我们通过在自己的计算机上安装和运行广播接收软件连接这些站点，然后就可方便地收听广播节目，还可阅读广播信息。

在宽带网络技术日新月异的今天，网络广播实现相对容易，设备投资相对较少，具有先天的优势，世界各国媒体竞相发展网络广播。经过短短几年的发展，据不完全统计，目前全球在因特网上的视频广播网站有 3 400 多个，使用 RealPlayer 系统的音频广播网站有 3 600 多个；每周播出 6 000 小时以上视/音频新节目，2 300 小时以上的点播节目。

穿越时空的温馨——电视节目播出系统

人们能在电视屏幕上看到丰富精彩的节目,是因为在电视台内有个播控中心,所有的电视节目就像火车站里的列车一样,从这里源源不断地发送出来,使人们安坐家中就能收看到这些节目。

播控中心作为电视节目播出的核心,有着相应的技术手段保障着正常的运作,主要有总控系统、播出系统。

总控系统里面有很多信号切换开关,在电视台里相当于一个枢纽站,决定着电视信号在电视台内部的各种调度方向,包括送入台内的节目源和送出台外的各种节目。比如每晚 19:00 各地电视台会转播中央电视台一套的《新闻联播》节目,就需要在19:00准时将央视一套的节目送给本地频道,而当 19:30 节目结束后又准时把央视一套的信号从本地频道中断开,并恢复本地电视台的节目在这个频道中的播出。这就像火车站在调度列车进站和出站一样。

而播出系统则相当于是一个货站,只不过这里只装不卸,而且装载的货物是各种电视节目,各个时间段就像从车站待发的列车。在播出系统中一般会设置多台磁带录像机,这些录像机互相接力,轮流工作,在任一时刻只有一台处于工作状态,其余的录像机则处于待命状态,为自己分配到的待播出节目做准备。由于每个电视台获得的频道资源有限,所以在录像机播出的时间安排和任务分配上必须稳妥协调,保证不同录像机间播出的节目能衔接起来,因此在电视台内部都会预先制作一张节目播出表,以精确安排每段时间该播出什么节目。

在播出系统中,一般而言一盘磁带对应着一段节目,将多盘磁带组合起来就构成了某个时间段完整播出的内容。在现代播出系统中,广泛使用了自动化控制技术,只需将每天的播出时间表和每盘磁带对应的条形码等信息输入控制程序中,并在规定的某个时间前将有关节目带交给自动播出设备就可以了。在自动播出过程中,控制程序会自动检查下一时刻准备播出的节目和磁带准备情况,并由自动播出设备中的机械手自动找出这盘磁带并插入准备播出的录像机中,一旦当前节目播完,马上能有新的节目跟上。而且自动播出系统一般还设有延时播出的功能,以满足电视台中可能的推迟播出需要。

随着计算机技术的发展,播出系统中也出现了许多新式武器,比如完全由硬盘组成的视频服务器，这些利用计算机原理制成的设备，可以避开磁带播出时必须循序渐进的缺陷，能随时调出某个节目或者节目的片断用于播出，具有更灵活的特点。

在这些技术系统的支持下，电视节目实际播出时，会遵循不同的播出模式。最常见的是利用播出系统实现录播，比如某个影视频道，所有节目都是预先制作好的，那么电视台工作时，只需要告诉播出系统每天播出的节目和起始、结束时间。在规定时刻到来时，就可分毫不差地完成播出任务。

另外一种是直播，就是把摄像机在演出现场拍摄到的电视信号直接播出来，比如香港回归的现场直播、每年的春节晚会节目等，这时需要总控系统和播出系统协同工作。直播开始时，在自动控制或人工操作下的总控系统会发出命令，把本地频道与现场信号源接通，这样我们在家里就看到了直播画面，如果直播时有多个摄像机提供信号源，我们还可以随着导播的信号切换看到不同的镜头；而当播出结束时，总控系统再次发出命令，把本地频道与现场信号断开，恢复传送来自于播出系统的电视节目。

在直播过程中，经常需要插入一些资料片，比如《新闻联播》中当播音员念完一段新闻稿后，视频新闻就会立刻呈现给大家，这是因为导播会按照节目的进展需要随时用录像机播出资料片来。在直播时还经常遇到节目需要延长的问题，这样原先的播出时间表就会被打乱，就需要在播出系统的配合下进行人工控制。

由于条件限制，目前电视台播出的节目还只能是你播我看的形态，观众只能被动选择正在播出的节目，无法做到按照自己的喜好和合适的时间来安排电视节目。随着现代通信技术和多媒体技术的出现，现在交互电视技术已经实现了观众的这种要求，这就是“视频点播”业务，在开通这项业务的地方，观众可以按照自己的意愿来决定收看的时间和选择收看的节目，把遥控器的控制范围延伸到了电视播出领域中，真正做到自由自在地收看电视。

（吴　坚）

视频点播网络系统

包括主干网络和本地网络两部分。因为它负责视频信息流的实时传输，所以是影响连续媒体网络服务系统性能极为关键的部分。同时，媒体服务系统的网络部分投资巨大，故而在设计时不仅要考虑当前的媒体应用对高带宽的需求，而且还要考虑将来发展的需要和向后的兼容性。当前，可用于建立这种服务系统的网络物理介质主要是：有线电视的同轴电缆、光纤和双绞线。

电视机畅游信息世界的神驹——机顶盒

机顶盒 STB(Set Top Box)起源于 20 世纪 90 年代初，当时在欧美作为保护版权和收取收视费的重要手段，有线电视台在每台用户电视机之前加一个密钥盒，只有交了费的用户才能正常收看电视，这就是最初的机顶盒。

20 世纪 90 年代中期，国际互联网在全世界快速发展和普及，人们萌发了用电视机上网的想法，于是具有 Internet 功能的机顶盒出现了。当时，计算机和网络厂商都期望因特网机顶盒能成为新的家用电器，市场炒作曾经几起几落，但始终未成气候。

对于机顶盒，目前没有标准的定义，传统的说法是“置于电视机顶上的盒子”。它是利用有线电视网络作为传输平台，电视机作为用户终端，以提高现有电视机的性能或增加其功能。由于功能和用途不同，使得“机顶盒”这个概念有些模糊不清，如早期的增补频道机顶盒、图文电视机顶盒、付费电视机顶盒等。

数字电视机顶盒接收各种传输介质来的数字电视和各种数据信息，通过解调、解复用、解码和音视频编码(或者通过相应的数据解析模块)，在模拟电视机上观看数字电视节目和各种数据信息。以有线数字电视机顶盒为例，其工作原理如下：高频头接收来自有线网的高频信号，通过解调器完成信道解码，从载波中分离出包含音、视频和其他数据信息的传送流。传送流中一般包含多个音、视频流及一些数据信息。解复用器则用来区分不同的节目，提取相应的音、视频流和数据流，送入解码器和相应的解析软件，完成数字信息的还原。对于付费电视，条件接收模块对音、视频流实施解扰，

并采用含有识别用户和进行记账功能的智能卡，保证合法用户正常收看。解码器完成音、视频信号的解压缩，经视频编码器和音频数字转模拟变换，还原出模拟音、视频信号，在常规彩色电视机上显示高质量图像，并提供多声道立体声节目。

数字电视机顶盒的基本功能是接收数字电视广播节目，同时具有所有广播和交互式多媒体应用功能，包括：(1)电子节目指南(EPG)：用户可以通过该功能看到一个或多个频道甚至所有频道上近期将播放的电视节目。(2)高速数据广播：它能为用户提供股市行情、票务信息、电子报纸、热门网站等各种信息。(3)软件在线升级：它可看成是数据广播的应用之一。数据广播服务器按DVB数据广播标准将升级软件广播下来，机顶盒能识别该软件的版本号，在版本不同时接收该软件，并对保存在存储器中的软件进行更新。(4)因特网接入和电子邮件：数字机顶盒可通过内置的电缆调制解调器方便地实现因特网接入功能。(5)支持交互式应用：视频点播、互动游戏等。(6)有条件接收：有条件接收的核心是加扰和加密，数字机顶盒应具有解扰和解密功能。

数字电视机顶盒的功能越来越丰富，人们除了用它收看最新的数字电视节目以外，还可以获得互动电视、数据浏览等服务。随着数字电视时代的来临，机顶盒的功能得到了迅速发展，越来越多的运营商和设备厂商着眼于机顶盒上新技术的利用和新业务的开发，以提供给观众一种全新的收看电视节目的方式，PVR机顶盒正是在这种背景下应运而生的。

PVR的全称是Personal Video Recorder(个人视频录像机)，它的突出特点是以硬盘作为存储媒介，建立本地的海量缓冲区和巨大的节目存储库，利用数字化处理技术，实现对节目的控制和管理。数字化和存储技术是PVR技术的核心，在这个基础上对节目进行灵活的节目编辑和录放控制。PVR技术和数字电视机顶盒结合而产生的PVR机顶盒，将两种先进的技术完美地结合，带来了数字化的精彩纷呈和互动的随心所欲，将老百姓的电视生活更向前推进了一步。

数字电视机顶盒不仅是用户终端，也是网络终端，它能使模拟电视机从被动接收模拟电视转向交互式数字电视(如视频点播等)，并能接入因特网，使用户享受电视、数据、语言等全方位的信息服务。随着数字技术、多媒体技术和网络技术的发展，数字电视机顶盒功能将逐步完善，尤其是单片PC技术的发展，将促使数字电视机顶盒内置和整个成本下降，让大多数用户在普通模拟电视机上实现既能娱乐，又能上网等多种服务。

(朱振华)

走近高清新视界

我国和欧洲大部分国家现在能够收看的彩色电视被称为标准清晰度电视(以下简称标清电视)系统,起步于 20 世纪 50 年代,其视频信号的带宽只有 6 MHz,只能达到早期的 16 mm 电影胶片的效果,即在一个宽度和高度符合 4∶3 比例的屏幕上提供 575 线的清晰度(这就是常说的 DVD 画面质量);同时只提供左右立体声效果伴音。美国和日本的标清电视系统也与此相类似,只不过他们的视频信号带宽更小,所能提供的清晰度只有 480 线。

高清晰度电视的概念是 20 世纪 70 年代由日本提出的,目标是达到 35 mm 电影胶片的效果,即以这个电视系统的显示屏高度为标准距离,在离开显示屏三倍距离的位置上,一个视觉正常的观众收看到的电视图像,应具有观看原始景物或表演时所得到的质量,具体的指标包括 16∶9 的画面宽高比、多声道环绕立体声、水平和垂直方向的清晰度达到现有电视系统的两倍。这样的高清晰度视频信号带宽达到了 20 MHz,这就意味着由于视频信号带宽的增加,在扩大视频画面大小的同时能携带更多的画面细节,使得电视节目更清晰逼真。

由于高清电视在起步阶段就注定要向下兼容传统的标清电视节目,因此传统的一些电视概念直接影响到了高清电视系统参数的制定。比如我国高清电视的节目参数主要有:每帧高清电视图像由 1 080 个有效行组成,每行有 1 920 个像素点,这样就满足了 16∶9 的画面宽高比,也有利于计算机对高清图像的直接处理,同样采用 25 帧的隔行扫描系统,被标记作 1 080/50 i。如此,观众正好可以看到在水平和垂直方向上高清电视可以提供 2 倍于标清电视的清晰度。

在国际上还广泛使用另外一套节目参数,即每帧高清电视图像由 720 个有效行组成,每行有 1 280 个像素点,采用逐行扫描系统,这被标记作 720P,这样的图像质量正好介于现在的标清节目和 1 080 角秒之间,主要出发点是牺牲一定的图像清晰度来有效降低图像的数据量。

可以看出 1 080i 图像由于每帧图像的像素更多,可以提供质量极高的精致画面质量,720P 图像由于每秒钟具有更多的画面,因而更适合拍摄运动中的场景。

由于高清电视节目占用的频带资源是传统电视信号的好几倍,如果和过去一样直接采用模拟信号方式传输，无论是制作播出机构的电视设备，还是用户家庭的电视接收设备都将会变得极其复杂，而且模拟传输方式所固有的技术缺陷，将使用户接收到的信号质量较差，高清晰度的优点无从体现。日本在20世纪80年代的一系列实验就证明了这一点。

在成功对标清电视实现数字化改造后，人们将这一操作理念引入到高清晰度电视领域。因为数字化以后的电视信号是一连串的"0""1"符号，在传输、存储或处理过程中不易受到干扰，是一种理想的选择。在演播室和制作领域首先出现了数字化的设备，但由于数字化的高清电视信号每秒的数据量达到了空前的1 485 Mbit，在演播室中直接使用虽然没有问题，但还是不能经济、高效地把高清电视节目传送到千家万户。因此，人们急需一种新技术。

在20世纪90年代活动图像专家组(Motion Picture Experts Group)制定了一条涵盖标清电视和高清电视传送和存储的数字化之路。其理论源于乍看之下电视的图像信息很丰富，但图像之间每时每刻都有一定的关联性，即前后电视画面中的内容之间通常有很多都是重复的，只要人们找到办法进行特殊处理，在显示第二幅画面时能尽可能多地利用第一幅画面中已有的图像信息，这样就可以在保持节目画质的同时，把传送电视图像所必需的信息量降到最小。

在这种思路的指导下，经过人们多年的努力，最终形成了国际性的MPEG标准体系，并研制出了大量的编码设备。现在的MPEG-2编码技术可以成功地将传送高清电视节目所需的信息压缩到原始数据量的1/50左右，而最新的MPEG-4等编码技术更胜一筹，只需大约1/100的数据量就可以传送这些高清电视节目，还原后的图像质量只比原始图像略有降低。这样，就使得高清电视的应用成本大大降低，大规模推广高清电视成为可能。比如传媒产业发达的美国和欧洲都已经利用卫星开始播出高清电视节目，包括新制作的各类科教专题片、体育节目、现场文娱节目等。

我国也在积极发展高清电视产业，在相关的技术标准、设备研制和节目拍摄上都在作积极准备。不远的将来我们就可以在家里尽享高清电视带来的视觉体验，拥有真正属于自己的家庭影院已经为期不远。

（吴　坚）

镜头背后

现代摄像机是利用光学原理和电子技术来工作的，它先用光学部件将景物等投射到光电转换器件上，由后者生成与图像对应的电流，并对电流形式的图像信号进行处理后传送给图像监视器，使其还原出所拍摄的景物，或者送入录像设备以长期保存。

自然界的颜色可以用亮度、色调和饱和度来表示，亮度表示某种色光对人眼的刺激程度，色调反映各种颜色之间的特征差异，如红、橙、黄、绿、青、蓝、紫，饱和度反映颜色的浓淡深浅程度；同时人们发现只要选择合适的三种基色，就可以混配出自然界存在的一切颜色，包括其亮度、色调和饱和度。

这样就建立了彩色电视的光学原理——三基色理论。实际使用中，人们选定了红、绿、蓝作为三基色。

当前广泛使用的光电成像器件是CCD(光电耦合器件)，它是随着现代电子技术和半导体技术的发展而出现的，其利用了光在MOS(金属-氧化物-半导体)电容器件中的光敏效应工作。

在CCD器件中，有着几十万甚至几百万个单元，它们对应着图像中的每个像素，可以产生、存储和转移与入射光对应的电荷。

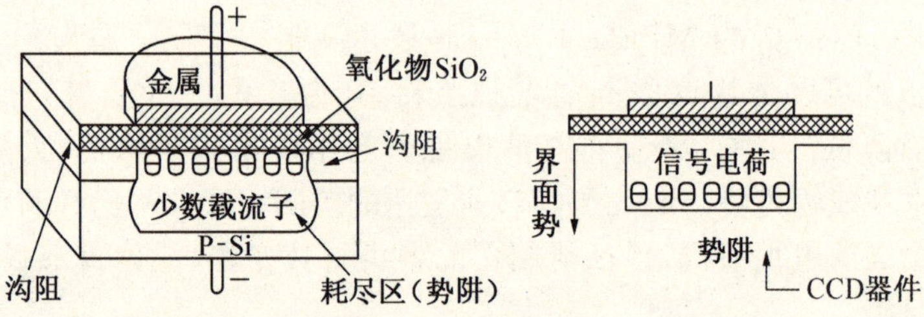

制作MOS器件时，首先在半导体硅衬底表面上生成一层较薄的二氧化硅，再在二氧化硅表面蒸镀上一个金属层(或能导电的多晶硅层)，这就是一个MOS电容器件。如果在金属电极加上适当的正电压后，基于半导体导电特性，这时衬底中的电子(即图中的少数载流子)将被吸引到硅衬底与二氧化硅接触面的附近，这个带负电的区域就是图中的耗尽区(也叫势阱)；而衬底中的硅原子失去电子后就形成了带正电荷的空穴(多数载流子)，并在金属电极的正电压排斥下空穴(非原子)不断聚集到衬底深处，在耗尽区中将没有可动空穴。这样，只要外加的正电压保持不变，电子就能一直存储在耗尽区中。

当有光线投射到 MOS 电容器上时，光子会穿过透明电极及氧化层直接进入衬底，由于光子携带了一定的能量，将使具有光敏特性的衬底产生电子空穴对，这时在外电场的作用下，电子进入耗尽区并存储起来，空穴移向衬底并消失，这就形成了信号电荷。由于 MOS 器件中生成的信号电荷数量与入射的光照强度是成比例的，因此只要把多个 MOS 器件上的电荷组合起来，就能形成与光图像对应的电图像。

对于 MOS 电容器件，只要周期性的改变所加载的电压，就可以完成正常的电容器充电/放电过程，光照而产生的电荷也就可以转移到其他电路中去。

在一块 CCD 器件上纵横排列的这些 MOS 电容器件，直接反映着摄像机工作时的各种特性，进而影响到摄像机的整体指标，所以人们除了选用高质量的 CCD 器件，还在光线通过镜头后用分光镜将红、绿、蓝三基色分离开来，并同时使用三块独立的光电成像器件，以分别形成三个基色光所对应的电图像。

这时得到的电视图像是由三基色信号混配而成，在特定的光源条件下，三基色信号要满足一定的比例关系才能真实反映所拍摄景物的各种色光。而在摄像机中，由于多种器件共同作用的结果，无法达到理想的比例关系，因此需要采取电子校正的方法进行人工干预，强制摄像机输出的三基色信号保持在一定比例。

这样在使用摄像机时，当拍摄场景的光源发生变化后，会相应引起三基色信号之间比例关系的破坏，从而造成图像的偏色现象。

为了解决这个问题，在正式拍摄前，需要拍摄现场光源条件下的纯白物体(如白纸等)，对摄像机内部电路进行校准，使摄像机输出的三基色信号比例调整到新的工作状态，达到与拍摄现场的自然光一致。这一过程就是白平衡调整。

此外，还需要解决摄像机在拍摄黑色物体、在光线较暗条件下如何拍摄清晰画面等问题，这些信号调整完成后，就会立刻按照电视信号的行-场扫描规律进行电视信号编码。

这是因为我们的电视节目是一连串的活动画面，每秒钟只显示 25 幅(称做 25 帧)画面，一幅画面在传统的电视机上扫描(就是显像管中电子束从电子枪被发射并撞击到屏幕上的发光物质)时，要分成 2 次才能完整显示(这被称作隔行扫描，也就是 1 帧分 2 场显示)；每幅画面又需要由电子束在显示屏上从左上角到右下角一行行地扫描，这叫做正程。此外，1 帧扫描结束后，电子束还要从画面的右下角回到左上角的起始处，这叫做逆程。通过这些行-场扫描过程，电视机上才能稳定、精确地还原被摄的电视画面。

镜头示意图

这样的电视信号在直播中使用，还需要记录在某种设备上使其可以重新回放。最常见的是通过电磁感应原理制成的录像机，即在磁性记录媒体上(如磁带、磁盘等)涂抹了均匀的磁性记录层，电视信号的强弱变化将会产生同样强弱变化的磁场，将这个外磁场作用到磁记录层后即引起磁性物质的磁化，这时磁性物质的剩磁特性就能对应于原始的电视信号强度，在回放时只要读取这些剩磁特性就可以再用电磁感应方法还原出来。

（吴　坚）

监控摄像机选用指南

摄像机宜选用 DCC 黑白、彩色摄像机。黑白摄像机水平清晰度 ≥ 400 线，彩色摄像机水平清晰度 ≥ 270 线。信噪比要求 ≥ 46 dB。应根据监视目标的照度选择不同灵敏度的摄像机。监视目标的最低环境照度应高于摄像机最低照度的 10 倍。当需要遥控时，可选用具有光对焦、光圈开度、变焦距的遥控镜头装置。摄像机可选用体积小、重量轻、便于现场安装与检修的电荷耦合器件(CCD)型摄像机。根据工作环境应选配相应的摄像机防护套。防护套可根据需要设置调温控制系统和遥控雨刷等。固定摄像机在特定部位上的支承装置，可采用摄像机托架或云台。当一台摄像机需要监视多个不同方向的场景时，应配置自动调焦装置和遥控电动云台。摄像机需要隐蔽时，可设置在天花板或墙壁内，镜头可采用针孔或棱镜镜头。对防盗用的系统，可装设附加的外部传感器与系统组合，进行联动报警。监视水下目标的系统设备，应采用高灵敏度摄像管和密闭耐压、防水防护套，以及渗水报警装置。

我也可以做导演

在现场摄制好的电视素材，一般不用于直接播出，需要通过一定的制作，才能正式成型为电视节目。这种按照电视导演的艺术指导，对各种素材加工来表达各种主题的过程就是电视制作。而少量的电视素材会一边摄制一边直接播出，如体育比赛、文艺晚会和突发新闻等，这时电视台经常会对图像进行一定程度的处理，如同时显示演播室里的主持人和现场记者的多画面效果，直播节目也会在播出完成后被加工，以便再次播出。

在电视发展的初期，常见的节目制作手法是将不同场景记录的各个分镜头按一定次序连接起来，或者在制作时采用抠像特技手法。

抠像就是用摄像机拍摄均匀蓝色幕布之前的人物或道具(前景，即下图的图像 B)，然后通过特技设备把蓝色背景抠掉，换成其他背景图像(即下图的图像 A)，这样新的画面就产生了。这时前景和背景只是简单地叠加在一起，背景不能与前景的移动、变化产生呼应；如果背景是活动画面，即使保持拍摄前景的摄像机不变化，仍会产生主持人好像在背景上飘浮的感觉，缺乏真实感。

同期的电视制作机构中最常用的节目记录媒体是节目内容与时间呈线性特征的磁带，在编辑时必须顺序寻找所需要的视频画面，因此这种传统方法也叫线性编辑。用传统的线性编辑方法，在节目的某场景插入新的画面，或删除节目中某些片段时都要重新编辑，而且每次编辑后视频质量都要有所下降。

随着现代技术的发展，特别是计算机技术进入电视制作领域后，迅速掀起了一场电视制作的新革命，使得电视制作手段发生了翻天覆地的变化，电视编导们也有了各种新式武器，突出的有非线性编辑、三维特技和虚拟演播室。

非线性编辑充分运用了计算机的强大处理能力和数据存储随机的特点，集节目录制、采集、编辑、字幕、特技、动画等于一体，可以非常方便地对素材进行预览、查找、定位、复制、剪切、粘贴、设置出点入点等操作，可以打破时间顺序进行任意编辑，更方便地创造出蒙太奇效果，充分发挥电视编导们的创造力和想象力。

在非线性编辑系统内部，对视频文件的操作非常简单，完全是在指定的时间轴上进行文件拼接，对这些文件在时间轴上的摆放位置和时间长度的修改都是非常随意的;即使完成了新的节目制作,原始素材也不会受到任何影响。非线性编辑系统在实际编辑过程中始终对数字化以后的数据进行处理,因此任意的剪辑、修改、复制、调动画面前后顺序等操作,都不会引起画面质量的下降,克服了传统线性编辑设备的致命弱点。

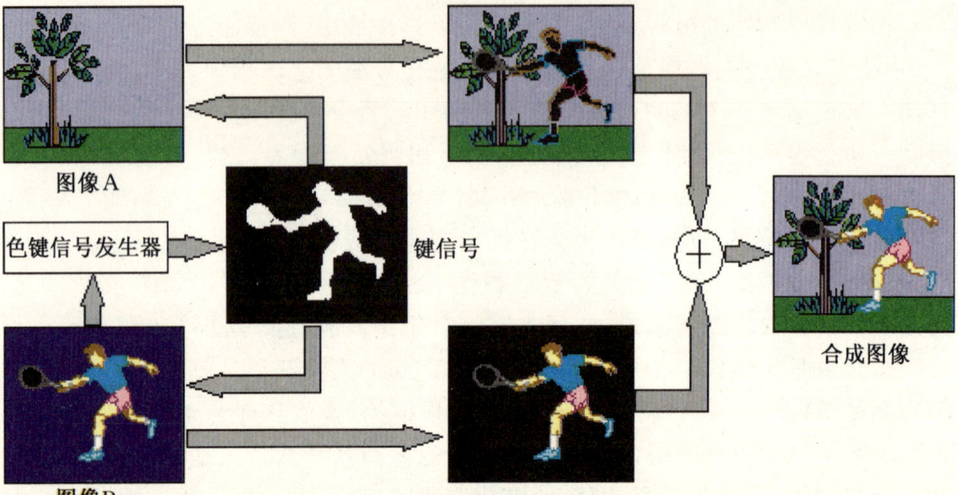

色键抠像原理

三维特技采用了计算机三维成像计算能力,将被加工的素材作为一个物体输入计算机中,经过内置了物体运动物理规律的特技程序的计算后,可以实现诸如火焰燃烧、彗星运动、流星雨、粒子光等令人炫目的特技效果。在设定的程序帮助下,还可以自行开发出新的特技效果,这些都弥补了传统场景制作和摄制的不足。现代的电视制作机构大量运用三维特技技术,即大量节约摄制成本,又能创造出特殊的艺术效果。

由于计算机技术的发展,还出现了虚拟演播室技术。这里的场景是以计算机通过三维图形技术"虚拟"画出来的,里面的摄像机所拍摄的现场已不是一般的主持人或演员活动的地方,而是虚拟画面应用空间的组成部分,它的实际意义仅仅是虚拟场景的大小。现场所有布景全部由单一的蓝色所取代,以作为将来抠像的基准色。图像的前景则是不同机位的摄像机拍摄到的主持人,主持人所在的实景现场的全部蓝色区域将输入到计算机中,并将蓝色抠去后与虚拟场景合成到一起,这两者通过虚拟摄像机与现场摄像机中的同步动作来保持运动的前景和虚拟场景的呼应变化。

虚拟演播室中的核心技术就是保持这种运动同步的机制。一种办法是通过安装在摄像机上的运动跟踪系统,虚拟演播室控制系统会检测到摄像机的推、拉、摇、移、聚焦、变焦乃至升降等运动数据，通过计算后，现场摄像机与虚拟演播室中“虚拟”的摄像机被相对地锁定在一个位置上。当现场演播室摄像机运动时，虚拟摄像机受跟踪器的控制可以实时地与现场摄像机保持同步。

另一种为图形识别方式，这时需要一个画有特殊网格的蓝色背景幕布，它将摄像机所拍摄的画面送到数字视频处理器中进行处理，通过对该画面中各种网格的不同特征和透视关系进行计算，得出有关摄像机的运动参数。

画有特殊网格的蓝色背景幕布

虚拟演播室系统中配备了控制系统，这是虚拟演播室节目制作的“导演台”。它除了调用和调整事先做好的三维虚拟场景外，还负责向图形发生器传输图像数据及处理摄像机的运动数据，使图形发生器相应的计算出虚拟三维电脑场景的实时运动，以保证其输出的虚拟背景与真实的前景同步。

这些新式节目制作系统刚出现时只能在昂贵的专用工作站上运行，随着现在个人计算机的功能越来越强大，电视制作也能在家里完成，这样许多个人爱好者也可以将自己的日常生活用家用数字摄像机记录下来，并像专业电视人士一样熟练运用各种编辑手段，把各种场景组合成最美好的回忆，实现电视导演的梦想。

（吴　坚）

电视制作过程

就每个接受电视节目信息的个人而言，“电视”是人们凭借“声”和“光”的科技效益来感受认识社会、认识世界的又一艺术形式，称之为“第八艺术”。这其中的“声”、“光”，就是电视制作的两大主要内容，是创作人员凭藉其电视文化方面的修养，调动专业技术手段进行艺术创作的主要内容。声、光的制作就是人们认识“电视”，接受“电视”的关键所在。这个“创作”的内涵可以包容天底下、世界上或者人类正在控求的微观、宏观等一切领域。人类所从事的各种活动几乎都可以通过电视技术赋于电视表现行为的各种手段，以更新更妙的姿态展现在世人面前。

公交车上的风景线——数字移动电视

时下，在中国的一些主要大中城市，很多公交车上都安装了移动电视，广大乘客可以边乘车边看电视，移动电视好比是公交车上的一道风景线，给乘客带来了快乐和享受。

广播电视最初经历的是开路方式，也就是通过广播电视发射塔将处理好的信号以广播的形式发送出来，用户在家通过电视机来接收广播信号，并还原出声音和图像。由于开路的广播电视信号深受地理环境的制约，当时模拟的广播电视信号不能很好地被用户接收，所以，能够保证信号质量的有线电视便应运而生。经过十多年的发展，有线电视逐步普及，目前全国的用户数量已经超过1亿，开路的广播电视反而作为有线电视的一种补充了。然而，随着科学技术的不断发展，开路广播电视技术也在不断地进步，在某些特定的领域，以其无线、自由移动的特点，发挥了日益重要的作用，而其中的关键技术就是模拟技术到数字技术的转化。

移动电视

广播电视从模拟方式全面转向数字方式已成为世界广播电视发展的必然趋势。数字电视地面广播已经走出实验室，开始产业化，其中的一个分支，数字移动电视，也就是在公交车上大家看到的实时电视节目，越来越受到人们的关注。

数字电视地面广播系统的目标是：采用地面广播的方式进行数字电视广播，要求广播覆盖整个城市，并实现数字电视节目的车载移动接收。

在系统中，实现覆盖是一个非常复杂的难点。以上海为例，专家们在已有的数字电视地面广播试验平台的基础上，做了大量测量工作，在掌握了原有的覆盖情况下，进行了推算，并参考了一些国外资料，确定了采用单频网的方案。专家们在完善上海原有的广播电视发射塔——东方明珠塔的基础上，增加了一些发射网点，并进行调试，建成了上海地区的

DVB-T(地面数字视频广播)单频网。与此同时,还采取了一些其他措施,如研制新的天线,提高接收灵敏度。经测量统计,上海地区单频网建成后,在上海市外环线内的信号覆盖率平均达到95%,确信在外环线内地区接收效果良好。

系统中的另一个重点是视频压缩标准和系统。目前正式运行的系统使用MPEG-2视频压缩系统。视频编码方式的选择受限的条件较多,主要原因是数字电视地面广播的移动接收条件比较差,有效带宽比较小,在保证覆盖较好的情况下,采用MPEG-2的压缩方式在现有条件下只能传输一路实时节目;而其他较好的压缩方式可以达到较高压缩率,能够实现在一路电视频道中发送多路节目,但是它们都不是很成熟,特别是没有现成的接收机。对此,采用分步实施方式:在初期,先采用MPEG-2实现一路节目的传输,这样可以达到迅速推广应用的目的;同时开发其他压缩方式下的接收机,在条件成熟时再用其他压缩方式进行广播,并逐步将MPEG-2节目替换。目前其他压缩方法正在开发和试验,在现有的码流中已经加入了MPEG-4压缩流做开路试验。

为了有效地接收来自发射塔的数字电视信号,接收端的天线部分采用了高增益全向天线,就是在公交车顶安置了大型平板天线,面积一大,收到数字电视信号的概率就高些。巴士上的显示屏出现了黑屏和"Weak Signal"字样时,就表明收不到任何信号。城市中有些地区高楼林立,对于移动数字电视接收有些影响,但只是局部的,对这些盲区、盲点除个别区域可采用补点办法解决外,其余应依靠改善接收条件、应用新技术如采用预存储播放的办法加以克服。对有些特殊地方如过江隧道、地铁等则应采用泄漏电缆的信号场,达到理想的覆盖要求。

目前,机顶盒采用的是支持移动接收的MPEG-2机顶盒,这个小铁盒位于司机座位的下面。机顶盒拥有一定的内容存储能力,可以不间断地输出视音频信号。

基于MPEG-4的接收机样机已经完成,正在做测试和改进。数字移动电视发展较早的上海,数字电视地面广播及其移动接收系统目前已经基本建成。该系统采用了DVB-T的传输方法,所建立的单频网基本解决了覆盖问题,采用的是MPEG-2进行视频压缩。

作为地面广播电视数字化的一个分支,各地的车载移动电视的试验仅仅是迈出了第一步,今后的道路还很长,任务还很重,仅从数字电视地面移动接收系统来说也还有很多地方要完善,还有很多技术问题要探索、要解决,有很多新技术也在进一步开发应用。

(鲁　意)

宽带之翼——WLAN 技术

如果想在家中摆脱连线束缚，随心所欲地上网畅游；或者出门在外时实现不间断的网络连接，随时随地获取各种信息，这些要求，对 WLAN 技术来说只是“小菜一碟”。WLAN 中文名称为无线局域网，利用无线射频技术（身份验证的一种方法）在空中传输数据，采用 IEEE802.11b 国际标准，是计算机网络与无线通信技术相结合的产物。通过 WLAN 技术提供用户无线上网服务，利用电磁波作为传输媒介在空中发送和接收数据，提供传统有线局域网的功能，能够使用户真正实现随时、随地、随意的宽带网络接入。

WLAN 技术包括两个部分：无线网卡和无线接入点，无线接入点又称为 AP。基本工作方式是无线网卡安装在笔记本电脑、台式电脑、掌中电脑(PDA)等终端上，配备相关软件与 AP 通过无线方式进行连接，AP 则以有线方式连上有线网络，实现与大网的连接。

无线 AP 作为无线网络中的一个重要设备，直接影响着无线网络传输信号的强弱。要想有效提高无线网络的整体性能，用好无线 AP 就成了不可或缺的一个重要环节。

无线 AP 在无线网络中扮演着集线器的角色，它其实就是无线网络信号的发射“基站”，由于无线通信信号是按直线方向传播的，在传输的过程中，遇到障碍物，信号的强度就会受到削弱，特别是遇到金属障碍物时（浇注的钢筋混凝土墙壁），无线信号的衰减幅度更大。因此它的安装位置必须选择好，才能不影响整个无线网络信号的传输稳定。尽量将它的位置安装得高一些，或者在障碍物的顶部再增加一个通信中继点。再由于无线 AP 的信号覆盖范围呈圆形区域，为了确保与之相连的每一台无线终端都能有效地接收到通信信号，应该将无线 AP 安置在工作区域的中心，然后将每一台无线终端围绕在无线 AP 的四周放置，这样就能确保每个终端都能高速地接入到无线网络中。此外，无线网络通常会根据通信距离的远近自动调整上网速度，一般情况下终端离无线 AP 的距离越近，其通信信号的抗干扰能力就越强，上网速度就会越快，反之亦然。当然也可以利用铁塔来增加无线 AP 的室外天线高度，同时调整好天线的方向，确保它们与水平线有一个合适的小角度。这样的话就能有效地消除无线终端与无线 AP 之间移动的或固定的障碍物，从而确保无线 AP 的信号覆盖范围足够大，无线网络的整体通信性能就会大大得到提升。当然，为了确保某一座建筑物之内的所有无线终端能同时连接到一个网络上，有时还需要通过双绞线将所有的无线 AP 连接在一起。

在组建无线漫游网络时，为保证无线网络有足够的带宽，将多个无线 AP 有效地连接起来，并让每一个无线 AP 产生的各自无线信号覆盖区域进行少量交叉覆盖，还需要对各个无线 AP 进行适当的设置，互相覆盖的无线 AP 必须使用不同的频道。目前，一个无线 AP 可以使用的频道总共有 11 个，其中只有 1、6、11 这三个频道是完全不被覆盖的，可以将相邻的无线 AP 设置成使用这些频道，搭建一个无线漫游网络，这样用户就能随意地在整个网络中进行无线漫游了。一个无线 AP 信号覆盖区域与另一个无线 AP 信号覆盖区域之间，有少量的重叠部分时，用户在移动过程中会自动进入到新 AP 信号覆盖区域，这样一来就能确保用户在不同网络之间漫游时始终处于最佳状态，确保无线漫游成功，网络之间能够实现无缝连接。

无线工作站是共享的，无线 AP 同时与较多的无线工作站进行连接时，每一台无线工作站所能分享得到的网络带宽就会逐步变小。为了确保整个无线网络的通信速度不受到影响，一定要控制好无线工作站的接入数目，以便保证每一台工作站都能获得足够的上网带宽。一般来说，支持 IEEE802.11 b 标准的无线 AP 可以同时连接 20 台左右的工作站，当然，要是一台无线 AP 同时连接的工作站数目较少时，会导致组网成本过高。

无线局域网的抗干扰性强、网络保密性好，其组建、配置和维护较为容易。在最近几年里，WLAN 已经在公共区(机场、宾馆、会展中心、商务楼、休闲中心和咖啡吧等)、企业移动办公区(商店、工厂和学校等)和家庭中不适合网络布线的场合得到了广泛应用，从而做到了持续连接、移动办公、随时随地享受网上证券、视频点播(VOD)、远程教育、远程医疗、视频会议、网络游戏等一系列宽带信息增值服务，真正满足了用户对上网的便利性、个人化的需求，使 WLAN 技术所倡导的“时尚实用生活”、“宽带无线，自由无限”等概念深入人心，丰满宽带之翼。

（谢　蔚）

无线局域网不足之处

它是依靠无线电波进行传输的，而建筑物、车辆、树木和其他障碍物都可能阻碍电磁波的传输，所以会影响网络的性能；无线信道的传输速率与有线信道相比要低得多。目前，无线局域网的最大传输速率为 54 Mbit/s，只适合于个人终端和小规模网络应用。

容量最大的信息载体——激光通信

光波也是一种电磁波。依电磁波谱的排列，它是继长波、中波、短波、超短波、微波之后的一种频率极高、波长极短的电磁波。人们称之为现存最大和最后的电磁波资源。

“烽火戏诸侯”是很有名的历史故事。周幽王为讨得宠爱的褒姒的欢心，竟下令点燃烽火（古时一种通报敌情的军事通信方式，白天生烟、夜间点火，以此为号），各路诸侯以为敌人进犯，带领大队兵马前来救助，结果却是被戏弄了一场。他们急急来，匆匆回，褒姒见此，仅露一笑。从这故事中，历史学家看到了幽王的无道、政治的腐败，而科普作家看到的却是最早的光通信应用的实例。

原始光通信的方式还有好几种，如旗语、灯语、信号灯、信号弹等等。但所有这些光通信方式，因其表达的方法十分简单，能传递的信息容量极其有限，远远不能适应现代通信的需要，必须另辟蹊径。

作为信息载体来说，自然光的不足之处有三条：一是光强度不足，即使是刺眼的光亮，实际亮度还是很有限的；二是赤橙黄绿青蓝紫，各色都有，光波频率十分杂乱；三是光束散射，能量不集中。像手电筒光那样，即使有抛物面聚光罩，但光照到不远处已是一片散光，无法作远距离传递。激光的诞生为现代光通信打下了坚实的基础。

激光是一种特殊的电磁波。它的诞生是一个多世纪以来众多科学家不断深入研究电、磁、光等物理现象后获得的辉煌成果。激光的直接创始人是著名科学家爱因斯坦。有趣的是，1921 年他获得诺贝尔奖的科学成果，并非是举世闻名的相对论，而是他在 1905 年提出的光量子学说。他认为光是由许许多多的光子组成的，不同能量的光子组成不同颜色的光。1916 年爱因斯坦又提出了原子中的电子可以受“激发”放出光子的论述。这就是产生激光的基本原理。

激光的英文名字是“Laser”，音译为“雷射”，意译为“受激辐射光”，简缩成为“激光”。

1960 年，世界上第一台激光器由美国年轻科学家梅曼研制成功。第一台激光器是红宝石激光器。而后，钕玻璃激光器、半导体砷化镓激光器、气体氦氖激光器、氩离子激光器、二氧化碳激光器等各种各样的激光器相继诞生，组成了庞大的激光器家族。

由于激光具有许多独特的性能，它的应用十分广泛，全息照相、激光唱片、激光手术、激光打孔、激光测量、激光育种、激光武器等，在艺术、医学、工农业、军事等各领域都有应用，而激光最大的用武之地还是在通信领域。

激光是受辐射产生的人造光，它的亮度极高，是太阳光的亿万倍。激光的能量集中，散射很小，可被称为平行光。激光的频率极高，更重要的是它的光频率极其一致，也就是说它的波长极其一致，所以用激光作为信息载体可以把大量信息传递到很远很远的地方，而且发送和接收都非常方便。

如果激光直接在空间传播信息，由于大气中尘埃、云雾、雨雪等因素的存在，会引起激光的散射和吸收，消耗它的能量，严重影响传输信息的质量和稳定性。而激光在光导纤维中传输，情况就完全不一样了。

光是直线传播的，可早在一个多世纪以前，有人做实验证明光可以在透明介质中传播，并能随着介质的弯曲而弯曲。在一个装满水的容器壁上钻一个小孔，水从孔中流出呈弧线形落到地面。用光从容器上面照射其中的水，射入水中的光会随着流出的水，沿着弧线形路径照到地面——光会随着水柱的弯曲而弯曲。

光导纤维是利用具有特殊光学性能的材料——超纯石英或特种光学玻璃——制成的细丝。一根光纤连同它外面的保护涂层总共只有一根头发那么细，然而如此细而又透明的光纤却比钢还坚固，比铜还柔韧。它能使光在其中顺利地传输，大大减少了光在空间传播的损耗，又可不受任何干扰。许多根光纤可以组成光缆，光纤和光缆能像电线和电缆那样弯曲、敷设，十分有利于光信号的传播。

光纤通信的设备并不复杂。发送方电端机的电信号经过光端机处理，采用改变流过半导体激光器或发光二极管电流的方法，把电信号的变化转换成对应的光强度的变化，将电信号直接调制到光波上。调制后的光信号耦合进光纤，通过光纤传送到接收方。接收方光端机的光电二极管对信号作检波处理，使光信号转换成对应的电信号，再经解调后送到电端机。从而可有效处理电话、电视、图像、数据等信号，直接为用户服务。

激光通信有很多优点。一是它的通信容量大。从理论上讲，一根头发丝那么细的光纤，可传送百万路电视或百亿路电话，实际应用已可达到数万路电视或数百万路电话。激光通信构筑了宽频带大容量的信息高速通道。

二是设备简单，维护方便。光纤、光缆的直径小、重量轻、耗材省、施

激光通信

工敷设容易。如一根四管中同轴电缆，外径为45毫米，每千米4 400千克，而一根四芯光缆，外径为9毫米，每公里重量仅200千克。

三是节省大量有色金属。生产通信电缆需要大量的铜和铅，而生产光纤的主要材料是石英，地球上石英的蕴藏量非常丰富，可谓是取之不尽，用之不竭。光缆比电缆造价便宜，这样就大大降低了通信成本。

四是通信保密性强。光纤既不怕潮湿，不怕化学腐蚀，也不怕雷击，又不受电磁场的干扰，会使电磁波通信中断的核爆炸对它也毫无影响。光通信的声音逼真，图像清晰，数据正确，质量非常好。

现今，北京、上海、广州等大城市的电话网的端局之间的通信传输线路，绝大部分已用上了光纤光缆，为迎接信息时代的到来作好了物质的准备。

（施善昌）

激光通信的优、缺点

1. 通信容量大。在理论上，激光通信可同时传送1 000万路电视节目和100亿路电话；2. 保密性强。激光不仅方向性特强，而且可采用不可见光，因而不易被敌方所截获；3. 结构轻便，设备经济。由于激光束发散角小，方向性好，激光通信所需的发射天线和接收天线都可做的很小，一般天线直径为几十厘米，重量不过几千克，而功能类似的微波天线，重量则以几吨、十几吨计。

激光通信的一些弱点：1. 大气衰减严重。激光在传播过程中，受大气和气候的影响比较严重，云雾、雨雪、尘埃等会妨碍光波传播。这就严重地影响了通信的距离；2. 瞄准困难。激光束有极高的方向性，这给发射和接收点之间的瞄准带来不少困难。为保证发射和接收点之间瞄准，不仅对设备的稳定性和精度提出很高的要求，而且操作也复杂。

商品货物的身份证编号
——条形码信息处理系统

如今到大卖场或超级市场购物，结算付款时，总是看到收银员或是手拿枪式扫描器对准商品上一连串的长条形符号发射一束红光，再发出“嘟”的一声；或是手持商品将印有长条形符号的一面在一个小窗口似的激光扫描器前停留一下，随即听到“嘟”的一声。这时显示器上就会显示该商品的名称和价格。这种印在商品货物上的宽窄不等、黑白相间的长条形符号，称之为“条形码”，它是商品货物的“身份证”编号，为的是便于电脑自动识别，并在自动识别条形码信息的基础上实现商品货物流通的现代化管理。

“国际物品编码协会”制定了条形码编码规则和技术标准，协会各成员国共同遵守和使用。现在我们见到的条形码下面还印有一组阿拉伯数字，常见的是13位，商品体积小的也有8位。在13位数字中，最左边的3位数字是国别(地区)代码，表示该物品的生产国家或地区；接下去的4位数字是产品制造厂家(公司)的代码；再接下去的5位数字是产品本身的代码；最右边的一位数字是为了防止差错而设置的检验码。以国别(地区)代码为例，00～09是美国和加拿大，30～37是法国，40～44是德国，789是巴西，888是新加坡，955是马来西亚，中国是690～692。

既然有13位阿拉伯数字，为什么又要印上宽窄不等、黑白相间的条形码符号呢？大家知道，电脑是以二进制数字为运算基础的高速度、大容量的信息处理设备。无论外界的原始信息呈何种状态，输入计算机内部作运算处理的信息一定是二进制数字状态。为此通常是外界的各种信息，如中文、英文、图像、话音等转换成二进制数字信息后再由计算机处理。这种转换技术要求高，成本大，且容易出错。如果外界的信息是二进制数字状态的，那就可以直接输入电脑处理了，既方便，又快捷，还可大大节约成本。再是在设置二进制数字符号时加入具有纠错功能的检验码，也可大大提高正确识别率。条形码就是一种二进制数字状态的信息符号。为此，条形码自动识别技术与其他的方式相比，具有速度快、成本低、操作方便、准确度高等优点。专为电脑信息处理高质高效而设计编制的条形码技术是信息时代数字社会最为实用的技术之一。除了大量应用于商品流通领域外,还广泛应用于邮电、铁路、军事、办公自动化和工业自动化等领域。

在条形码技术应用领域里。条形码的编码数字仅代表某一物品的"身份证"编号,该物品具有的各种信息的"档案"材料是存于电脑数据库里,必要时才予以显示或作相应的运算处理。例如:超市购物结算时,扫描器识读商品的条形码后输入电脑,电脑根据这个"身份证"编号在数据库中检出该商品的"档案"资料,如商品的货名规格、有效日期、单价金额、库存数量等,在此基础上再作运算处理,如显示商品单价,并在总价上加上这个金额,再在库存数中减去1(为的是让管理部门掌握销售动态,当库存小于某一数量时可及时进货),实现了商品零售的自动化管理。

条形码通常是黑白相间的表达形态,黑条代表"1",白条代表"0",宽黑条是"11",再宽的黑条是"111"。白条也是如此。此外,还可以用磁性材料编制条形码。磁性条形码肉眼无法直接观察到它的编码符号,保密性好,常常用于银行金融系统。我们使用的某些银行卡,卡的下方有一处用磁粉涂制的深褐色条块,这就是磁性条形码。银行卡磁条码表达的信息只是这张卡本身的编号。"条形码是商品货物的身份证编号",这一说法十分形象,也是非常恰当的。

以上说的是条形码自动识别系统科技知识方面的内容,如果我们用科学的思维方法,灵活运用条形码技术知识,条形码还具有防止假冒伪劣商品的功能。正规的商品条形码是根据"国际物品编码协会"制定的编码规则和技术标准编制的,有利于商品的国际流通。如果某一商品的标牌上"商品产地"一栏注着"德国"二字,而该商品条形码最左边的三位数是"955",这可是马来西亚的产品编号,由此可判断是以马来西亚产品冒充德国货。再是,如果某一商品最左边的三位数是"135",这是国际物品编码协会不与使用的编码代号呀,可知该商品不仅是假冒的,而且假冒者连条形码的基本常识也不懂,这样的制造厂家能制造出合格的产品吗?假冒与伪劣是近亲,还是不买这样的商品为好。

既有科学技术知识,又能运用科学思维方法,这对于我们的学习、工作、生活是非常有意义的。

附:国际物品编码协会成员国(地区)及其代码表

国际物品编码协会(EAN)成员代码表

代码	国家(或地区)	代码	国家(或地区)
00—09	美国、加拿大	740—745	危地马拉,萨尔瓦多,洪都拉斯,尼加拉瓜,哥斯达黎加,巴拿马
30—37	法国		
380	保加利亚		
383	斯洛文尼亚	750	墨西哥
385	克罗地亚	759	委内瑞拉
40—44	德国	76	瑞士
460—469	俄罗斯	770	哥伦比亚
471	中国台湾	773	乌拉圭
489	中国香港	775	秘鲁
45—49	日本	779	阿根廷
50	英国	780	智利
520	希腊	786	厄瓜多尔
535	马耳他	789	巴西
529	塞浦路斯	80—83	意大利
539	爱尔兰	84	西班牙
54	比利时,卢森堡	850	古巴
560	葡萄牙	859	捷克斯洛伐克
569	冰岛	860	南斯拉夫
57	丹麦	869	土耳其
590	波兰	87	荷兰
599	匈牙利	880	韩国
600—601	南非	885	泰国
619	突尼斯	888	新加坡
64	芬兰	90—91	奥地利
690—692	中国	93	澳大利亚
70	挪威	94	新西兰
729	以色列	955	马来西亚
73	瑞典	959	巴布亚新几内亚

(施善昌)

寄信要写邮政编码
——手写数字自动识别技术

写信时，要在信封左上角的6个小红框内填写6位邮政编码数字，这是邮政通信现代化的需要，也是实现信函自动分拣的物质基础。

大家知道，信函分拣是邮件传递过程中内部处理的一个重要环节。根据寄件人书写的收件人地址，按邮运路线逐级分拣，最后把寄达同一邮局的信件分拣在一起，运输至该邮局，再由投递员送交收件人。原来人工分拣时，分拣员识读收件人地址后分拣入贮信格。如要实现自动分拣，则先得自动识别收件人地址。要机器自动识别随意写在信封上的数以千计的汉字，在技术上是十分困难的。于是提出了“邮政编码”这一办法。实现邮政编码制度，邮政部门把全国每个具有投递功能的邮局赋予一个6位阿拉伯数字的代码，机器识读这6位数字，就等于识读了收件人寄达局的地址，信函自动分拣就是在此基础上实现的。

阿拉伯数字虽只有0—9十个字，但因是手写的，情况千变万化，十分复杂，不仅字体可大可小，笔画有粗有细，且字形也各不相同。以“2”字为例，可写成多种形态。起笔的一横，可平写，也可左下方向右上方写，还可左上方向右下方写，如图一所示。

机器识别手写数字的方法有多种，其中之一是以“点特征”作为识别依据的方法。它是把文字笔迹看成是由许多个小的单点连成的轨迹。轨迹上的每一个小点又可分为分枝特征、方向特征、长度特征三大内容。

图一

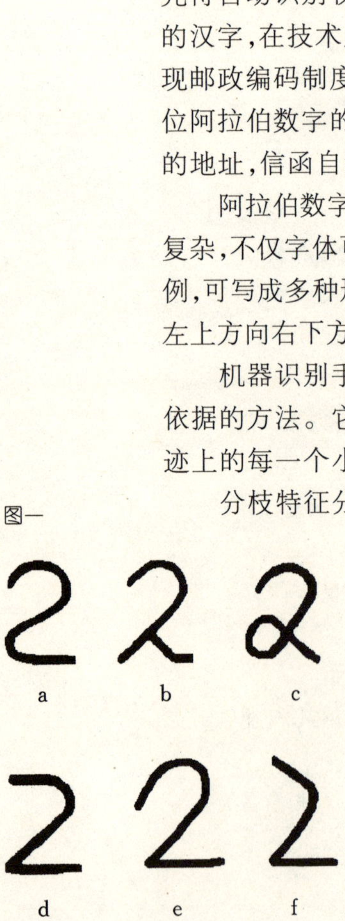

分枝特征分为端点、连点、三节点、四节点四种情况。图一(a)的2字，有二个端点，其余皆为连点。(b)的2字，有三个端点，一个三节点。(c)的2字，有二个端点，一个四节点。同是一个2字，它们的分枝特征各不相同，可见手写数字字形之复杂。分枝特征不是识别数字的惟一特征，如同是只有二个端点的字，就有1、2、3、5、6、7、9、0等多种可能。不过，依据分枝特征还是可以把十个数字归纳分类的。设一个三位数，其中百位数为端点数，十位数为三节点数，个位数为四节点数，则Z200类的字，即有二个端点，没有三节点，也没有四节点，可把4字和8字排除在外；Z110类的字，只可能是2、6、9、0四个字，可把1、3、4、5、7、8排除在外；Z201类的字，只可能是2、4、8、0四字，可把其余六个字排除在外。只是有二个字是例外，仅依据分枝特征即可识别，如一个字既没有端点，也没有三节点和四节点，全部是连点，就是个“0”字；再如只有一个四节点，其余是连点，那就必定是“8”字。分枝特征有一条数学规律：任何一个字的端点与三节点的数量之和必定是偶数。

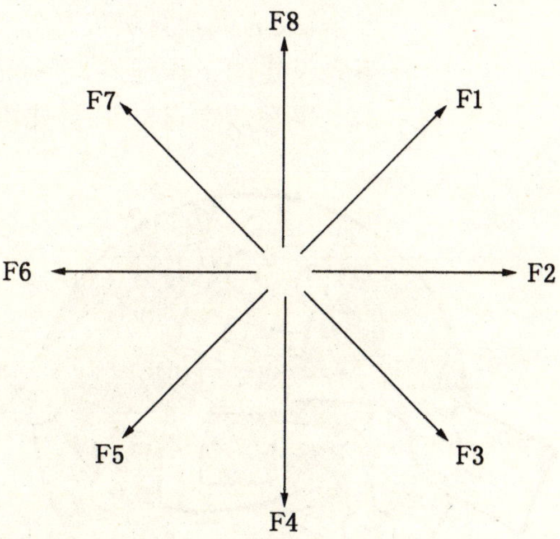

图二

方向特征是指这一点从上一点延续而来的方向，共有八个方向，分别标为F1—F8，见图二。上面讲到的二字起笔的一横，有F1，F2，F3三种可能，见图一e、d、f，但不可能是其他方向，6字和9字，分枝特征可以相同，但起笔后的方向和末笔的方向是完全不同的，所谓6、9调个头。

长度特征是指轨迹线条的长度。有时它对识别某一个字是起决定作用的。如两端出头的0字和上端开口的8字，见图三a和b，这二个字字形相似，分枝特征相同，方向特征也是一致的，所不同的是长度特征，上部的二段线条，短的是0字，相对较长的是8字。不短不长的，机器只能作出“拒识”的判断——轻易下结论是会犯错的。与其误识，还是“拒识”为好，拒识后可改由人工识别，这样可使机器的误识率降至最低。

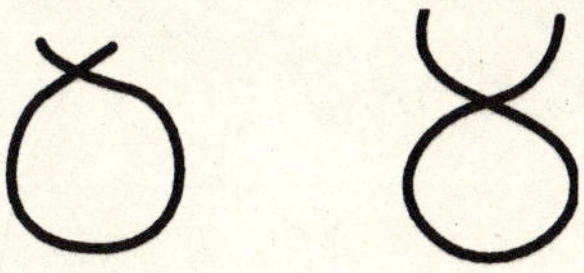

图三

任何一个手写阿拉伯数字，综合上述分枝、方向、长度三个特征的分析判断，即可作出正确的识别。我们以“2”字为例，见图四。它的分枝特征为Z201，上端点起笔后的方向为F2，也允许是F1或F3，长度为L5，而后转向F4，长度为L5，接着是一个四节点，依逆时针方向兜了一个圈，再回到四节点，最后F3方向，长度为L2，至下端点终止。其中的Z201，F3，L5等字符即是对“2”字点特征的数字化描述，把它们串接起来，再作一些技术处

图四

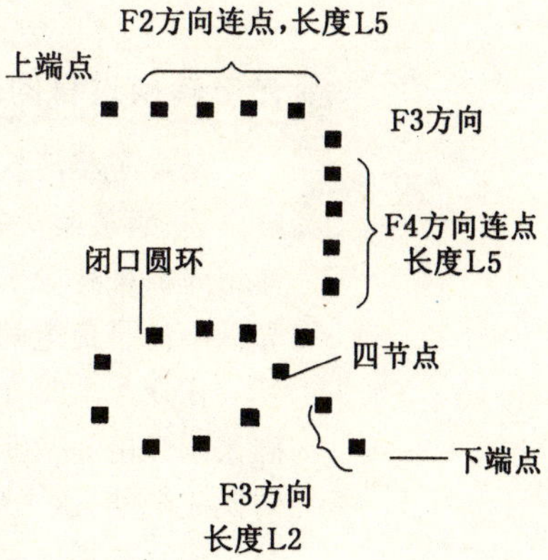

理，就成为供计算机信息处理的特殊语言了。计算机根据这些信息，依照事先设定的工作程序，进行运算处理，最后即可完成自动识别任务了。

手写数字自动识别技术属人工智能范畴，是信息处理技术的一个重要方面。

信函自动分拣，在自动识别手写数字之前有一个“光电转换”的工序，在之后，有一个“同步入格”的工序。

“光电转换”就是把信封左上角红框内的手写邮政编码数字，由白纸黑字的光学文字符号，经专用设备的处理，转换成为“0”与“1”二进制数字状态的电子信息，然后供计算机作识别处理——计算机是只能处理二进制数字状态的电子信息的。

“同步入格”就是使信函由传送带输入相应的贮信格内。“同步”的意思是：当计算机识别了某一封信的邮政编码后，即知道了它的分拣去向，这时就赋予该信一个代表它应进入的那个贮信格的电子编号。这个电子编号是一把钥匙，它在电路里随着传送带上行进的信函实体同步前进。当这封信到达它应进入的那个贮信格口前时，电子编号令格门开启，信函就顺利进入该格口，最终完成了自动分拣任务。

（施善昌）

光电转换过程的原理

是光子将能量传递给电子使其运动从而形成电流。这一过程有两种解决途径，最常见的一种是使用以硅为主要材料的固体装置，另一种则是使用光敏染料分子来捕获光子的能量。染料分子吸收光子能量后将使半导体中的带负电的电子和带正电的空穴分离。

在众多太阳光电池中较普遍且较实用的有单晶硅太阳光电池、多晶硅太阳光电池及非晶硅太阳光电池等三种太阳光电池主要功能在将光能转换成电能，这个现象称之为光伏效应。光伏效应在 19 世纪即被发现，早期用来制造硒光电池，直到晶体管发明后半导体特性及相关技术才逐渐成熟，使太阳光电池的制造变为可能。

有“眼”有“脑”的巡航导弹
——地形匹配制导技术

早在1991年1月,海湾战争爆发。当时世界各大报纸纷纷发布了类似以下内容的报道:“17日凌晨,一枚从‘威斯康星’战列舰上发射的‘战斧’巡航导弹,撕破巴格达沉沉夜幕,在城市上空炸响,拉开大战帷幕”。“海湾战争爆发的第一天,美国在两艘航空母舰上发射了100多枚巡航导弹攻击伊拉克的军事目标,发挥了巨大威力,空袭取得出人意料的成功”。

正在飞行中的“战斧”巡航导弹

作为海湾战争首发武器的“战斧”巡航导弹究竟是怎么回事呢?

“战斧”是由美国海军航空司令部于1972年开始研制的一种兼有战略和战术双重作战能力的巡航导弹,主要用于打击陆基、海基战略与战术目标,“战斧”巡航导弹似乎成了美军的撒手锏,也是现今世界上最先进的武器之一。它长6.4米,直径0.53米,水平翼长2.62米,能载一吨弹头飞行2 780千米,也能装核弹头。舰艇上通常使用箱式或垂直发射器来发射,在潜艇上则可使用鱼雷发射管或垂直发射器进行发射,“战斧”巡航导弹最关键的是该导弹装有以图像自动识别技术为依据的地形匹配制导系统,有极高的命中精度,飞行2 700多千米,弹着点误差仅为10米——实际上是百发百中,因为导弹爆炸半径大大超过10米,专门用于打击指挥所、雷达站、弹药库等地面硬目标。

正在工厂组装的“战斧”巡航导弹

以图像自动识别技术为依据的地形匹配制导系统又是怎么一回事呢?

地形匹配制导系统先是利用间谍卫星或高空侦察机摄取敌方地形地貌照片。而后,军事技术参谋分析这些照片。一是认定导弹袭击的目标；二是确定导弹飞行路线，接着把经过分析后的信息输入装在巡航导弹内的电子计算机中。这好似给导弹的“大脑”绘制了一张十分精细的军用地图，并在地图上标明了行进路线和到达目标。

战争中，作战人员在航空母舰上朝着既定的方向发射巡航导弹。导弹升空飞行，装在导弹前端的光学摄像系统“注视”着飞临地区的地形地貌状况，把地面的河流、山脉、道路、建筑物看得一清二楚，并把与此有关的信息输入计算机。光学摄像系统是巡航导弹的“眼睛”，计算机是巡航导弹的“大脑”。“大脑”根据“眼睛”看到的情况发出指令，把握导弹的飞行方向。“眼”“脑”并用，按图索骥，把飞行时“看”到的地形信息与原先存储于“脑”中的地形信息对比匹配，最后击中目标。

图像自动识别技术可以正确判断地形地貌状况。如同样是水面，运用几何特征分析，可得知哪里是湖泊，哪里是河流。

由于水面的光反射率与陆地的光反射率是明显不同的，所以智能化的光学摄像系统可以正确无误地辨别出哪里是水面，哪里是陆地，当然也可以得知水、陆交界处的边岸之所在。接着是用简单的数学运算方法求得水域面积与边岸周长的平方值之比，此即为“几何特性参量”。

如：圆面积 $S = \pi R^2$　　圆周长 $C = 2\pi R$

圆的几何特性参量 $Q = C^2/S = (2\pi R)^2/\pi R^2 = 4\pi$

这是一个常数。也可以说：几何特性参量 Q 为 4π 的几何形状是一个圆。

又如：边长为 a 的正方形，面积 $S = a^2$

周长 $C = 4a$，几何特性参量 $Q = C^2/S = (4a)^2/a^2 = 16$

这也是一个常数。也可以说：几何特性参量 Q 为 16 的几何形状就是一个正方形。

再如：边长分别为 a 和 b 的长方形，它的几何特性参量

$$Q = C^2/S = [2(a+b)]^2/a \cdot b = 8 + 4\left(\frac{b}{a} + \frac{a}{b}\right)$$

设 $a : b = 2 : 1$　　$Q = 18$

$a : b = 20 : 1$　　$Q = 88\frac{1}{5}$

$a : b = 50 : 1$　　$Q = 208\frac{4}{50}$

由上可知，长与宽的比值越大，几何特性参量 Q 的值也越大。湖泊或河流的水域面积和边岸线不会像几何形状那么规正，但它们的基本形状还是可以从几何特性参量 Q 值的大小看得出来的。Q 值小的近似于圆形或方形，应是湖泊，Q 值相当大的就必定是窄长形，当是河流无疑了。

数学运算是计算机的拿手本领，最繁复的运算也可在瞬间完成。是

河流还是湖泊，可以一“目”了然，上述的巡航导弹在飞行中，令它沿着河流前进，就决不会在湖泊上空兜圈子。

有“眼”有“脑”的巡航导弹还有一个很出色的性能，因为它“眼”“脑”并用，边“看”边行，且“观察”和“思维”的速度极快，判断和反应极为敏捷，就能使导弹跋山涉水，作超低空飞行，最低飞行高度仅离地面 50 米。在导弹作超低空飞行时，地面防御设施还来不及作出反应，导弹已经飞得无影无踪了。“战斧”巡航导弹能有效地躲避对方防御系统的拦截，大大增强战斗力。

（施善昌）

电信技术发展史

从 19 世纪 30 年代有线电报通信实验成功开始，电信发展成为一种通信方式。有线电话、无线电通信相继产生，并逐渐推广应用。20 世纪初，随着电子管、晶体管和集成电路的出现和发展，电信技术日趋成熟。到 20 世纪 50 年代，数字通信网、程控交换、卫星通信和数据通信等技术的产生和发展，把电信传输和交换技术推向一个崭新的时代。

现代战场上的信息科技

伊拉克战争是一场没有悬念的战争。尚未开战，胜负早已定局。为什么呢？大而言之，战争是两国综合国力的较量。美、伊双方的国力，一在天上、一在地下，举世公认，无须赘述。具体而言，则在于双方信息技术方面的差距过大。这可从理论和实践两个方面予以证实。

先说理论的。我国著名古代军事家孙子在《谋攻》篇中说："知彼知己，百战不殆。"其逆定理也是成立的。孙子接着说"不知彼而知己，一胜一负；不知彼，不知己，每战必殆"。这里说的"知"与"不知"，用现代化的语言来说，就是信息技术掌握和运用得如何的问题。

再说实践的。我们举伊拉克战争的开始和结尾两个例子来说明。

伊拉克战争开始于"斩首行动"。美方利用通信卫星侦察系统,截获了伊拉克高层领导的行动信息,得知萨达姆及其部下的开会时间和地点,于是将大量的巡航导弹和精确制导炸弹以迅雷不及掩耳之势投向锁定的目标,如果成功,战争刚开始就可宣告结束,此举确是厉害。

伊战后期,当美军攻打伊拉克首都巴格达时,第四机械化步兵师投入战斗,世人为之瞩目,称它的行动意味着"首支数字化部队引导陆军走向未来"。第四机步师有兵力1.7万人,是一支信息技术武装到了牙齿的数字化部队,它配备的每一辆坦克、装甲车、火炮和武装直升飞机,不仅配有全球定位系统的各种探测器,建立了全方位、全天候的信息情报系统,同时还配有一台奔腾Ⅲ级别的计算机,并由称为"战术互联网"的无线网络连接,实现以网络为中心的作战方式。在战场上,敌、我、友军的各种行动信息都实时显示在计算机的电子地图上,必要时还可以随时下载更详细的分区地图。如某辆坦克发现了一个敌军目标,在计算机上标明该目标,全师所有的计算机都会立即显示出来。即便是后勤部队发现敌情,也能通过战术互联网通知主战部队。一个数字化师的作战能力相当于一个常规军。第四机步师参战后,伊军毫无还手之力,不战自溃,美军长驱直入,很快占领了巴格达。这是现今美国以信息技术为核心的新军事理论的实践应用,体现了信息化作战的强大威力。

美军还凭借其在信息技术方面的绝对优势,迫使伊拉克处于"不知彼,不知己"的悲惨境地。美军早就有一种专门对付雷达"百鸹"的反雷达导弹,它能够在接收到敌方雷达的信号后,自动导向雷达波束,并沿着波束飞向雷达,将它摧毁。再是,这次战争一开始,伊拉克的固定电话网和地面移动电话网即被全面破坏。虽然还有卫星电话可用,但是伊拉克并不敢用。因为美军掌握着"制信息权",一旦伊拉克军队启动通信工具,就会被美军的卫星定位系统紧紧锁住,以致遭到致命打击。萨达姆不会不知道,数年前,一名车臣非法武装头目就是因为使用了卫星电话,信号被俄罗斯政府军截获,并以此判断其所处的确切位置,随即发射导弹将其炸死。既然伊军的各种通信工具无法使用,指挥系统完全失灵,军队得不到指令,各部分之间失去联系。"不知彼,不知己",败局已定。萨达姆无奈只好发出:"化整为零,各自为战"的号召。这实际上已经承认了失败。过不多久,伊拉克战场上的大规模战斗即告不再存在。

伊拉克战争美军投入的兵力只有海湾战争的五分之二,作战时间只有其三分之一,而地面作战空间则是其20倍。信息技术左右了战争的进程。

(施善昌)

没有硝烟的战争——信息战

信息战是一场没有硝烟的战争。顾名思义，信息战就是旨在以信息为主要武器，控制或打击敌方的军事指挥系统和民用通信系统，取得战争的主导权或制止可能引发的敌对冲突。一旦这个目标达到，交战双方就不再是一个等级上的战争，失去信息系统的一方，接下来的就只能任人宰割。这种先于武装冲突进行的没有硝烟的战争，可以使取得主动权的一方大大减少人员伤亡，改变了传统战争“杀敌一千，自损八百”的局面。根据统计，第一次海湾战争期间，伊拉克共伤亡约10万人，而以美国为首的多国部队仅伤亡606人。

在信息战的战场上，作战双方所使用的武器，不再是马达轰鸣的战机坦克，更不是古代武士手中的大刀长矛，而是一组组“二进制”的计算机指令或程序，在轻点鼠标和敲击键盘间制敌于无形。硝烟未起，而胜负却已初见分晓。因此，我们可以将信息战看作是一场鼠标与键盘的战争，还有人称之为“一场胜方没有流血痛苦的、计算机操纵的电子游戏”。

信息战到底有哪些特点呢？

首先，信息战就是要尽可能地破坏对方的信息通信系统。在通常状况下，为达到这个目的，可以采取黑客入侵和病毒破坏两种手段达到这个目的。在今天的网络社会中，黑客是一个令人既恨又怕的名字。可是在信息战中，精通网络入侵技术的黑客，却是必不可少且又非常出色的间谍情报人员或作战人员。他们可以利用对方信息网络的系统漏洞，悄然进入系统，于无声无息中窃取大量的机密信息。早在第一次海湾战争期间，就曾有一批年轻的荷兰黑客成功入侵了美军的一个站点，他们所窃取的文件数量之多，密级之高，令人咋舌。这些文件涉及到美国军队部署的确切位置和武器装备，既有爱国者导弹的战术技术参数，也有在海湾地区水面上游弋的美国军舰的情况。他们把这些情报卖给了萨达姆政权，然而伊拉克人对这些情报的真实性十分怀疑，压根没有当回事。假如时光倒转，萨达姆认真研究这些情报，又采取了相应的积极防御措施，战争过程又将如何呢？

相信每个网民都会对计算机病毒恨之入骨，然而在信息战战场上，它可绝对是个好士兵，服从指挥，可以不折不扣地完成任务，“杀伤力”大得超乎想象，令敌人闻之色变。往对方的信息系统植入计算机病毒，无疑于在其系统内放置了一颗威力无比的定时炸弹。一般而言，病毒的植入有两条途径。既可以借助通信线路进行扩散(如我们广泛应用的互联网网络),使计算机病毒侵入到民用通信网络、军用通信节点和指挥控制部门的计算机系统,并使其出现故障。比如可将计算机病毒植入敌方可能会使用的武器装备中,武器的所有部件看起来都是正常的,但却是一个哑弹,弹头无法爆炸,起不到杀伤敌人的目的;也可以采用"逻辑炸弹"式的计算机病毒,预先把病毒植入对方的信息系统中,如同家庭中使用的闹钟一样,这些病毒会依据给定的信号或在预先设定的时间里发作,吞噬计算机里的文件,破坏指挥自动化系统,摧毁那些控制铁路和军用护航线的电路,并将火车或飞机引到错误路线,引发交通混乱等,在一定程度上达到不战而屈人之兵的目标。

其次,信息战还可以极大程度地影响对方的心理。信息武器另一个重要的威力还在于通过对人心理的影响,来控制其行为。有材料显示,在第一次海湾战争中,美国国防部对阿拉伯世界的宗教信仰进行了详细分析,然后根据其普遍信奉伊斯兰教的特点,利用计算机成像技术,在拟定的空域向伊拉克民众展现真主受难的全息摄影,以便使目击者遵从"天上来的旨意",劝说自己的教友停止对多国部队的抵抗。更厉害的是,另有一种名"666号"的病毒,可以在显示器屏幕上反复产生特殊的色彩图案,使电脑操作人员昏昏欲睡,萌生一些莫名其妙的潜意识,从而引起心血管系统运行状态的急剧变化,直至造成大脑血管梗塞。

虽然信息战是一个没有硝烟的战场,但这种全新的战争同传统的战争一样可怕,在军事上,它极有可能使一支强大的军队面临灭顶之灾。同时,它还会对非军事目标产生巨大的威胁。在信息战中,一方可以利用信息武器兵不血刃、干净利索地破坏另一方的通信、交通、金融等要害系统,给越来越依赖现代信息网络的平民百姓的日常生活造成极大的混乱。信息战虽然可以凭借着高科技的信息武器减少人员的流血伤亡,但这种综合的、立体的、全方位的攻击方式,在敌对方民众中所能引起的普遍心理恐慌,无疑也是一种灾难,不容忽视。

(王天广)

解开神探“从天而降”之谜
——110公安指挥中心系统

110公安指挥中心系统综合了数字交换、数字通信、数字信号处理、计算机网络、信息处理、大规模集成电路、数字录音、图像监控、智能决策等技术，它能接受来自公共电话网、专用电话网、网络电话、互联网上的呼叫，除了普通的语音报警、电子邮件报警、传真或手机短信报警接入之外，实现多种专业报警接入，并进行统一分配和统一处理，为用户提供语音、传真、E-mail等多种交流方式，实现与医疗、司法、民防、防汛、电力、水利、交通等部门的沟通采取联合行动，紧急处理突发事件。

形象地说，110公安指挥中心系统就像一个高科技的巨人，它具有高度智慧的大脑（综合接处警子系统、综合指挥调度子系统）、庞大的智囊团（专家预案和辅助决策子系统）、高度发达的神经系统（专用计算机网络）、许多铁一样的臂膀（巡警队、交警队、消防队、特警队等等），还有许多“法宝”：数据库子系统、数字录音子系统、图像监控子系统、卫星定位子系统、地理信息系统等等。

例如：报案人张山用手机拨打“110”报警，由110公安指挥中心系统（以下简称系统）的交换设备汇接报警电话，转入接警座席，接警员接听电话，张山说他的皮包在中山路附近被人抢走，接警员将报警内容录入计算机。同时，系统采用数字录音技术对接警、处警的全过程进行录音并存入计算机。根据报警类别、地点，进行归类，自动搜索预案库、地理信

110公安指挥中心

息库等相关资料，由计算机自动生成《处警单》。由接警员确认，《处警单》经专用计算机网络自动传送到案发地点附近的公安分局、派出所。

瞬间之后，中山路派出所接到出警命令，迅速派员赶到案发地点，捉拿抢劫犯。此时，系统运用图像监控技术可以随时观察案发地点周围的交通情况、城市重要路口的道路状况；运用全球卫星定位技术可以随时掌握案发地点附近所有公安巡逻车的位置。如果抢劫犯逃窜，就能迅速调动车辆围追堵截，将其抓获。这样，报警信息、出警命令就从“大脑”沿数字化的“神经系统”传达到各个基层单位，基层单位接到命令后闪电般出击，自然是雷厉风行，所向披靡。

110 公安指挥中心系统发展成如今这样的规模决非一日之功，而是经过十几年、循序渐进、不断向前发展的过程，下面简单介绍它的发展历程。

创始阶段：系统处于原始状态，只有几部直线电话，仅受理匪警(即抢劫)案件报警。系统主要靠人工处理，没有语音录音。

初级阶段：由于数字交换技术的发展和计算机的普遍运用，排队交换机开始成为系统重要的组成部分，用排队交换机汇接多路报警电话。计算机作为接警的辅助手段，以计算机代替纸张，将语音报警和接警的内容记录在计算机内。

完善阶段：以计算机网络为中心，将排队交换调度机、数字录音子系统、大屏幕监控子系统、远程接处警子系统等有机结合，进一步完善和丰富了系统功能。

现状：系统在完善阶段的基础上，以计算机网络为基础，以有线通信和无线通信为纽带，以接处警信息传递、处理为核心，以资源共享的计算机辅助决策为载体，实现 110/119/122 三台合一，发展为城市应急联动中心，也是综合性的指挥中心、全方位立体式的调度中心、智能化的决策中心。系统由一个中心统一接警，将指挥、呼叫、调度、决策融为一体，有效利用社会公共资源，对突发事件和紧急求助进行快速处理。它的特点：实现语音、数据和图像的统一接入和处理；进行预案编制和信息预测，实现科学决策；实现与医疗、司法、民防、防汛、电力、水利、交通等部门进行联合行动，迅速处理突发事件。

随着科学技术的发展，110 公安指挥中心系统将向更加安全可靠、快速高效、指挥有力、信息灵敏的方向发展，成为科技强警的有力支撑和坚强后盾，为打击犯罪，降低灾害损失，推动城市管理现代化，保障人民的安居乐业，营造一个安定团结、稳定发展的社会环境作出贡献。

（马慧敏）

神秘的语音“宝盒”——数字录音系统

数字录音系统是一种能同时进行多路电话同步录音和播放的设备，是计算机多任务实时控制技术与数字语音技术的完美结合。它采用了先进的数码录音技术，配以功能强大的计算机软件，借助大容量的计算机硬盘作为存储介质，完全突破了传统的录音概念。可以实现自动记录电话主叫和被叫号码，同时对多条话路录音或监听，自动备份、灵活查询语音记录。数码录音是一种全新的技术，简单地说，就是对模拟信号采样、编码，将模拟信号通过数模转换器转换为数字信号，并进行一定的压缩后，运用计算机进行录音、播放、存储。

回首历史，人类在声学方面的探索和研究是孜孜不倦的。伟大的爱迪生借助运动载体上深度不同的沟道来记录和回收声音，于 1877 年发明了留声机，创造了人类历史上的奇迹，使声音可以储存和再现。虽然留声机经过多次改进，但仍有缺点，比如录音时间短、录质差等。因此，许多科学家都努力进行研究，力求有所突破。1888 年，科学家史密斯提出设想：如果用一根钢丝缓缓通过有电流的线圈，那么随着电流强弱的变化，这根钢丝就会把强弱不同的“小磁铁”一一排列起来，就实现了声音的储存。把这根带磁的长钢丝通过另一个线圈作用后，磁力的变化又变成电流的变化，通过连接在线圈上的听筒，把电流变化再转变成声波的变化，就会放出声音。1898 年，丹麦科学家保森根据史密斯的理论，研制出第一台钢丝录音机，这就是磁带录音机的雏形。

同传统的留声机、磁带录音机相比，数字录音系统更像一个神奇的语音“宝盒”，它的基本工作原理是：利用语音卡作为语音信号的采集、抽样、压缩和编码工具，通过用户线将计算机、并口设备以及电话交换机(即设置在电信部门的一种专用设备，用户通过它可以进行呼叫连接，建立起整个的通信电路。)连接起来，并口设备作为计算机和交换机之间的中介起到桥梁的作用，通过语音卡和并口设备并接到电话交换机的用户线路上，提取线路上的语音信号，并转化为数字信号，把这些数字信号以文件的方式保存到计算机磁盘上。

数字录音系统彻底改变了原有的录音模式，实现了录、放音技术的飞跃，它具有以下特点：

首先，安全可靠。采用数码录音技术，效率高，易于保存，录音文件可长期保存于磁盘、光盘中。

其次，录音质量高。由于采用数字语音编码压缩技术，保证录音失真小、噪音低。数字语音编码压缩技术就是通过一定的编码标准把数量巨大的数字化语音信号压缩为原来的几十、几百分之一以下的方法。

再次，实时性强。运用计算机同步控制，可以随时对任意一路当前通话的话路进行同步监听，监听时不会影响通话人，也不会影响录音质量。

最后，保密性强。可以设定不同等级的密码，分出不同权限来听取录音文件，增强保密性。

另外，适用范围广。能够适应多种录音环境，可对直线电话录音；也可与交换机配合使用，对交换机的外线、内线同时录音；还可以对无线电话、对讲机以及所有音频信号进行录音。

语言导盒示意图

数字录音系统在实际使用中效果显著。例如在电力指挥调度过程中，由于下达的每一个指令直接关系到整个电网的安全，责任重大。运用数字录音系统以后，可以保存完整的录音记录，一旦发生事故需要取证时，可按录音时间、电话号码等查询方式进行查找，并可进行录音重放等操作，有录音作凭证，整个事件便一目了然。

目前，数字录音系统以先进的技术、丰富的功能而受到人们的欢迎。它广泛应用于金融、军事、司法、公安、消防、机场、港口、医院、学校、广播电视、电力、交通、急救中心等部门。为及时查询和发现事故原因，留下宝贵的第一手语音资料，提供准确可靠的原始录音记录，为完整的再现现实场景，发挥了巨大的作用，实现了新时代的“神话”。

（马慧敏）

全天候的电子“监察哨”——图像监控系统

随着国民生活水平的提高,马路上的汽车越来越多,驾车的人也越来越多,尤其是一部分年轻人追求那种风驰电掣的感觉,喜欢开快车,成为飞车一族,也成为交通安全的隐患。现在,他们可不敢造次,因为有全天候的电子“监察哨”守候在路口,它一丝不苟,不管春夏秋冬,不论雨雪风霜,每天24小时瞪大警惕的眼睛。这就是对视频图像进行记录、回放、存储、同步显示的图像监控系统。有了它,一个个路口秩序井然;有了它,人们多了一双“眼睛”看世界。

图像监控系统分为模拟和数字两种,它们各有特色。最早出现的是模拟图像监控系统,又叫闭路电视监控系统。对于距离较近、在一座建筑物或小范围内使用、监控点不多、没有远程传输需求的情况,可以采用模拟图像监控系统。它的构造简单,成本低廉,能实现点对点的监控,即在一个控制中心查看监控图像。

20世纪90年代中期,在模拟图像监控系统的基础上,随着计算机多媒体技术的运用,出现了数字图像监控系统。多媒体技术是一种把文字、图形、图像、动画和声音等形式的信息结合在一起,通过计算机进行综合处理和控制的信息技术。数字图像监控系统以计算机多媒体技术为核心,融合了图像压缩编码、数字通信、数据库管理等多种先进技术于一体。以多媒体计算机作为系统的主控设备,通过对计算机的操作,实现对整个系统的控制。

90年代末期,随着计算机运行速度、存储容量的提高和网络技术的发展,数字图像监控系统得到进一步完善,它以网络为依托,以数字视频压缩、存储和播放为核心,实现对远程、多监控点的监控。它主要由:彩色摄像机、解码器、多媒体计算机、数字监控系统软件、彩色显示器或彩色电视机等设备组成。

简单地说,数字图像监控系统是这样进行工作的:首先,将视频图像进行采集和数字化处理,形成数字图像信号。为了便于传输,将数字图像信号进行压缩处理,转化成数据包。然后,将数据包通过公共互联网或局域网进行异地传输,再通过解码器解码将数据信号转变成模拟信号,并传递到电视机屏幕或显示器上进行显示。同时将各个监控点的图像采集到控制计算机中,在一台显示器上同时显示多路图像。实现多点对一点的监控,即在不同的控制点对同一被控点进行监控。从而达到对远程、多监控点的图像进行监控的目的。

从理论上说,数字图像监控系统的监视距离是无限的,只要通信网络到达的地方,就可以进行监控,是现代化的“千里眼”。比如在中国,可以通过它监控远在欧洲的工厂;出差在千里之外,可以通过它看到家中安全情况或家人的生活状况。和模拟图像监控系统相比,它具有下列优点:

一、存储量大。录像内容由计算机大容量磁盘自动存储,能够满足记录监控图像的需要。

二、控制灵活。提供万能切换、定时自动切换功能,根据需要随时截取、切割画面,随意切换画面。

三、实时性强。可将各个监控点的图像采集到控制计算机中同步监视,一台显示器可以同时显示多路画面,最多可达 32 路。可对任何一个监控点进行 24 小时不间断录像,以备随时播放。

四、智能化。可通过计算机远端遥控各个监控点的摄像机镜头,进行聚焦、拉伸,扩大监视范围。录像、回放、备份等功能可同时进行,互不影响。

五、管理方便。利用计算机管理图像,进行压缩、分析、存储、查询、显示等操作,快捷方便。

六、安全性强。通过设定不同等级的密码权限,实现不同级别的监控。可以对录像内容进行加密压缩存储,增强了安全性。

七、适合远距离传输。数字信号抗干扰能力强,不易受传输线路的影响,能够进行加密传输,可在数千千米之外同步监控现场。

近几年来,图像监控系统向数字化、网络化、智能化的方向发展,以计算机网络为依托,以智能化的图像分析为特色,实现了分散监控、集中控制的管理模式。目前,它的应用领域十分广泛,如公安、消防、军事、电力、金融、酒店、交通管理(高速公路、城市交通枢纽)、交通运输(机场、码头、铁路)、商业(商场、超市)、医院(手术室)、智能化大厦、住宅小区管理等等。它在预防和打击犯罪、保护社会安定团结、查询和发现事故原因、提供准确的图像记录、保存现场第一手图像资料等方面成绩显著,效果明显,作出了巨大的贡献。

(马慧敏)

鲜活的地图

地图是极普通的东西，大家都很熟悉。如果有机会，想不想去看一看"活"的地图？只要轻点鼠标，就可在计算机屏幕上看到高清晰度、高质量的地图；输入指定的地名，你所需要的相关图片、图像、文字资料就呈现在眼前，并可以随意浏览、放大、缩小。这"活"的地图就是GIS地理信息系统。

GIS地理信息系统（GIS即Graphic Information System的缩写）是由地理学、制图学、遥感与摄影测量学、计算机CAD技术、数据库技术等学科和技术综合发展而来的，对地理环境信息进行数据采集、编码、存储、管理、分析运算、显示、更新和提供应用的空间信息系统。GIS能够完成显示、定位、查询、测距、路径分析、图层控制等功能，能制作各种平面图形和立体图形，将传统的数据库数据带入直观的可视化空间，为用户提供丰富、详尽的地理信息。

经过不断的探索，GIS另辟蹊径，创造性地完成了如下工作：

首先，用计算机技术来描述和表达复杂的空间地物及其空间位置关系，采用高度抽象的方法将空间地物或现象抽象成几种基本类型——点、线、面和复合对象。采用空间拓扑关系来表达空间地物间复杂的位置关系，包括"相邻"、"相离"、"相交"、"包含"、"重合"等。

点数据具有特定位置，用于表达离散分布的空间地物；线数据类型是对线状地物或现象的抽象；面数据表达具有一定空间范围和面积的空间实体；复合对象用于对点、线、面无法表达的复杂地物的抽象，通过点、线、面的组合进行表达。

然后，用风格设置和专题渲染作为对空间信息的表达方式。所谓风格设置是指对几何对象设置特定的符号，以区别于其他层或其他几何对象，达到有效表达几何对象的目的，用户可以通过不同的风格直观识别不同地物。地图符号是进行风格设置重要手段。

专题渲染的主要目的是通过各种方式如符号大小对比，颜色层次、各种统计形式等，突出表达空间数据某一方面的专题信息，是更深层次的信息表达。

面对密密麻麻、纷繁复杂的数据，如何使它们"活"起来？先来讲个故事，"八阵图"的故事可谓家喻户晓，相传古代三国时期，东吴都督陆逊打

败蜀军大获全胜，往西追击。进军途中，在离夔关不远的地方，陆逊看到诸葛亮过去布下的一个石阵，由七八十堆杂乱的石头组成，它的四面八方都有门户，以为没什么奥妙，便闯入石阵观看，忽然狂风大作，霎时间飞沙走石，遮天盖地。只见怪石林立，沙石土块重叠如山，听到江涛阵阵，犹如战鼓声声。这时他想往回撤，却找不到出路，被困在石阵中，幸好后来有一个老人引他出阵。陆逊回到营寨后，长叹一声说："孔明真是卧龙，我不如他。"于是，率领军队退回吴国。孔明神机妙算，用一堆石头布下"八阵图"，退了吴兵，被传为千古佳话。

其实，也是同样的原理。GIS 系统中包含了技术人员的"神机妙算"：采集数据、录入数据、精心设计了大量计算机软件程序。就像诸葛亮一样预先建立数据包、数据仓库，存储了许许多多翔实的地理信息数据，布下一个个"机关"。使用者只要轻点按钮，在软件程序的操纵下，打开一个个数据包、数据库，就可以看到一幅幅清晰准确、生动形象、趣味无穷的文字、图像、统计报表等资料，可以了解各个不同层面的地理信息，可以根据用户的需求输出指定的地理信息，地图从此"活"了起来。

以前，GIS 是一项专门技术，主要应用于测绘、制图、资源和环境管理等领域。随着技术的发展和社会需求的增加，其应用发展更是一日千里，例如：在分析方面，无论是在屏幕上展示一幅地图或是展现一幅三维的地形模型，都使空间关系更为直观、具体；在城市规划过程中，对城市中警车、救护车、消防车的分布位置以及行车路线的控制和规划，以保证在紧急时刻，在任意地方至少应有一辆警车或救护车、消防车在最短时间内赶到出事地点。

目前，GIS 已经成为信息技术的重要组成部分，它的应用几乎是包罗万象，进入资源管理、城市管理、灾害预测、投资分析、环境保护、城市和区域的规划、人口和商业管理、交通运输、石油和天然气、军事、农业和文化教育等领域，创造出良好的经济效益和显著的社会效益，其发展前景不可限量。

（马慧敏）

计算机也能拍照识字

30 年前，如果有人想把看到的书面文字或图像资料存入计算机，那是很困难的事情。时光进入 20 世纪 70 年代中期，随着扫描技术的发展和扫描仪的出现，这一梦想得以轻松实现。

最初的扫描仪仅能捕捉黑白二值化图像。随着光学、数字、半导体、电子等技术的不断发展，扫描仪经过二值、伪灰度、真灰度等发展历程，到 20 世纪 80 年代中期，彩色扫描仪诞生。从 20 世纪 90 年代开始，扫描仪的应用领域不断拓展，应用软件不断完善并形成系统，广泛运用于图像处理、文字识别、图形识别等领域，极大地提高了人们的工作效率。

扫描仪是一种高精度光电结合的高技术产品，它主要由光、机、电三个部分组成。光路部分最主要的是由几千个感光元件构成的 CCD (Charged Coupled Device 光电耦合器)；机械部分是采用步进式的机械传动方式；电路部分主要由控制电路和处理器组成。

按扫描方式的不同，扫描仪可分为台式和手持式两种。其中，台式主要有使用最为普遍的平板扫描仪和主要应用于专业图像领域的鼓形扫描仪；手持式扫描仪主要用于商业及信息管理领域的条形码识别，以及其他各种不适于台式扫描仪工作的环境。无论何种类型的扫描仪，它的工作原理基本是一样的，就是利用光电元件将检测到的光信号转换成电信号，再将电信号通过模拟/数字转换器转化为数字信号并输入到计算机中。

以广泛应用的平板扫描仪为例，简单介绍扫描仪的构成和工作过程。

扫描仪主要由压紧原稿的上盖、放置原稿的原稿台、光学成像部分、主板和带动“扫描头”协调运动的机械传动部分组成。其中，光学成像部分和主板是其至关重要部件。光学成像部分俗称扫描头，即图像信息读取部分，它是扫描仪的“眼睛”和核心部件，用来获取原稿反射的光信息，其精度直接影响扫描图像的还原逼真程度，它包括以下主要部件：作为发光光源的灯管、将原稿信息反射到镜头上的反光镜、将反光镜反射过来的原稿信息传送至 CCD 的镜头和用于光信号转换成电信号的 CCD。主板，是扫描仪的核心。它是扫描仪的控制系统，其作用是控制部件协调一致地动作，包括模拟/数字(A/D)变换器、存有扫描仪技术参数并用于开机自检的 BIOS 芯片、控制输入/输出的 I/O 控制芯片和暂存图像数据的高速缓存(Cache)等器件。

在需要使用扫描仪时，要先将原稿放于原稿台，并用上盖压紧。机械传动部分的步进电机通过驱动皮带、滑动导轨和齿轮组，精确地带动扫描头以实现线性扫描；扫描头中的反光镜将原稿的信息反射到镜头上，由镜头将扫描信息传送到 CCD 感光器件，CCD 将照射到的光信号转换为电信号，主板完成上述两个步骤的协调控制和 CCD 信号的输入处理、步进电机的控制，在将读取的图像以任意的解析度进行处理或变换所需的解析度后，通过 I/O 接口，将信息输入至计算机。

衡量扫描仪的主要性能指标有光学分辨率、色彩分辨率(色彩位数)、接口方式、高速缓存等。

光学分辨率是指扫描仪的光学系统可以采集的实际信息量，也就是扫描仪的感光元件——CCD 的实际分辨率。例如：最大扫描范围为 216 mm×297 mm(适合于 A4 纸)的扫描仪，可扫描的最大宽度为 8.5 英寸(216 mm)，它的 CCD 含有 5 100 个单元，其光学分辨率为 5 100 点/8.5 英寸＝600 dpi。由此可见，光学分辨率在某种意义上决定了一台扫描仪的品级。

色彩分辨率又叫色彩深度、色彩模式、色彩位或色阶，是表示扫描仪分辨色彩或灰度细腻程度的指标，它的单位是 bit(位)。色彩位确切的含义是用多少个位来表示扫描得到的一个像素，色彩位数越多，色彩就越逼真。例如：1 bit 只能表示黑白像素，因为计算机中的数字使用二进制，所以 1 bit 只能表示两个值：0 和 1，它们分别代表黑与白。8 bit 可以表示 256 个灰度级。24 bit 可以表示 16 777 216 种色彩，其中红(R)、绿(G)、蓝(B)各个通道分别占用 8 bit，它们各有 $2^8=256$ 个等级，24 bit 以上的色彩为真彩，目前还有采用 30 bit、36 bit、42 bit 的机种。

接口方式(连接界面)，是指扫描仪与计算机之间采用的接口类型，常用的有并行打印机接口、USB 接口、SCSI 接口和火线接口。SCSI 接口的传输速度快，但价格较高、设置复杂，一般应用在设计领域，而采用 USB 接口或火线接口则更简便。

高速缓存用来临时存放图像数据，大大减少了数据丢失和影像失真等现象发生的可能性。一般来说，高速缓存容量越大，则扫描速度越快，也越稳定。目前普通扫描仪的高速缓存一般为 512 KB，高档扫描仪的高速缓存可达 2 MB。

（陈　波）

信息时代的助手——计算机及其组成结构

图一 第一台电子计算机(1946年)

第二次世界大战期间的1943年5月,美国军方为了解决大量军用数据的计算难题,成立了由宾夕法尼亚大学莫奇利(John Mauchly)和埃克特(J Presper Eckert)领导的研究小组,开始研制电子计算机。经过两年半多时间的紧张工作,世界上第一台电子计算机(Computer)埃尼阿克(ENIAC)终于在1946年2月问世如图一所示。这台计算机耗资50万美元,由17 468个电子管、7万个电阻、1万个电容、1 500个继电器、6千个手控开关、5百万个焊接点组成,占地近170平方米,重达30吨,耗电160千瓦——真乃庞然大物!它每秒钟可以执行5 000次加法、357次乘法或者38次除法运算。ENIAC问世时,第二次世界大战已经结束,美国军方便把ENIAC用于氢弹设计、宇宙射线研究、天气预报、随机数研究、风洞设计等领域。

ENIAC的诞生为人类开辟了一个崭新的信息时代,计算机科学从此一直以惊人的速度高速发展,使得人类社会发生了巨大变化。21世纪初的便携式计算机如图二所示,重量不到ENIAC的万分之一,计算能力却是ENIAC的30万倍,售价约1万元人民币。计算机已经逐步成为人们工作、学习和生活中常用的工具。

尽管计算机科学经过半个多世纪的快速发展,计算机的外形、功能、性能都有了很大差别,但从原理上均可以概括为中央处理器、内部存储器、外部存储器、输入设备、输出设备等几部分,如图三所示。

图二 便携式计算机(21世纪初)

处于计算机心脏地位的是中央处理器(CPU),它负责执行命令,对信息进行高速运算与处理,并控制计算机其他部分共同协调工作。计算机处理能力的不断提高主要体现在CPU从低级向高级、从简单向复杂发展的过程。

输入设备用于把需要计算机处理的信息输入到计算机里。键盘和鼠标的发明和应用使人们向计算机输入信息的方式发生了革命性进步。

输出设备用于把经过计算机处理的信息结果告诉用户。显示器是计算机的输出设备，它使计算机可以及时地把处理结果显示在屏幕上，使用户能够实时掌握计算机的运行状态。

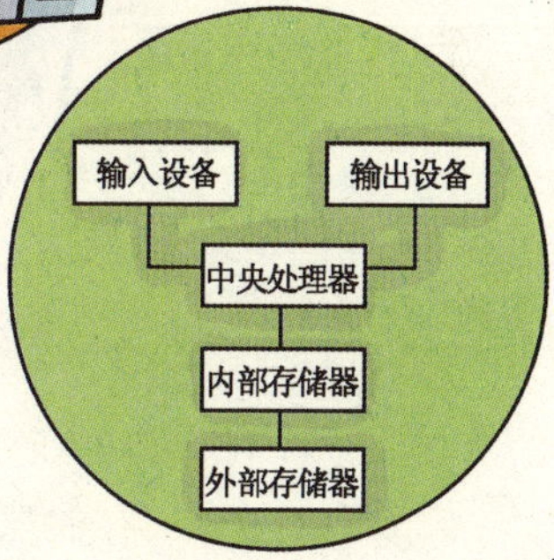

图三 计算机的组成结构模型

计算机需要CPU、输入设备、输出设备是很好理解的：用户通过输入设备把需要计算与处理的信息输入计算机，计算机通过CPU对信息进行加工处理，再通过输出设备把结果告诉用户。其实，存储器对于计算机同样是极其重要的。

内部存储器（俗称内存）用于存放各种程序和数据，供CPU直接访问。计算机在执行任务时，要先把程序和数据调到内存中，这样可以提高处理效率。同时，计算机在进行复杂计算时，也需要有地方（即内存）供系统记忆结果，否则复杂的计算任务就很难完成。

计算机需要外部存储器（俗称外存）来保存暂时不用的信息。硬盘是计算机的外存。所谓“外部”存储器是相对于“内部”存储器而言的。

CPU和内存是计算机产业发展的最重要推动力，它们引导、代表了计算机产业的发展。自20世纪六七十年代以来，CPU和内存的发展非常典型地遵循了著名的摩尔定律：集成度和性能每18个月翻一番，而成本却成比例地递减。

除了上述基本功能以外，现代计算机还支持多媒体功能，提供多种接口,如支持麦克风和音频输出、配备支持DVD的光驱、提供高速以太网(甚至无线局域网)接口和USB接口等。

今后一段时期,摩尔定律仍将继续发挥作用。一方面,CPU的处理能力将更强,存储器的容量将更大,计算机软件的功能和内容也将更多;另一方面,计算机也将越来越普及,而人们的生活也越来越离不开计算机,特别是宽带网络的发展和多媒体应用的开发,使得人们利用计算机通过网络可以获得更加丰富多彩的应用和业务,方便地查找、获取人们所需要的信息。随着未来光电子学和生物工程这两项尖端技术引入到计算机领域,新型计算机将继续朝着超小型、超高速、超大容量的方向发展。

(应必善)

冯·诺依曼

ENIAC研制工作离不开这位数学家。当时任弹道研究所顾问、正在参加美国第一颗原子弹研制工作的数学家冯·诺依曼(v·n weumann,1903—1957,美籍匈牙利人)带着原子弹研制(1944年)过程中遇到的大量计算问题,在研制过程中期加入了研制小组。原本的ENIAC存在两个问题没有存储器且它用布线接板进行控制,甚至要搭接几天,计算速度也就被这一工作抵消了。1945年,冯·诺依曼和他的研制小组在共同讨论的基础上,发表了一个全新的"存储程序通用电子计算机方案"——EDVAC(Electronic Discrete Variable AutomaticCompUter)在此过程中他对计算机的许多关键性问题的解决作出了重要贡献,从而保证了计算机的顺利问世。

计算机的指挥调度系统——操作系统

对于计算机,人们看得见摸得着的是它的硬件,人们感受得到的是它的应用软件,而介于两者之间的就是它的指挥调度系统——操作系统,如图一所示。操作系统承担了计算机的硬件和应用软件之间承上启下的关键作用。操作系统对于计算机系统的地位和作用,犹如大脑对于人。

对计算机系统而言,操作系统是对计算机的所有系统资源进行管理的程序的集合;对用户而言,操作系统提供了用户对系统资源进行有效利用和访问的简单抽象的方法。因此,操作系统可以理解为是替用户管理计算机的一种软件。它就好像一个管家,掌管着一个大家庭的所有事务,把主人的日程、来访者接见等等安排得井井有条。

在操作系统出现之前,只有专业人员才知道如何使用计算机,人们通过键盘给计算机下达的命令都是专业的术语或代码。在操作系统的帮助下,用户使用计算机时,避免了对计算机系统硬件的直接操作,减少了由此导致的错误和问题,人们和计算机之间的对话就可以使用一些易懂、易记的语言,而不用去死记硬背那些专业术语或代码了。这降低了对用户使用计算机的要求,既方便了用户,又极大地促进了计算机的普及和发展。

计算机系统的资源主要包括计算机心脏的中央处理器(CPU),用于计算机内部存储程序和数据的内存,用于计算机输入信息的键盘和鼠标等设备,用于计算机输出信息的显示器和打印机等设备,以及存储在外部存储器中大量信息的文件。与此相对应,操作系统的核心,又称为内核,主要由如图二所示的四部分组成,分别是管理 CPU 使用情况的进程调度程序、管理内存使用情况的内存管理程序、管理输入输出设备使用情况的设备驱动程序、管理存储在外部存储器中大量信息存取情况的文件系统。

进程可理解为需要使用计算机 CPU 资源的程序或任务,计算机上通常可以同时运行多个进程,犹如人们常常要同时处理几件事情。进程调度就是要使计算机运行得更像人的大脑,而且,要使 CPU 的处理能力得到充分利用。进程调度机制有先来先服务、轮流服务、抢占服务等策略,这取决于操作系统的定位。内存管理机制主要涉及内存的分配、释放等管理策略。计算机中的内存资源是有限的,一旦使用完毕,必须马上释

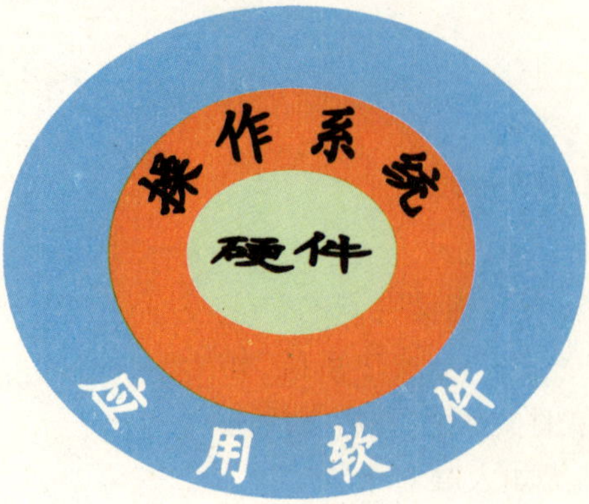

图一 操作系统与计算机

放，以便供其他任务使用。设备驱动程序，就好像在这个大家庭中为讲不同语言的来访者配备了翻译，使主人可以方便地与其进行交流。有了设备驱动程序机制，才能使诸如数码摄像机、数码相机、手机等，甚至是未来的电子设备接入到计算机，这使得计算机的神通更加广大。文件系统则是帮助用户方便地管理存储在诸如硬盘等外部存储器中大量的文件信息。在信息爆炸的时代，文件管理显得尤为重要。

在图二所示的操作系统内核之外还有称为系统调用的一层，它是为了便于用户使用操作系统内核提供的功能，对内核进行封装，并作必要的扩展，让用户接触到的是一些便于理解和接受的命令行/命令或者系统库函数。如文件操作相关的系统调用功能包括打开文件，读、写文件，关闭文件等；信息维护类系统调用包括时间的设置和查询，文件属性的设置和查询等。系统调用层为应用程序的开发和用户使用计算机提供了一种很好的界面。

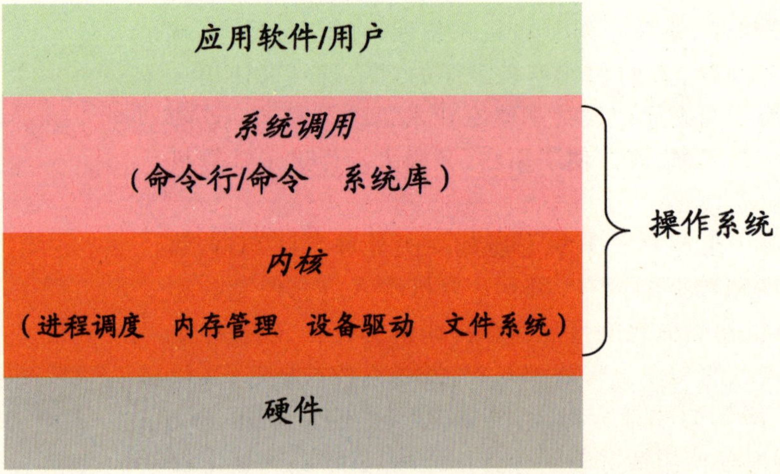

图二 操作系统结构

随着计算机软件和操作系统技术的不断发展，尤其是基于图形用户界面的操作系统的出现，使得用户使用计算机和操作系统功能的便捷性有了质的飞跃。软件开发工具和应用软件的功能越来越强，而用户开发软件则越来越容易、快捷和高效。

计算机硬件技术与软件技术的发展离不开操作系统的支持，同时，硬件技术与软件技术的进步又促进了操作系统的发展。随着计算机软硬件技术的发展，操作系统必将功能更强大，性能更优越，操作更方便，使用更安全。

（应必善）

计算技术的革命——网格计算

随着计算机技术应用的不断深入，许多领域对计算能力的要求越来越高，出现了超级计算机。超级计算机通过高效组合多个计算机处理器进行并行处理达到超强的计算处理能力，但由于其高昂的价格，超级计算机的应用受到很大限制。随着计算机及网络技术的不断发展，科学家们找到了一种造价低廉而数据处理能力超强的计算模式——网格计算。

网格计算的情景

网格计算把分散在不同地理位置的计算机组织成一个“虚拟的超级计算机”，每一台参与的计算机就是一个节点，整个系统就组成了一个巨大的网格状网络。根据规模，网格计算可以分为三个层次：部门网格、企业网格、全球网格。

计算网格的构想来源于电力网格，寓意希望获取高性能的计算能力像获取电力供应一样方便、容易、随处可得。表一列出了电力网格与计算网格的比较。

电力网格与计算网格的比较

内　容	电　力　网　格	计　算　网　格
节　点	发电厂/发电机	计算中心/计算机
资　源	水能、火能、核能等原始能源	计算设备、存储设备、数据、软件等资源
效　能	电能	计算力、信息与知识处理
传　输	电力网 (输电线网)	计算机网 (广域网、城域网、局域网)
控　制	电力调配系统	网格系统软件
应　用	动力、照明、家电等电力应用	科学计算、电子商务、信息服务等网格应用

在日常工作和生活中，正常情况下，人们使用电力的方式很简单：电器设备(功率可以是不同的)接通电源后即可获得源源不断的电力供应，

用户不必关心使用的电力是如何产生的，电力来源于什么地方的，而只需为自己使用的电能支付费用。功率不同的电器设备，使用同样的时间所应该支付的费用是不同的。

网格计算的目的也是达到这样的境界：网格将计算与数据资源传送到世界上任何需要它的地方。基于网格技术，人们只要把自己的计算机接入网格，就可以透明地使用网格上的各种计算资源和知识资源来完成自己的计算任务，用户不必关心任务是如何分配的，计算是如何完成的，所使用的计算资源和知识资源来自什么地方——这些任务都交给网格系统自动完成了，用户只需根据所使用的计算资源和获取的知识资源支付费用，就如电器用户只需根据使用的电能支付相应的费用一样。规模不同的计算任务，用户所应该支付的费用也是不同的。下图表示了网格计算的情景，用户完成一个计算任务所使用的计算资源和知识资源可能来自世界各地。

互联网技术的发展和普及应用为网格技术的发展奠定了基础：以电子邮件为主要应用的网络计算时代把遍布于世界各地的计算机用 TCP/IP 协议连接在一起；Web 计算时代则通过 Web 信息浏览及电子商务应用等信息服务，实现全球网页的连通；而网格计算时代面临的任务是实现互联网上所有资源的全面连通，这些资源包括计算资源、存储资源、信息资源、知识资源、软件资源等。

网格计算的核心思想可用 3 个 C 来表达：计算(Computation)、协作(Collaboration)、通讯(Communication)，基于开放性标准的资源共享和协同工作是网格计算系统最突出的特点。网格计算模式的工作原理是：把要计算的数据分割成若干数据片，处于各节点的计算机可根据自己的资源和处理能力下载一个或多个数据片进行计算，计算完成后向网格系统提交中间结果，经系统汇总处理后得出最终计算结果。合理的任务分配策略是实现网格计算的难点和关键：根据一定的方法把要计算的数据分割成合适数量的数据片，使得计算过程中既能充分发挥网格节点的协作，又能尽可能减少相互之间的通讯开销，这直接关系到网格计算的效率。网格系统软件的主要职责就是完成这项复杂的工作。

由于网格计算实现了计算资源的按需分配，彻底改变了传统的计算模式，能够更有效地利用分布式的计算资源，可以实现计算、存储、信息、知识、软件等资源的全面共享，使网格计算能够完成过去难以想象的复杂计算和处理，同时网格具有高度的可伸缩性和柔性，网格规模可根据需要无缝地伸缩。作为解决广泛的分布资源共享和协同工作的新技术，网格计算必将得到越来越广泛的应用。

（应必善）

电子通信产品的基石——集成电路(IC)

集成电路(IC),即通常所说的"芯片",人们日常生活和工作中接触和使用的家用电器、通讯产品、电脑,都使用了不同数量、大大小小、功能各异的芯片——打开电脑的外壳,就能看到主板上使用了大量的芯片。也正是因为有了IC,这些电子通信产品才能得以快速的发展——功能越来越强、性能和质量越来越好、价格越来越便宜、体积越来越小,并不断地改变着人们的生活。故IC被称为是电子通信产品的基石。

不同的IC,而其复杂度则更是可能有着天壤之别。衡量IC复杂度的重要指标是它包含的单元电路数目,包含单元电路越多,则复杂度越高。通常,100单元电路以内的IC为小规模集成电路,100～3 000单元电路的IC为中等规模集成电路,3 000～100 000单元电路的IC为大规模集成电路,100 000～1 000 000单元电路的IC为超大规模集成电路,1百万单元电路以上的IC为特大规模集成电路。

IC的应用领域极其广泛,军事、民用等所有涉及电子的领域都少不了它。从广义上,根据其应用领域,IC可以分为通用IC和专用IC。通用IC是指使用领域广泛、标准型的电路,如存储器、中央处理器、微处理器等。专用IC是指为特定的用户、专门或特别的用途而设计的电路,如手机中使用的专用套片。图一是通用IC与专用IC的典型示例。

IC的关键环节可以简单概括为设计、制造、测试等。IC设计是指根据需求(包括功能与逻辑要求、性能与指标要求)完成版图设计的过程,也就是用特定的语言编制程序,编译后,通过电子设计自动化软件,形成版图文件。IC制造的关键和核心是流片,也就是用光技术在半导体材料上刻蚀电路的过程,这个过程极其复杂。流片后进行切割,形成裸芯片,然后进行封装,把硅片上的电路管脚用导线接引到外部,以便与其他器件和电路相连接。IC制造完成后,需要通过多种手段对IC的功能和性能指标(包括可靠性)进行全面的测试,以验证是否达到了预期的效果。通过严格的测试以后,才能进入批量生产和规模商用。

自1958年美国得克萨斯仪器公司发明IC以来,IC的发展基本上遵循着戈登·摩尔于1965年提出的著名定律——摩尔定律,即IC的集成度和性能每18个月翻一番,或者说每三年翻两番,而成本却成比例地递减。处理器芯片和存储器芯片是 IC 非常典型的代表。以存储器芯片为例，如图二所示，1 兆比特容量的存储器在 1977 年的价格为 5 000 欧元，可以买一辆汽车，1987 年的价格为 30 欧元，可以买一件衣服，到 1995 年的价格为 0.5 欧元，可以买一张邮票。

图一　通用 IC（左）与专用 IC（右）示例

不妨再大胆设想一下：根据摩尔定律，15 年以后，笔记本电脑的处理能力和性能将是现在的 1 000 倍，手机的处理能力和性能将比现在的笔记本电脑还要强 10 倍。这些在现在看来是几乎不可思议的事将在 IC 产业的进步和推动下逐步成为现实；而如果离开了 IC，这一切都将无从谈起，当代科技将是空中楼阁、寸步难行！

IC 是核心技术和能力的体现，不但因为 IC 的设计、制造、测试各环节都是高科技的集中展现，IC 的设计中往往包含了大量的知识产权——掌握了 IC，就拥有了核心能力；还因为 IC 的高速发展及其对信息通信产业甚至国民经济的推动作用——掌握了 IC，就意味着经济效益。因此，许多国家将发展 IC 产业列为重大战略。

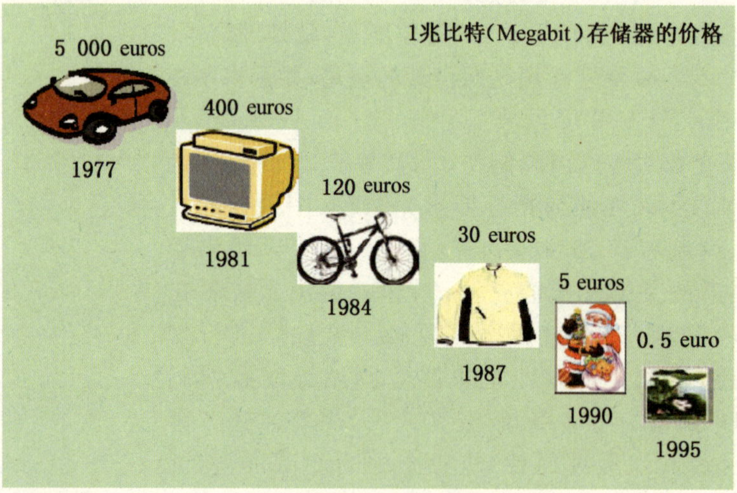

图二　1 兆比特存储器的价格变化

（应必善）

21世纪微电子技术

1946年2月，当第一台电子计算机ENIAC在美国莫尔学院研制成功时，运行速度只有每秒五千次，存储容量也只有千位，而且稳定运行的时间也才七分钟，但是，以当时的技术水平而言，这台计算机的本领已经相当惊人，以至于当时有的科学家就认为，全世界只要有4台ENIAC就够了。很显然他们低估了科学技术的发展，现在全世界的计算机包括个人电脑在内就有上亿台，而且运行速度不知要快多少倍，体积却不知缩小了多少倍。这是微电子技术的进步推动IT信息通信技术发展的众多例子中的一个。

20世纪60年代，电子学产生了一个新的学科分支，研究的是如何利用固体内部的微观特性和一些特殊工艺，在一块半导体芯片上制作大量的元件，从而可在一个微小面积中制造出复杂的电子系统，这就是微电子学。而微电子技术便是微电子学中以集成电路技术为核心的，包括系统和电路设计、工艺技术、材料制备、自动测试等一系列专门技术的总称。随着集成电路技术的不断发展和延伸，微电子学已发展成为一个更为广泛的边缘性学科。

半导体材料，是一种导电能力介于导体与绝缘体之间的物质。利用半导体的这个特点，通过一种特殊的工艺，将金属线等导电体埋入到其内部，形成一个能完成特定功能的电子器件，这就是常说的集成电路。

近几十年来，微电子技术一直以惊人的速度在发展，集成电路的特征尺寸，也就是集成电路中的最小线宽，从以前的几微米发展到现在的0.13微米、90纳米甚至更小的尺寸。一个微米相当于一根头发粗细的几十分之一，而一个纳米相当于一根头发粗细的几万分之一。另外，由于集成度的提高，使平均到集成的器件上的价格降低至原来的百万分之一。

半导体界有个著名的摩尔定律，说的是集成电路芯片上能集成的电路数目，每隔18个月翻一番，或者说，微处理器的性能每隔18个月提高一倍，而价格却下降一半。正是在这样一种近似神话般的发展速度下，整个半导体产业以及信息产业才能够有现在的规模。不断缩小集成电路的特征尺寸，并进一步提高集成电路的性能一直是科学家研究的重点。只有芯片尺寸做小了，同样的面积上就能够得到更多的芯片，从而芯片的价格就更便宜。在20世纪90年代中期，人们曾经为100纳米和50纳米是否会成为集成电路技术的“极限”而展开过一场全球性的热烈讨论；而今天，半导体工艺技术进入90纳米，标志着人类的微细加工能力即将进入又一个空前的高度，整个半导体领域的前沿热点从制造技术、器件物理、工艺物理到材料技术等各方面随之全面进入纳米领域。可以预见，在今后相当长的一段时间内，集成电路的特征尺寸还会进一步按比例缩小，集成度还将进一步增加。

微电子技术取得很大进步的另一个方面是，在集成电路设计领域出现的系统集成芯片(System On Chip)概念，简称SOC。SOC是一个复杂的系统，它将一个完整产品的各个功能集成在一块芯片上。一个简单的例子是，它可以把一块电脑主板上的，包括CPU、内存、协处理器等很多元器件都做在一个芯片内部。我们现在的电脑又大又重，但是，如果采用了SOC技术，很显然整个电脑主板上可能就只有一块芯片了，主板的体积和重量自然还可以大大地减少。

在SOC出现以前，通常我们所熟悉的硬件系统都是由若干集成电路和各种电阻、电容等分立器件在印刷电路板上相互连接而组成的。尽管单个集成电路的速度可以很高、功耗可以很小，但由于印刷电路板中集成电路芯片之间的连线延时、印刷电路板的可靠性，以及重量和体积等因素的限制，整机系统的性能受到了很大的限制。随着系统向高速度、低功耗、低电压和网络化、移动化、微型化的发展，系统对电路的要求越来越高，因此SOC的出现就不足为奇了。

目前，微电子技术的进步已经具备将整个系统集成在一块芯片的能力。集成电路设计领域也越来越重视对可重用模块的开发。SOC虽然很复杂，但是并不一定要从零做起，其内部很多模块都可以直接利用成熟的设计，特别是一些很通用的部分，如数字/模拟转换模块、存储器模块等。通过将各个遵循即插即用的可重用模块进行集成，就可以高效、迅速地开发出具备各种功能的SOC。微电子技术从单个集成电路向SOC转变不仅是一种概念上的突破，同时也是信息技术发展的必然结果。目前，SOC技术已经崭露头角，未来几年将是SOC技术真正快速发展的时期。

进入21世纪以来，微电子技术所涉及的领域在不断的延伸，其所覆盖的范围也越来越广。微电子技术与其他学科相结合，诞生出一系列崭新的学科和重大的经济增长点。作为与微电子技术成功结合的典型例子便是微型机电系统和生物芯片。

微型机电系统(MEMS)是专指那种外形轮廓尺寸在毫米量级以下，构成它的机械零件和半导体元器件尺寸在微米到纳米量级，可对声、光、热、磁、运动等自然信息进行感知、识别、控制和处理的微型机电装置。微型机电系统发展前景广阔，可应用于机械的高级维护系统、微型工厂、人体管腔诊断和检查系统等需要微型、微细机械的场合。利用微型机电系统技术可制成突破通信瓶颈的全光交换机、比手掌还小的飞行器、重量仅有几十克的微小卫星等。

集成电路板示意图

生物芯片是一种能对生物分子进行快速并行处理和分析的薄型固体器件,材料一般为玻璃片、硅片、尼龙膜、塑料等。就像计算机芯片是为了制作计算机一样,生物芯片技术是为了制作能够把样品制备、生化反应和结果检测三步集成在一起的微型全分析系统,也称作芯片实验室系统。采用微电子加工技术,可以在指甲盖大小的硅片上制作出包含有多达 10 万种 DNA 基因片段的芯片。研究人员已经利用微电子技术在硅片或玻璃片上制作出了 DNA 芯片,包括 6 000 余种 DNA 基因片段。

(仲智刚　冯根宝)

纳米电子学

从 20 世纪 80 年代开始,科学家开始探索特征尺寸为纳米量级的电子学,纳米电子学主要研究以扫描隧道显微镜为工具的单原子或单分子操纵技术。这些技术都有可能在纳米量级进行加工,目前已形成纳米量级的、信息存储器,存储状态已维持一个月以上,希望用此技术去制作 16GB 的存储器。德国的福克斯博士等制出了原子开关,达到了比现今芯片高 100 万倍的存储容量,获得了莫里斯奖。量子力学告诉我们,电子与光同时都具有粒子波的特性,电子的波动性质再也不能忽视,把电子视为一种纯粹粒子的半导体理论基础已经动摇。这时电子所表现出来的波动特征和拥有的量子功能就是纳米电子学的任务。

强大而无形的工具——软件技术

发明计算机的初衷就是为了帮助人们解决繁杂的计算问题,而软件则是运行于计算机上的程序系统。

电脑软件是由各种层次的电脑语言编写而成的。最底层的叫机器语言,它都是由0和1组成,因为计算机只认识0和1组成的代码。上面一层叫汇编语言,它只能由某种电脑的汇编软件翻译成机器语言程序,才能执行。我们常用的软件则是用更高一层的高级语言所编写的。例如Visual Basic\NET、C++、Java、Delphi等等。在运行这些高级语言所编写的软件程序时,都必须先由一个叫做编译器或者是解释器的软件将高级语言程序翻译成对应的机器语言程序,这样计算机才能“读懂”程序,而后运行。因而,信息时代中,我们所接触的软件系统则大多是由高级语言来开发的。

信息时代,人们每时每刻都会接触到不同的信息数据。然而这些单纯由数字组合起来的信息是相互独立的。如何让这些信息对我们更有价值?这就需要使用合适的工具,对这些信息进行筛选、分析、挖掘、理解这些信息所包含的意义。这个工具就是软件系统。软件是工具手段,而信息就是载体。所以,软件的作用,就其实质意义而言,就像标尺和计算机一样,是人们很好的辅助工具。

以一汽车企业的生产为例,向人们展示一辆汽车从设计、生产、制造这一系列过程中,软件技术是如何发挥其作用的。

首先,一辆汽车的成型,最初需要由设计人员来构图。一个个零件的放置不仅要考虑到汽车结构的本身,还需要考虑在车辆运行中零件相互间的作用与磨合,其中还涉及到一系列复杂的数学计算。一般,设计师使用专业的绘图软件会将这些因素考虑进去,常用的专业绘图软件有CAD(计算机辅助图像设计)系统等。通过CAD设计出来的图形与传统的不同,在呈现具体汽车模型的同时一并包含了需要哪些具体的零部件,具体的数量是多少等。

在进入生产之前,CAD系统需要通过特殊接口将具体的零件数据传输到专门负责汽车生产的管理系统中(由于生产管理系统与CAD工具是属于不同的软件系统。系统与系统之间数据的传输,是通过“接口”来实现的)。

下一步的操作，则是生产。其实生产过程并不是单独的操作，它需要和其他各个部门环节紧密配合。与前期的原材料采购、产品库存、生产计划、公司的财务状况、产品的销售环节紧密相关。这就需要有专业的生产管理系统来统筹管理各个环节的操作。

同时，汽车的厂商又有众多的汽车零部件供应商。一辆汽车所涉及的零部件名目繁多，包括企业发动机、座椅、轮胎、汽车空调、汽车玻璃等不下上千种。管理协调和这些零部件制造厂商的供求合作也是一项繁杂的工作。汽车生产厂商自身存放货物的位置有限，如果让所有零部件厂商都将自己的产品拿过来，再大的厂房也装不下。

经过实践，人们想了办法，就是按着汽车厂商的生产流程走，企业流水线进行到具体的位置，就通知到相关的供应商。例如一家生产汽车空调的企业(我们先称其为 A 企业)，是专门为某汽车生产商(B 企业)提供汽车内的空调设备。生产之前，B 企业与 A 企业会签订一个协议说明，今后一段时期之内大约要需要多少台不同车型所需的汽车空调，空调的数量分别是多少。这是个大致的订单数量，确定之后，A 企业会输入到自身的生产管理系统中，然后根据订单数量和企业自身实际生产能力，安排出具体的生产计划。

另一方面，由于汽车生产过程中要涉及上千种的零部件，B 企业自身会有个管理系统，在管理着与汽车生产相关的零部件的发送和调配工作。每天都需要通过系统来精确计算出当天或是第二天所需要的原材料。如果 B 企业计算出第二天的上午 10 点左右，汽车的流水线会需要装配汽车空调，B 企业就会通过内部传输系统通知 A 企业："明天需要有关于 X 型号的汽车空调 500 台，于上午 10：00 送往 B 企业。"这个周期往往是一两天，甚至更短。

供应商收到之后，必须要按时送到。既不能过早，因为 B 企业中能够存放的地方有限，可能没有地方放置。也不能过晚，否则汽车生产流水线进行到需要装配空调的时候，如果没有就要停下来等，所造成的损失是难以估量的。

就是通过软件系统才产生出最为科学的生产组合。随着竞争的日益激烈，汽车产业链的高效合作也显得越来越重要，软件系统也成为其中最为关键的因素之一。软件系统的背后，则是海量的数据。通过系统的穿针引线，收集整理出有效的结果，最终成了企业的"生产命脉"。同时，生产程度越先进，流水线上的工人就越少，很多都是由机器人来完成的。所有这一切有条不紊地进行，都需要软件系统这个"大管家"在背后操控着。

（蔡卓尔　吴在华）

数字化影像档案库——信息压缩技术

压缩技术是随着计算机的发展而逐步兴起的。经过了几十年的不断发展，已经为人们作出了卓著贡献。留心观察一下，会发现人们每天都会接触到各种各样压缩技术所衍生出来的产品。例如，对声音进行压缩处理的 CD 唱片、影像压缩的 DVD，以及对图像压缩之后的网上图书馆，等等。

为什么要对我们听到的声音，看到的图像进行信息压缩处理呢？举个简单的例子。一般我们用数码相机所拍摄照片的信息量大约在 1—2 Mb(兆[M]为数据存储的大小单位)大小左右，如果我们使用 64 Mb 的存储卡，最多只能存储 64 张的图片。

如果对图像进行压缩，将原先 1 Mb 的文件压缩到 1/10 大小。这样 64 Mb 的存储卡不是可以存储 600 多张的图片吗？单张图片的传输不是可以更快吗？正是因为这样的需要，加速了压缩技术的发展。压缩技术的对象就是语音、图像和视频信号。由于语音的数据量较小且基本的压缩方法已经成熟，目前的数据压缩研究主要集中在图像和视频信号。

一般图像的压缩分为有损压缩和无损压缩两种。无损压缩就是利用数据的统计冗余进行压缩。它只是改变数据元素的组合，其压缩比率大致为 2∶1 到 5∶1 左右。如果需要恢复到原先的图像，并不会产生任何的失真现象。也正因为如此，无损压缩所起到的效果有限。相比之下，有损压缩的效果要明显高于无损压缩。

在引入有损压缩的概念之前，有必要先介绍一下有损压缩所采用的原理。人类视觉有一个特性，那就是对图像中的某些频率成分并不十分敏感。例如在青青的池塘中有一枝莲花，如果我们删除池水与莲花相接的边缘部分颜色，并不会对我们观看整张图像产生太大的影响。因为大脑会利用与附近最接近的颜色来填补丢失的颜色，人眼觉察不到一种颜色与其邻近颜色的细微差别，所以也就没必要将每一种颜色都保留下来。因此，压缩视频、音频、图像文件的过程实质上就是去掉我们感觉不到的那些色彩的数据。

压缩技术经过几十年的发展，有了多种方法。常用的有以下几种：

霍夫曼编码压缩——其基本原理是频繁使用的数据用较短的代码代替，很少使用的数据用较长的代码代替，每个数据的代码各不相同。这些代码都是二进制码,如:有一个原始数据序列 ABACCDAA,则 A 表示成(0), B 为(10)、C 为(110)、D 为(111),压缩后为 010011011011100。简单有效,因而得到广泛的应用。

JPEG(联合摄影专家组 Joint Photographic Experts Group)——是目前使用最为广泛的压缩标准之一。JPEG 的压缩原理就是在霍夫曼编码压缩技术的基础上,延伸出二维的组合。它将每个原始图像看成是有 8×8 个点组成的矩阵。并以此矩阵中每一个点为一个单位进行处理。处理的原理就是上述的霍夫曼编码原理。压缩之后,图像大小比例可以从 1%~90%不等。

下面举例说明压缩技术在我们的现实生活中是如何得以精彩运用的。

许多人查资料找文献时首先想到的往往是传统意义上的图书馆。如今的网络技术日益发达,人们开始考虑是不是可以将图书馆的藏书搬到网络上,让所有的图书爱好者都能通过网络在线寻找到所要书籍资料。于是,通过图像捕捉工具,例如扫描仪等设备,将文字资料转换成数字化的图像。数字化的网上图书馆应运而生。

如果将每本书的数字化影像全部都搬到网络上来,可是需要海量级的数据库存储,而且网络上传输、浏览的速度非常之慢,如何能够承受成千上万人次同时在线访问?

因此,在这里,压缩技术发挥了它强大的功效。存储技术对这些数字化影像图像进行压缩处理,通过前面介绍的 JPEG 技术或其他,将原先几兆的图像按照有损压缩的模式压缩成原先的百分之一大小,力求在最小文件的前提之下呈现最为清晰的图像。利用更小的物理空间,存储更多的内容。

这样读者就可以先到网上查看书籍的影像,再权衡是否需要实地翻阅,大大节约了时间,适应了社会的节奏。压缩技术的运用,使得海量的文献"搬"上网络变成了可能。

压缩技术的发展有一个非常有意思的特点,就是从"私有"到"公开"。早期,图像存储的格式都是采集者自行定义的。现在压缩技术有了统一的规范。这样不仅有利于技术的运用,更能吸引更多的技术人才在统一公开的平台上,共同研发最新的压缩工具。

我们可以预见,未来压缩技术会向着图像更小、文件损失也更小的方向发展。寻求质量与大小的最佳平衡点,这正是压缩技术发展的目标。

(吴在华　蔡卓尔)

信息存放的大容量仓库——数据库

近年，在全球信息化大潮的推动下，计算机的硬件、软件技术在各行各业得到了广泛应用，如使用信用卡消费、使用医保卡就医等等。此时，用户所访问的是存储在某个数据库中的数据。尽管不同的用户界面隐藏了访问数据库的细节，甚至大多数人根本没有意识到此时此刻他们正在和一个数据库打交道，然而今天，访问数据库已经成为人们生活中的一部分。

20 世纪 60 年代初期，第一个通用数据库在通用电器公司设计而成，它便是网状数据模型的基础。20 世纪 60 年代末期，IBM 开发了信息管理系统数据库，属于层次数据模型。到了 20 世纪 70 年代，IBM 研究实验室推出了关系数据模型的数据表框架，这就是现在广为使用的关系型数据库。

数据库——简而言之是用于存储大量信息的仓库。我们现在所认识的数据库已经成为一个系统的概念，即数据库系统。数据库系统必须对存储的数据进行管理。管理涉及信息存储结构的定义，又涉及信息操纵机制的提供。另外，数据库系统还必须提供所存储数据的安全性保证，即使在系统崩溃或者有人企图越权访问时。

数据库又是如何与现实世界联系起来的呢？在数据库的世界里，使用 E-R 模型（实体-联系模型）来表示现实世界。E-R 图是由实体、联系和属性所组成的。就拿我们每个月的电信账单来说吧，每个用户就是实体，通话记录也是实体。用户的姓名、电话号码、家庭地址、邮政编码等用来描述用户性质的信息就是属性。对于通话记录来说记录编号、通话开始时间、通话结束时间、通话费用也是通话记录的属性。实体就是这样通过一组属性来表示的。实体和实体之间的关联，在数据库中就称之为联系。某个用户打了一次电话，那么在系统中会产生这个用户与这次通话记录之间的关联。于是，用户实体与通话记录实体就产生了联系。E-R 模型就是这么将数据库与现实世界联系在一起。

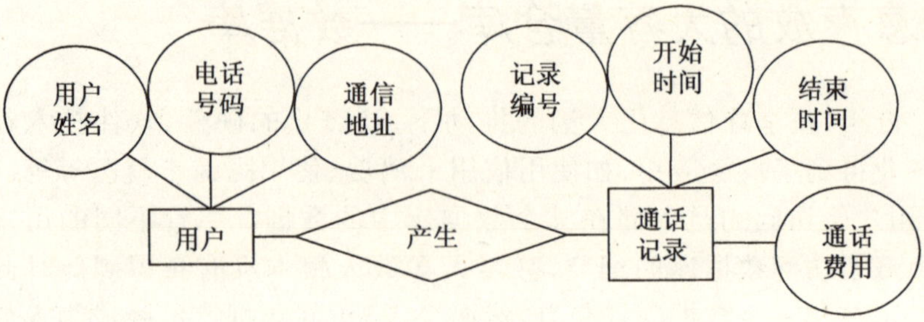

E-R 模型图示

当系统设计师用 E-R 模型描述出现实世界以后，我们就要将它转换为数据库的关系表结构。每个实体对应于一张表，实体上的属性即为一个个字段。当关系表创建完成后，就可以为每张关系表添加内容，每一条内容，称之为记录。在数据库中，数据就是以一条条记录的形式保存下来的。

用户表

用户 ID	用户姓名	通 信 地 址	电话号码
001	张三	北京西路 1001 号	52120001
002	李四	南京东路 20 号	52111122
003	王海	南京东路 25 号	52111133
004	叶维	北京西路 1465 号	52120033

通话记录表

记录编号	用户 ID	开始时间	结束时间	通话费用
0001	001	20050101103021	20050101103121	20
0002	001	20050101170000	20050101170303	30
0003	003	20050101180503	20050101180705	20
0004	001	20050102063021	20050102063025	20
0005	002	20050102085003	20050102085608	60

为了让人们方便地、高效地存取数据库中的信息，数据库也要用“语言”来与人类交流，这种数据库的“语言”，称之为数据库查询语句——SQL(结构化查询语言)。尽管 SQL 是数据库查询语句，还提供了用于更新、插入、删除信息的结构。数据库管理员通过 SQL 与数据库沟通，通过 SQL 获取数据库中的信息。计算机程序员也可以通过编写一段程序来

调用 SQL,从而将信息源源不断地提供给用户。SQL 语句究竟是怎样的呢?还是来说说电信账单吧,如果客户想查找所有用户名叫“张三”的通话记录在数据库中就用这样的表达方式:

SELECT * FROM 通话记录,用户 WHERE 用户名=“张三”AND 用户.用户 ID=通话记录.用户 ID

在数据库系统中执行这句 SQL 后,系统将返回所有用户名叫“张三”的通话记录。其实,数据库查询语句就是把我们平时说的话翻译成数据库能听懂的话,从而让数据库为我们提供有用的信息。

任何人是不是都可以通过 SQL 访问和修改数据库的信息呢?如果答案是肯定的,我们就不必交付每月的电话账单了,因为,我们只要将费用设置为“0”即可。天下是没有免费的午餐的,数据库必须具有安全性和完整性。通常数据库管理员可以给用户授权,从而规定不同的用户只能访问各自的数据库部分,或者对某部分有只读权限,而对另一部分有修改的权限。授权信息存在一个特殊的系统结构中,一旦系统中有访问数据的要求,数据库系统就去查阅这些信息。当用户拿着电信账单到营业厅支付费用后,营业员将账单付款情况修改成“已付款”,他却没有办法改变账单金额,那是因为营业员对该部分数据没有修改的权限。在用户通过信用卡付款时,实际上是对数据库进行了两个单独的操作,即对信用卡账户执行取款操作,以及对电信账户执行存款操作。在没有故障的情况下,这两个操作将正常进行,但是一旦发生故障,数据库必须保证要么两者都执行,要么两者都不执行。这样才可以避免数据的不一致,即使在操作失败的情况下也不会对数据库产生任何影响。在数据库中,通过“事务管理机制”来实现数据库的完整性。

(王　懿)

数据库中数据的性质

1. 数据整体性:数据库是一个单位或是一个应用领域的通用数据处理系统,存储的是属于企业和事业部门、团体和个人的有关数据的集合。数据库中的数据是从全局观点出发建立的,按一定的数据模型进行组织、描述和存储。其结构基于数据间的自然联系,从而可提供一切必要的存取路径,且数据不再针对某一应用,而是面向全组织,具有整体的结构化特征。

2. 数据共享性:数据库中的数据是为众多用户所共享其信息而建立的,已经摆脱了具体程序的限制和制约。

一卡在手　出行潇洒走一回——公共交通卡

如今，上海、大连等城市的居民，坐地铁、乘公交、叫出租，不少人都是使用公共交通卡支付费用的：把一张名片大小的卡片朝读卡机上一靠，“滴——”的一声，付费完毕。快速、方便，潇洒走一回。公共交通卡是我国目前各种消费卡中普及率最高、使用频次也是最高的一种卡，是信息科技给人们带来实惠的一个实例。

公共交通卡的学术名称是：“非接触式射频识别卡”。与装在车上、学术名称为“射频读写器”，俗称“读卡机”的设备配套使用。“非接触式”是指刷卡消费时，“卡”与“机”不必接触，只要靠近即可，距离在 10 厘米之内，约一拳之间。靠近些更容易识读。“射频识别”是指“卡”与“机”两者之间信息交换所使用的无线电波频率是在 3 kHz 至 3 000 MHz 的范围之内，可以用天线辐射出去，因而成为“射频”。上海公共交通卡使用的无线电工作频率为 13.56 MHz。持卡人最为关注的是这张“卡”，它里面夹有什么奥秘？又是如何工作的？我们来个“透过现象看本质”吧。

揭开卡表面的一层纸，可以看到卡的中间夹层里有两个部件：一个红色的线卷和一粒黑色的芯片。线卷是用直径比头发丝粗不了多少的漆包铜线沿着卡的外围边缘内侧绕制而成，呈矩形状态，共 5 圈，也有用 3 圈的。这一线卷的功用有二：一是当作收、发无线电波用的天线；二是电磁感应产生电能。因为交通卡本身没有电源，所以它也起到了供电的作用。线卷的两头与芯片连接。芯片就是集成电路块，它的体积小得可怜，比一粒早春红玉的瓜籽还小、还薄，否则怎么能封装在一张薄薄的纸片之中呢？它可是微电子技术的产品，内部集成了数以万计的电子元件，并由这些电子元件构成多个具有独特功能的专用电路和工作单元。其中有：射频接口、电源产生电路、时钟发生器、调制解调器、复位电路、防冲突电路、应用选择电路、认证存取控制电路、控制与算术单元、加密单元、存储器等等。这些专用电路和工作单元担负起了刷卡消费必须完成的各项任务，以及应对可能遇到的各种问题。见下图：

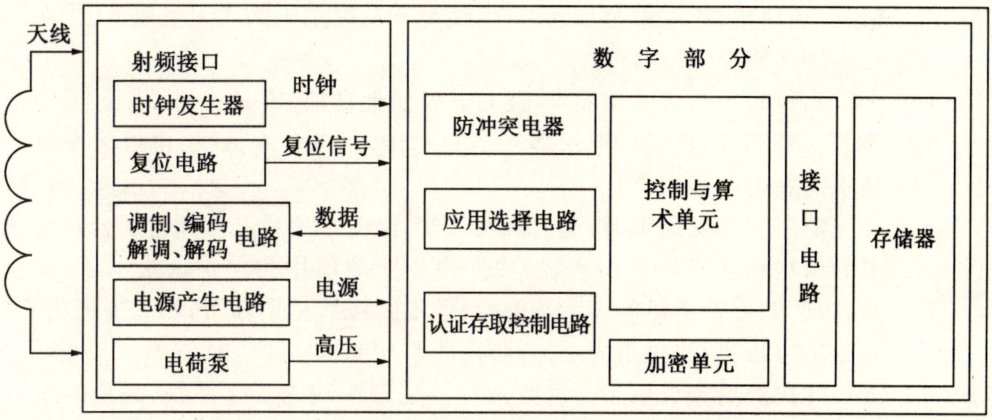

芯片结构示意图

平时，装在车上的射频读写器的读卡头不断地发出频率极高的无线电信号，犹如一位认真负责的乘务员等候着随时可能到来的乘客。当上车乘客手持公共交通卡靠近读卡头时，卡中的线卷（天线）感应到无线电信号后，由电源产生电路产生电能，卡被激“活”，进入工作状态，卡、机之间由无线电磁波建立联系，交换信息，并按照编定的程序逐步运作。

先是辨认卡的“身份”，看它是不是本市公交系统发的、允许使用的那张卡，这就是“认证”。确认无误后，接着是“读卡”，读出卡中的有关信息，如余额数等，再是做算术运算，如累计乘车次数和所需的票面金额，然后做减法，即作扣款处理。接着是“写卡”，把做过减法后的余额数重新写入卡中。可能还有其他内容的变更。再接着是“存储”，把新的内容寄存起来。如内存容量为 8 K（千字节），可存一篇约 500 个汉字的文章。最后将卡置于暂停工作状态。以上整个过程，说来话长，实际用时极短。信息交换的通信速率为 106 K，卡、机之间需要交换的所有信息，通过无线电波近距离的收、发瞬间完成。刷卡时“滴—”的一声，大约十分之二秒时间，之后把卡拿走，远离读卡机。因为卡本身没有电源，离开了读卡机的卡不再有任何动作了，处于“休眠”状态。

如果是要在卡上存入金额，则上述的“算术运算”工作就做加法，读写器发出的信息令卡内在原有的金额上加上存入的金额。你交上的是现金，而你卡上加上的是虚拟的金额，从而完成了“充值”任务。

乘客有时因老卡上的钱即将用完，就再带上一张新卡，如不留意，把二张卡叠放在一起，同时靠近读卡机，要是读卡机对二张卡都作扣款处理，乘客不是亏了吗？不会的，芯片中的防冲突电路为应对这个问题会作专门的处理。由它把关，不使乘客受损。当然，最好还是不要出现双卡或多卡同时使用的情况。

为了防止极个别懂电子技术、又心术不正的人对公共交通卡私自充值，非法使用，芯片中有加密单元，使得不掌握密码的人无法侵入，用密码技术确保使用安全。

薄薄的一张公共交通卡，还有许多其他功能，不一一列举了。卡中小小的一粒芯片，竟能承担起那么多的工作任务，令人惊叹，也可见微电子技术的魅力有多大呀！

使用公共交通卡，快速、正确、方便，深受大家欢迎。知道了公共交通卡的结构和系统的工作原理，我们会更好地使用和保护这张卡了：读卡时，快速贴近读卡机的读卡头部位（读卡区域），稍作停留，然后快速离开。对卡不可折拗，避免重力敲击，防止断裂和撕揭。

非接触射频识别卡与射频读写器配套组成的工作系统，采用的是射频识别技术，英文缩写为 RFID。这项技术具有存储数据容量较大，存储信息更改自如，不必实时联网操作，还可以加密。且使用寿命长，达 10 万次以上，实际可操作 65 536 次，数据保存期为 10 年。读取距离较大，防水、防磁、防高温等优点，应用前景十分看好。我国第二代身份证就是采用这项技术的，它的使用量有多大啊！是商品零售行业也已开始采用这项技术了，使得服务质量进一步提高，管理水平更上一层楼。

（施善昌）

交通卡优缺点

非接触式 IC 卡具有较高的通讯速率，不需要拔插的过程，在很短的时间内就可以完成对卡片的操作，非接触式 IC 卡非常适用于对交易速度要求高、刷卡人口比较集中的场合，如地铁、高速公路的进出口、门禁、公交等场所。

任何事物都有其双面性，非接触式 IC 卡也毫不例外地存在缺陷：天线和卡内的专用芯片通过焊点连结，当卡片弯曲过度时，卡片易失效；在一些射频干扰比较厉害的场合，通讯易失败；安全性也低于接触式 IC 卡等。但无论如何，非接触式 IC 卡作为一个新的技术，仍有其强大的生命力。

企业现代化管理的标志——办公自动化系统

办公室自动化是近年随着计算机技术发展而提出来的新概念。办公室自动化英文原名是 Office Automation,简称为 OA。办公自动化系统,一般是指以实现办公室内处理工作事务的计算机自动化管理为基础,利用先进的科学技术,借助各种各样的设备来解决对办公业务的处理,达到提高工作效率和质量,以及方便管理和决策的目的。而办公自动化则包括更广泛的意义,凡是在传统的办公室中采用各种新技术、新机器、新设备从事办公业务,都属于办公自动化的领域。

随着计算机、网络技术的日益飞速发展,计算机、网络技术已经渗透到政府、企事业单位及校园的日常办公中,其中公文、报告、报表、数据、邮件等各类公文及信息传递量也随之越来越大,涉及的部门、下属单位及合作伙伴也越来越广泛。传统的手工处理文件、报表、信息等的传递方式已经不能满足现代社会发展的需要,在一定程度上影响了领导的决策和业务的发展。因此目前迫切需要利用计算机、网络技术,以实现政府、企事业单位的信息化建设,加强公文及信息流转的自动化进程,由此而言办公自动化的应用应该成为企业管理现代化的标志之一。

20 世纪 70 年代中期一些政府、企事业单位的日常办公都依靠人工传送各种文件、业务文本、通知、信息等,各单位之间为了进行信息、公文的传递,不仅浪费了大量的人力、物力、财力,还造成公文、信息流转速度慢、资源难以共享等问题。这样的传统办公管理方式在提高效率方面无法做到根本性突破。因此,我们需要建设一个安全、可靠、高效能的、现代化的办公手段来彻底改变这种传统的办公管理模式。20 世纪 80 年代初办公自动化在我国提出,至今已有近二十几年的发展历史。最初,一些企事业单位开始逐步使用计算机进行办公(公文的流转、信息的传递)。后来由于计算机的普及,越来越多的计算机进入到各个企事业单位中,这些单位逐渐适应了利用计算机进行文件处理和信息传递等工作。在 20 世纪 90 年代中后期,网络在我国快速发展,越来越多的单位开始利用网络资源在内部建立局域网进行办公。这些高科技设备成为办公的有力工具,也很快地融入到企事业单位中。为此,1999 年年底在人民大会堂举办了周年成果展,从此揭开了我国办公自动化时代的序幕。

传统的办公室业务,主要是进行大量文件的处理,文件归档、信息传递、申请报告、财务报表等业务。而现在的办公业务随着人员、部门的不断扩充，包括公文的流转处理、电子文件的排版、项目审批管理、会议管理、电子表格的处理、电子归档的管理、办公日程安排管理、人事档案管理、财务报表统计、员工自助数据库等，这些办公室业务都可以应用办公自动化系统来处理，此管理系统能极大地提高工作效率，办公室工作人员不再拿着各种文件、申请单据在各部门之间跑来跑去。

目前我国的办公自动化系统大都采用了最新的浏览器-服务器技术和客户端服务器技术，整个系统具有很强的扩展能力和灵活性，符合当前计算机技术的发展方向。既具有浏览器-服务器结构应用的部署灵活、使用简便，安全性好，维护简单，又具有客户端-服务器技术结构应用的界面快速、适合流程操作的优点。

采用浏览器方式开发的办公自动化管理系统拥有统一美观的界面、简单的操作、个性化的设计且维护简单，能提供大部分用户所需要的办公自动化管理功能和基本需求，减少一般用户和系统管理员的使用和管理难度，同时拥有良好的系统扩展能力和与其他系统的兼容能力及信息共享能力。普通人群在使用后反映一些简单的功能会产生意想不到的效果，如系统中很简单的电子邮件模块的使用就加强了同事间的联系，促进了同事间的友谊，同时也方便了日常工作。又如合理化建议等栏目提高了大家的参与意识，使企业更接近人性化的管理模式，并促使大家主动关心企业的发展战略，在积极地参与过程中，自身素质也得到了提高。

目前，各企事业单位已经充分利用办公自动化管理系统来进行管理工作，一些大型企事业单位的办公自动化系统已由传统的局域网内的互联上升到了支持移动办公、远程办公等更广阔的领域里。随着办公自动化系统在各个地方的不断推广，技术不断的增强，它发挥的作用将会越来越大。在今后的一段时间内，它将会发展成为一个企业门户，也是更广义的企业信息门户的一个组成部分，这就是今后办公自动化系统应用的发展方向。

（周洁颖）

通信发展简史

形体时代　通过身体、眼神、手势及山石树木等自然媒体相结合传递信息。

口语时代　直立行走使得人类对信息传递方式的需求提高从而催生了语言。

文字书写时代　随着生产力的发展人类对信息记录有了需求，文字随之产生。

Intranet——火车票联网售票

大家外出旅行,不少的人会选择火车作为交通工具。近几年来,铁路客运服务有了一个很大变化,即火车票发售采用网络售票方式作业。众多售票点的售票员不再是按预先分配到的各个车次票签条来发售车票,而是在终端上敲击键盘,按旅客需要查看票额,做到了一窗有票,窗窗有票。铁路客运部门是通过一种名为PMIS客票系统的Intranet网络来实施网络售票的。

Intranet——是一种使用因特网(Internet)技术的内联网(intrnet)。它是一种供企、事业,特别是跨地区、跨国企业,内部使用的、应用因特网技术的计算机网络。它可以是封闭式的,与因特网互相隔离的孤立网络,也可以是以有限方式接入因特网的半开放网络。铁路的PMIS客票系统就是一种封闭式的内联网,而电信企业的网上交费、查询系统就是一种半开放的内联网。

在没有实行联网售票前,火车票的发售过程是这样的:当旅客来到售票点,首先要按照旅客的去向、座别选择对应的售票窗口,然后说出欲购买车票的车次、到站、日期、座席和数量。售票员据此在票签夹上寻找与旅客所需的车次、日期、座席相符的票签条,找到相符的便将其取下贴在事先印制好出发、到达站站名和票价的车票卡片上,加盖出售点标识,收款交票。如果找不到相符的票签条就意味着旅客买不到所需的车票。使用票签条主要是为了保证同一日期、同一车次座席的车票不会重复出售。但票签条的使用也有一定的不利影响:有票签条的售票点不一定有旅客来买,其他售票点尽管有旅客要买却没有票签条无法卖,造成票额浪费,运能浪费。同时,由于整个售票过程是手工查车票余额,靠人手算票款,找零钱,出一张票要好几分钟,造成旅客排长队买票现象。

为了方便旅客买票,铁路部门的售票点数量要多,分布位置要广,只要需要,即使目前还不通火车的地方也可以设售票点。同时售票速度要快。为了使众多售票点能够在统一管理下,同时卖票,大家很自然会想到,采用计算机,像因特网一样联起来,不就行了吗?这个方法好,但不完全。因为火车票的发售是铁路企业的一个生产环节,为了服务好全社会,它必须在全过程受控的情况下进行,除了车票余额外的信息,其他信息不可能像因特网上的信息一样对全社会开放。铁路的PMIS客票系统采用了 Intranet 模式的内联网。它是封闭式的，只对铁路客运票务部门开放，保证了售票全过程一直在铁路客运管理部门的监督、管理下，它又采用了因特网的数据关联传递和阅读技术，使售票点查看不同日期、车次、起点站、终点站和座别的车票余额时，查看的速度很快，再加上使用计算机操作，大大缩短了旅客买票的等候时间。

要做到既可以异地售票，又不会像以前非联网售票时随之产生的票额浪费，真正实现一窗有票，窗窗有票。为此，客票系统采用了因特网的网页技术，对车票余额进行实时、动态式地一一对应扣减。用这种方法来保证即使在购票地点和乘车地点不一致时，旅客购到的车票也不存在重票现象，同时又不会发生明明一个售票窗有票，而其他售票窗却买到票的票额浪费情况。

系统的建设费用相对要低。由于我国铁路线长点多，客票系统网络规模很大，售票点数以千、万计，如果每个点建设费用能降低 500 元的话，那就能节省几十万、几百万的投资。由于 Intranet 网在网络结构上采用因特网的技术，也就是说能上因特网使用的计算机，只要增加一些软件就能在客票系统使用。由于计算机终端的通用性，无疑会较大幅度地降低建设费用。

内联网的应用特点是广域、私有、实时互动交互性。

由于内联网是为某个特定团体对象使用的，在网络的安全性上可以采取较多的措施，因而其数据传输的安全性较高。试想如果网上交费系统不能确保用户银行账户安全的话，又有谁敢使用呢？

内联网系统的用途往往比较专一，因而它的应用软件可以量身定制，使得应用系统的实时交互性性能优良。正是这一点使得众多售票点既可以同时运作，但又能保证售出车票座席的惟一性。

Intranet 和其他内联网一样，其网络的物理通道是使用专用传输通道来连接的。在跨地域的分支用户较多时，其网络的建设、运行成本都较高。近年来，由于技术的发展，Intranet 网开始利用因特网作为其虚拟专用传输通道来连接异地用户，也就是说，用户只要以本地接入的代价，就可以实现远程接入，并仍能保证其安全性。成本的降低也加速了 Intranet 网的发展。

所谓 Intranet 网络的半开放，是指因特网的公众用户在 Intranet 网络的拥有者的授权下，可以登陆该网络，受限制的获取、交换信息。

Intranet 网络架构采取封闭式，还是半开放式，是由该网络的应用来决定的。在同样的硬件、软件的条件下，封闭式 Intranet 网络信息安全性优于半开放式 Intranet 网络。但是在当今开放的世界，半开放式 Intranet

网络能使拥有网络的企业更贴近用户，提供更好的服务，从而获得更多的商机。为了既要对公众开放，又要保证数据安全，Intranet 网络技术也有一些新的发展。例如，将 Intranet 网络分为内网、外网二部分，中间采用数据岛技术完成内网、外网间的数据的交换，而任一时刻，内外网始终保持物理隔断。这样可以保证作为核心的内网，最大限度保持不受外部非法入侵攻击，确保数据的安全性。另一方面，也保证对外部正常数据需求的提供、交换，避免了数据孤岛情况的出现。随着信息安全技术的发展，Intranet 网络的网络拓扑，也从客户机-服务器架构向浏览器-服务器、客户机-服务器混合架构发展。浏览器-服务器架构最大的优点是有利于与非本企业的人员沟通。

（曹相生）

信息时代的智能化小区

2001年，国家建设部住宅产业办公室提出一个关于智能化小区的基本概念："住宅小区智能化是利用4C(即计算机、通信与网络、自控和IC卡)，通过有效的传输网络，将多元的信息服务与管理、物业管理与安防、住宅智能化集成，为住宅小区的服务与管理提供高技术的智能化手段，以期实现快捷高效的超值服务与管理，提供安全舒适的家居环境。"关于智能化小区的基本概念，随着新技术、新成果的产生和应用以及我国人民住宅状况的不断改善，智能化小区的内涵也会有相应地变化。

现代智能住宅变得越来越聪明，当居民驱车到家，只需刷一下智能卡，车库道闸便自动开启，可以轻松泊入指定车位，而且从自家的监视系统可以分辨出来；当人们酣然入梦，防煤气泄漏、防火感测器在随时警惕地监视着可能发生的危险；以往比较繁琐的查电表、查水表和查煤气表也可免去，只需鼠标一点，就可轻松解决，等等。

总体来说，智能化应用系统包括四个子系统：公共安防、物业管理、家居智能、信息服务。每个子系统又包含很多分系统，最后在整个小区连成一体。其内容涉及居家办公自动抄表、电子巡更、车库管理、家电遥控、给排水、交配电、区域照明、电子公告、广播及背景音乐、家庭一卡通等方面。

智能化小区的第一个子系统是"公共安防"，即"公共安全防范系统"。随着改革开放的深入和市场经济的迅速发展提高。城市流动人口大量增加，带来许多不安定因素，基于目前我国的现状,以安全技术防范为主,辅以视频、通讯、网络系统将成为小区智能化的主流。小区的安全技术防范,是指利用现代科学技术,通过采用各种安全技术的器材和设备,达到居民小区防入侵、防盗、防破坏等目的,保护小区居民人身及生命财产安全的综合性多功能防范系统。一个完善的小区安全技术防范体系,包括电视监控系统、周界防范报警系统、住户报警系统、楼宇对讲系统、保安巡更系统和出入口控制系统(含门禁及停车场管理系统),建立小区报警中心。电视监控系统是在小区出入口、周界、公共通道等重要场所安装摄像机等前端设备,通过中心进行监视和录像,使管理人员能充分了解小区动态。周界防范报警系统设定在对封闭式小区围墙或栅栏处,安装探测器,发生非法翻越入侵时可立即将警情发送到报警主机。小区的周界防范常用主动红外对射系统。安全小区应安装以防盗自动报警、防劫紧急报警为主,兼有可选装的医疗求助、煤气泄漏报警等作用的多功能联网报警系统。住户报警系统由住宅报警控制单元、各种探测器、报警传输线路和报警中心接收设备组成。住户报警系统可采用专线报警、电话线报警和无线报警等多种形式。楼宇对讲系统是在小区各单元入口安装防盗门和对讲装置,通过访客与住户之间的对讲,由住户来控制防盗门的开关。保安巡更系统是在小区相应位置安装巡更点,规定巡更路线和时间,保安员携带巡更记录器按指定路线和时间到达巡更点并进行记录,由小区中心对保安员巡更情况进行监控和检查,小区建设应采用联网型巡更系统。由门禁系统和停车场管理系统构成的出入口控制系统,通过对小区及停车场出入口等部位实行统一的出入控制,在此基础上实现出入口级别控制、时间控制、分组管理等功能,并详细记录所有事件和管理信息,并自动生成报告,小区常用的是智能卡门禁管理系统。

智能化小区的第二个子系统是“物业管理”,物业综合管理系统主要包括:物业管理后台处理模块和信息发布模块。同时负责小区上网的信息计费系统和电子商务系统(如网上购物)的开发。物业管理后台管理软件主要跟物业管理公司日常工作密切相关,将物业管理信息化,留有跟三表三防系统的接口,可将设备信息及使用情况,消耗情况定时录入该系统,作为原始数据保留。信息发布模块主要建立在小区 INTRANET 网络架构之上,可以将社区公告,社区菜市价格等信息提供给住户,居民也可以通过该模块实现费用查询及网上报修等功能。同时物业综合管理系统可以根据客户的具体需求进行信息系统的开发系统的软硬件均具有较好的扩展性,可方便地进行系统的升级和换代,以满足日后不断增长的业务量的需求。

智能化小区的第三个子系统是“家居智能”，小区的家居智能主要是指通过 Internet 或电话网络实现对家电、居家安全控制设施等的控制，如：上班后防盗系统设防，电灯、自动煤气阀关闭；上班时可通过控制摄像装置将图像切换到电脑或电视机上查看家中孩子的情况；电话遥控设防，电话遥控开关电器，模拟有人在家状况；下班之前遥控打开空调、电饭煲；驾车回来刷卡后栅栏机自动开启，家用车库门自动打开或关闭；刷卡开门门禁系统自动撤防、自动开锁、自动开灯；晚上就寝之前自动关闭煤气阀门、关闭窗帘、关闭灯光、周边探测器设防等等。

智能化小区的第四个子系统是“信息服务”，小区的信息服务主要是指通过宽带网络所提供的业务，基于宽带的特点，提供窄带网络所不能提供的业务，一个是体现在传输的速度上，另一个是交互式的多媒体的业务，侧重在视频、音频和数据业务方面。小区宽带用户的业务需求可分为二大类，一类是基本业务需求，即用户在宽带网上所享用的最基本的业务；另一类是高级业务，或者说是增值业务，即这类业务并非是所有的宽带用户都需要的，根据自己的爱好和经济条件有所选择。以下是智能化小区用户必须得到的基本信息服务：高速 Internet 接入、电子邮件收发、经济型视频点播、音频广播、社区文化与服务、社区电子公告、社区图书馆、社区俱乐部、老年生活、儿童乐园、生活百科等等。在基本业务基础上，宽带用户需要得到更高一层的服务，有如下几方面：高质量的视频点播、高清电视、远程办公、远程教育、远程医疗、网上炒股、电子商务、网上游戏等等。

总之，住宅是人们居家生活的场所，智能化应服务于人们的居家生活，因此，应更全面、更富有人性化。一个真正意义的智能化小区必须具备以下素质：网络高速接入功能，即 Internet 网高速通道；家居办公符合在家办公的需求；家居娱乐包括 VOD 点播、视频会议、远程教学、交互式电子游戏等；家居安全监控，如火警、煤气泄漏、幼儿和老人求救、远程医疗与监护、开关门报警等；家居管理方面，如小区电子公告牌、远程三表传送收费；家居商务，如网上购物、网上商务联系等。可见，智能化小区并不是个单一的概念，而是一个非常全面的系统。

（王孝明）

信息世界的"三网"

信息时代的"三网"就是指电话网(也可称电信网)、有线电视网、电脑网(也可称计算机网)。

电话从100多年前贝尔发明以来,至今已遍布全世界,成为人们必不可少的通讯工具。从电话局出来到进入千家万户的那段电话线,通常称为"用户线"。它是由两根细细的铜线组成,外面用塑料皮包裹着,总是成对而行,所以又称"对线"。

大家知道,电话传递的是语言信号,电话"对线"传输的是模拟声音频率变化的电信号,即模拟的"音频电信号"。人声音的振荡频率在每秒20频率至20 000频率之间,音频电信号的变化频率也一样。音频电信号对传输线路要求极低,一对细铜线就足够了。

后来有了电视和电脑网络,对传输线路的要求就不一样了。

电视信号早先是通过无线电传播的。无线电频率比音频要高得多,主要的是电视信号的容量比电话音频信号的容量大得多。电话只传声音,电视既要传声音,又要传图像,而且是动态的彩色图像!

电脑的工作信号只有"0"与"1"两种变化状态的二进制数字脉冲电信号。它的形式虽然简单,但它的脉冲频率极高,每秒数以亿计,甚至更高。电脑网络传输的就是这种高频率数字电信号。

电视信号如果由无线电传播,会受到大气尘埃的干扰和高楼大厦的阻挡,造成信号质量下降,图像变形,影响收视效果。而且,它又无法借用电话用户线传输到家。为此,就有了"有线电视网",电视信号通过有线电视传输线送给千家万户。

进入家庭的有线电视线,结构上与电话线是有明显差别的。它外表呈圆形,最中间是一根中心导线,又称"内导体",外裹一圈绝缘层,绝缘层外面是一根网状或薄膜结构的圆形金属导管,又称"外导体"。最外面的是塑料护套层,起隔离和保护作用。因中心导线和圆形金属导管的中心轴线相同,所以称为"同轴电缆"。同轴电缆之所以有如此复杂结构,其目的是为了有较强的传输信号的能力。

电脑联网的传输线路,先是在现有的电话用户线上动脑筋,借助于电子技术的力量,增加电话用户线的功能。比较常见的有三种,即Modem、ISDN、ADSL。

Modem 因英文读音的关系，又因与电脑常用工具“鼠标”对应，俗称为“猫”，学术名为“调制解调器”。这种上网方式比较简单，设备费用也不贵。装上 Modem，即可利用电话用户线传输电脑的数字信息。只是它有不少固有的缺点：一是它的传输速度比较慢，难以适应电脑高速运行的需要；二是使用接入电脑网时，只能拥有一条信息传输的通道。如要上网，就无法打电话，如要打电话，就无法上网。

ISDN 是英文 Integrated Services Digital Network 的字头缩写，这四个英文单词的原意分别是“综合性的”、“服务”、“数字”、“网络”，中文全称为“综合业务数字网”。ISDN不仅速度较快，最主要的是它能用一对电话用户线为使用者提供两条信息传输通道，即在打电话的同时还可上网，改变了打电话与上网不能同时进行的尴尬状况。如果是用同轴电缆开通 ISDN，则一根同轴电缆能为使用者提供 30 条信息传输通道，信息传输畅通无阻，人们又把 ISDN 称为“一线通”。

ADSL 是英文 Asymmetrical Digital Subscriber Loop 的字头缩写，这四个英文单词的原意分别是“非对称”、“数字”、“用户”、“回线”，连起来的中文含义是“非对称数字用户线”。这项技术的特点是能提供永久在线的连接，能在同一对普通铜质对线上传输模拟语音信号和高频数字信号，它尤以“非对称”的特点最为突出。ADSL 在传输上行的低速数据或控制信息时，速率为 640 kbps；而传输下行的高频数据时，速率可达 8 Mbps，十分适宜于信息传输上行、下行不对称的实际需要。

根据上面的介绍可知，至今，电信网与有线电视网是各自独立的两套网。计算机网则既可借用电信网，也可借用有线电视网。现在进入家庭的这两根线，是不是可以合而为一呢？当然可以。只要传输线路质量好，信息传输的频带足够宽，速度足够快，同一根线就可以既通电话，又看电视，还可电脑上网，“三网”合一，势在必行。现在国务院批准上海有线网作为全国融电视网、电脑网、电话网为一体的三网合一的试点，标志着上海在城市信息化方面走在了全国前列。从1999年开始，上海就在全国率先进行了有线电视网的宽带网改造，并入位市政府重大工程。三网合一后，上海的有线宽带网不仅可以传送数字电视节目，而且还可以让用户电脑上网，驶入信息高速公路，又可以打网上电话，既便捷，又便宜。

（施善昌）

通信终端的发展

目前运行的三大网络，电话网包括固定电话和移动电话网，主要用于语音通信；有线电视网，主要用于视频图像传送；计算机网络主要用于数据通信。随着三大网络的逐步融合，通信类终端与消费类终端的融合成为发展趋势，终端设备朝着多媒体方向发展，将出现各种各样、丰富多彩的多媒体信息化终端。

鱼生活在水中　人生活在电磁波中

人类进入了信息时代。信息时代是文明的时代，科技发展的时代，物质丰富的时代，也是人们追求健康的时代。电磁波与人类的关系问题就被突现了出来。

讨论电磁波与人类健康的关系问题，应该从“质”与“量”两个方面展开。

先说“质”的问题。由物理常识可知，电场随时间变化时会产生磁场，磁场随时间变化时又会产生电场，两者互为因果，形成电磁场。在空间传播的交变电磁场就是电磁波。现代生活离不开电，我们的日常用于照明、动力的 220 V 市电是一种交流电。有交流电就会产生电磁波，所以说电磁波是到处存在的。再说电视、电脑、不仅电源用的是 220 V 市电，且因其工作原理所决定，机内设备、原部件也会产生电磁波。还有呼机、手机，它们的信号是用电磁波传播的。现在任何时候、任何地方都会响起呼机、手机的振铃声，虽然响的不一定是你的机子，而是你身旁某个人的机子，这不正好说明了你的周围都充满这电磁波吗？移动通信的区域遍布全国、全世界，这表明传输手机信息的电磁波也遍布于全国、全世界。还有，光也是电磁波，是一种波长很短的电磁波。光通信是现代通信技术中的主要传输方式，光之所以能传输信息，因为它就是一种电磁波。没有光，世界就是一片漆黑。可以说，光明世界，就是电磁波的世界。远古时代，虽然没有电器设备，没有无线电通信，但光总是有的，自然界的雷鸣电闪总是有的。可以说没有人能生活在没有电磁波的世界里。既然人类自古至今就是生活在无时无处不在的电磁

波中，犹如鱼生活在水中，人生活在电磁波中，怎么能不加分析地说电磁波有害健康呢？

再说"量"的问题。"适度有益，过度有害"，这是哲理，也适用于我们对电磁波的科普认识。

无节制的，过量的电磁波直接照射到人身上是有损健康的。人长时间在日光下曝晒易引发皮肤癌，微波炉利用电磁波的能量加热食品，还可煮熟，可见电磁波的能量之大。再是电磁波具有很强的穿透力，用微波炉烤煮食品，微波渗透到食品的内部，使食品从内到外同时加热，煮熟。如让微波大量泄漏，人又在近处，就会造成对人体的伤害。不仅是皮肤表面的损伤，且会殃及人的内脏器官，后果严重，必须谨慎对待。但受控的、适量的电磁波不仅无害，还给人们带来了太多太多的好处。首先是光，万物生长靠阳光，没有阳光，就没有现实世界。再说电，现今的电灯、电话、电视、电脑、呼机、手机、家用洗衣机、工业电动机，一切一切的电器设备，都与电磁波密不可分，而随处可见、随手可用的电器设备是构成现代化生活的物质基础，它们使我们的生活丰富多彩，舒适快乐。没有电磁波，也就没有了现代化的各种通信设备、娱乐设施，家用电器。现代人是一刻也离不开电，也可以说是一刻也离不开电磁波的了。

我们如何界定电磁波的度量呢？电磁波的强度可以用单位面积内的辐射功率大小来表示，也可称为辐射功率密度，以每平方厘米内的毫瓦值计算。为了确保电磁波辐射强度不致过度，世界卫生组织和各个国家都制定了限值标准。世界卫生组织制定的电磁波辐射强度的限值标准是：0.1～1毫瓦/平方厘米。美国是0.1～10毫瓦/平方厘米，低于世界卫生组织的标准。早在1989年，我国公布了电磁辐射的防护标准规定：一级安全区内不得超过0.01毫瓦/平方厘米；二级过度区域不得超过0.04毫瓦/平方厘米。世界卫生组织宣称：只要在标准规定之内，就是安全的，就不会对人体造成危害。即在标准之内的电磁波强度的环境中长期居住、工作、生活的一切人群，均不会受到任何有害影响。我国的标准比世界卫生组织的标准严格得多，也就更为安全。大家可以放心、尽情地享受科技给我们带来的美好生活。

（施善昌）